Power Automate

超效率工作術

關於文淵閣工作室

ABOUT

常常聽到很多讀者跟我們說：我就是看你們的書學會用電腦的。

是的！這就是寫書的出發點和原動力，想讓每個讀者都能看我們的書跟上軟體的腳步，讓軟體不只是軟體，而是提昇個人效率的工具。

文淵閣工作室創立於 1987 年，創會成員鄧文淵、李淑玲在學習電腦的過程中，就像每個剛開始接觸電腦的你一樣碰到了很多問題，因此決定整合自身的編輯、教學經驗及新生代的高手群，陸續推出「快快樂樂全系列」電腦叢書，冀望以輕鬆、深入淺出的筆觸、詳細的圖說，解決電腦學習者的徬徨無助，並搭配相關網站服務讀者。

隨著時代的進步與讀者的需求，文淵閣工作室除了原有的 Office、多媒體網頁設計系列，更將著作範圍延伸至各類程式設計、影像編修與創意書籍。如果在閱讀本書時有任何的問題，歡迎至文淵閣工作室網站或使用電子郵件與我們聯絡。

■ 文淵閣工作室網站　http://www.e-happy.com.tw

■ 服務電子信箱　e-happy@e-happy.com.tw

■ Facebook 粉絲團　http://www.facebook.com/ehappytw

總 監 製：鄧君如

監　　督：鄧文淵・李淑玲

責任編輯：鄧君如

執行編輯：黃郁菁、熊文誠・鄧君怡

本書學習資源

RESOURCE

本書範例相關檔案可從此網站下載使用：**http://books.gotop.com.tw/DOWNLOAD/ACI037100**。

開始練習前，請先解壓縮範例檔，將 **<ACI037100書附範例>** 資料夾存放於電腦本機 C 槽根目錄，這樣後續操作書中範例內容與執行完成檔時，才能正確連結並開啟。

主範例完成檔檔名命名方式：以各單元編號-標題編號，例如：<03-02.txt>；主範例檔案可參考本書 P2-19 說明，將文字資料恢復為流程即可於 Power Automate Desktop 執行。

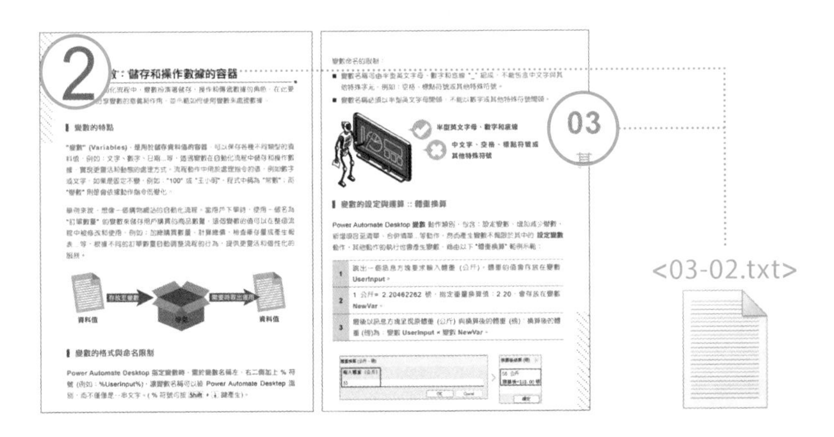

◤線上下載

本書範例檔、教學影片，請至下列網址下載：

http://books.gotop.com.tw/DOWNLOAD/ACI037100

閱讀方式

READING

每單元 TIP 為一範例主題，開始操作前藉由 流程說明與規劃 單元，循序漸進引導與規劃 Power Automate Desktop 流程。

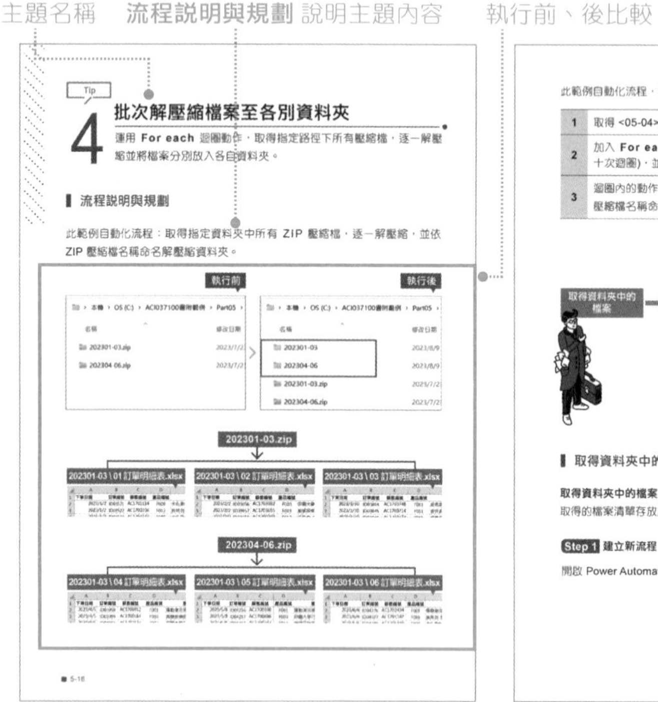

各主題流程設計環結產生的變數，會以 "小提示" 說明 變數，包含變數的 資料類型 與 描述 ，讓後續應用時更為容易理解。

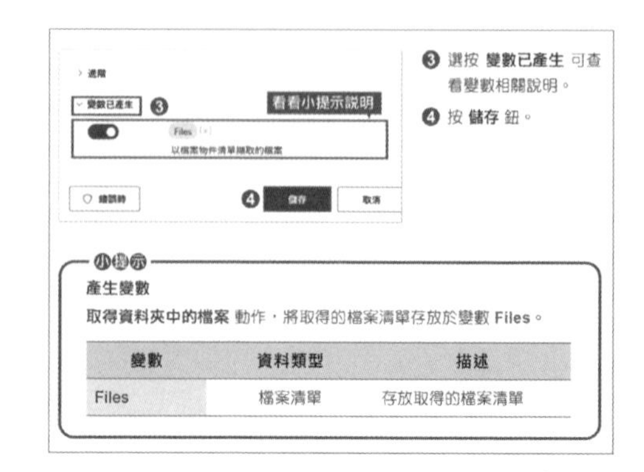

變數	資料類型	描述
Files	檔案清單	存放取得的檔案清單

單元目錄

CONTENTS

▶ 入門篇

Part 1 實現數位轉型 RPA 自動化關鍵策略與工具

Part 2 Power Automate Desktop 開始第一步

Part

3 基礎知識和核心特性

▶ 應用篇

Part 4 用錄製器完成自動化流程設計

Part 5 桌面與檔案自動化

Part 6 PDF 文件操作自動化

Part 7 Excel 工作自動化

Part 8 網頁資料自動化

Part 9 高效率的 LINE 群發訊息

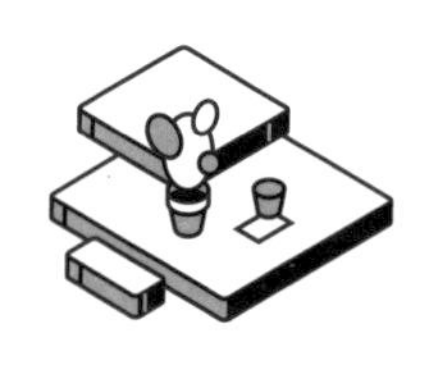

PART

01

實現數位轉型 RPA 自動化關鍵策略與工具

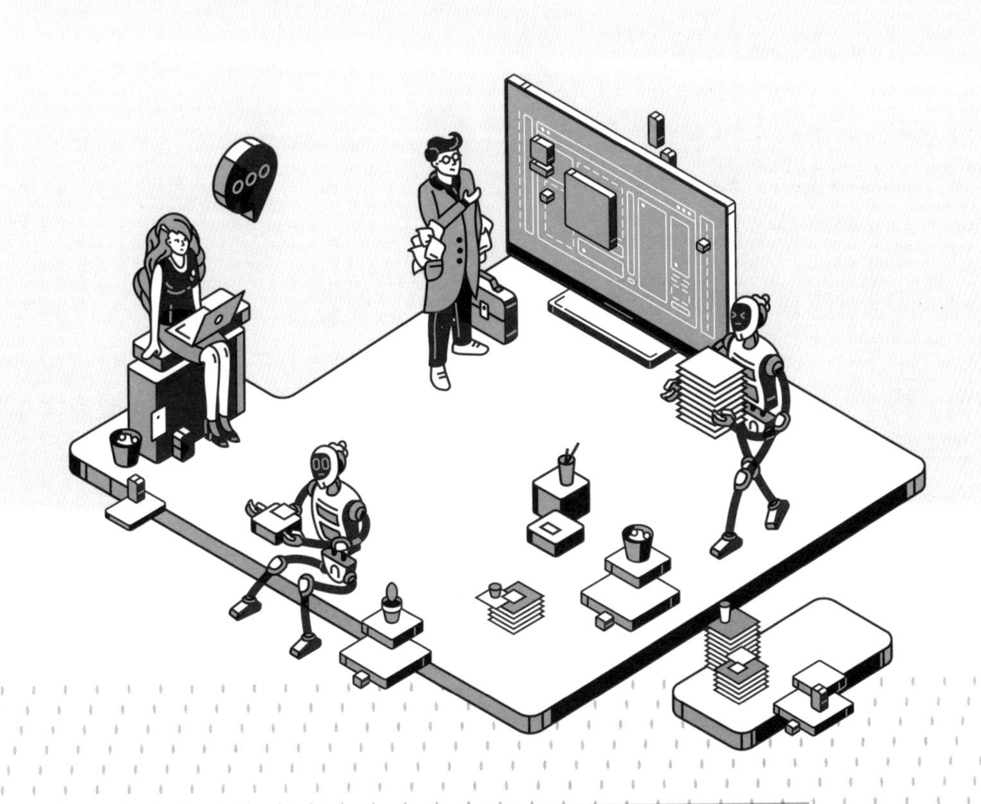

1 借助 RPA 完成數位任務

高度重複的工作流程藉由 RPA 實現自動化，大大提高操作的精確性和效率，讓使用者能夠專注於更具價值的核心工作。

什麼是 RPA？

RPA 全名是 Robotic Process Automation，中文稱為 "機器人流程自動化"，可模擬真實員工坐在辦公室電腦前操控應用系統進行工作處理的一項資訊工具，透過自動化流程及規範的設定，執行工作的自動化軟體技術。RPA 的出現引起了廣泛的討論和關注，成為許多企業在提升效率和減少成本的關鍵利器。

用 RPA 提升企業與團隊生產力

透過 RPA 技術，可以實現更高效的工作流程，從繁瑣的重複性任務到複雜的流程，都能自動化執行。RPA 不僅節省時間，還降低了人為錯誤的可能性，進而提高整體生產力和工作質量。

RPA 可以想成是虛擬數位勞動力，這項技術將高重複性、標準化、規格明確、大批量的日常事務工作自動化，一旦符合這些條件都是可應用的領域，只要不關掉電腦持續運轉都能有生產力。導入 RPA 困難嗎？需要寫很多程式嗎？零程式碼 、低程式碼是 RPA 發展主流，設計流程不需要使用艱難大量的程式語言，即使沒有任何程式背景，也可輕易上手。對企業而言，原先擔心資訊安全或外包經費而無法數位轉型的工作，也可以透過 RPA 踏出第一步，即使流程時常需要變更，也無須假他人之手，所有的機器人流程，透過設定就可以輕易完成，就像使用 Office 軟體，只要熟悉工具用法，就可以輕鬆完成。

RPA 也可以是個人助理

日常任務也可以透過 RPA 建立自動化，例如：桌面檔案管理、電子郵件發送、PDF 文件操作、Excel 數據輸入與整併，甚至是批量擷取網頁平台特定資訊...等。建立 RPA 的門檻很低，只要一台電腦就可以設計流程，取代重複性高的定期工作，把 RPA 當成一個錯誤率極低、隨傳隨到的個人助理。

RPA 的運作模式

根據業務環境與運作方式，RPA 可分為三種主要版本：單機版、雲端版和伺服器版。每個版本都有其獨特的優勢和適用場景，選擇取決於組織的需求和目標。

- **單機版**：也被稱為 RDA (Robotic Desktop Automation)，適用於個人使用或小型組織，可直接安裝於個人電腦，無須大規模的基礎設施；不需要太多背景知識就可以輕鬆導入，這種模式適用於簡單的自動化任務。

優勢
• 低門檻：無須複雜的設備或大量 IT 支援。
• 快速部署：可以在個人電腦上快速安裝和使用。
• 成本效益：通常為免費或價格較低，是一個經濟實惠的選擇。

缺點
• 有限擴展性： 適合小型任務，無法應對複雜或大規模工作。
• 缺少協作功能： 只能供個人使用，不支援多人協作。

小提示

關於 Power Autoimate Desktop

本書示範的 Power Automate Desktop 工具 (又稱為 Power Automate 電腦版)，屬於 RDA 單機版。

■ **雲端版**：雲端版 RPA 運行於雲端環境，提供了更大規模的自動化，適合需要協作和遠程訪問的團隊。不過由於沒有安裝在電腦，因此無法操控電腦上的應用程式或設備，功能較侷限於雲端服務的自動化。

優勢

- 遠程協作：團隊可以從任何地方共用和協作。
- 高度擴展性：能夠處理大型和複雜的自動化任務。
- 優化的安全性和數據備份：雲端提供安全的數據儲存和備份。

缺點

- 高雲端成本：使用雲端服務可能需要更高的成本。
- 需要 IT 支援：需要更多的 IT 支援和管理。

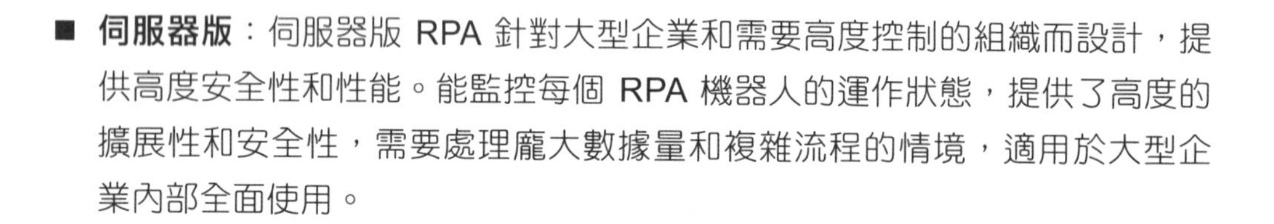

■ **伺服器版**：伺服器版 RPA 針對大型企業和需要高度控制的組織而設計，提供高度安全性和性能。能監控每個 RPA 機器人的運作狀態，提供了高度的擴展性和安全性，需要處理龐大數據量和複雜流程的情境，適用於大型企業內部全面使用。

優勢

- 高度安全性和控制：提供高度安全性和管理控制，適合大型企業。
- 高度擴展性：能夠處理大規模自動化流程。
- 優化的性能：提供優化的性能和效率。

缺點

- 高成本支出：部署伺服器版 RPA 可能需要較高的費用。
- 複雜的部署和管理：導入的技術門檻非常高，需要高階技術和資源。

2 建構 RPA 前的評估

開始建構 RPA 前，評估是至關重要的一步。這包括確定哪些工作適合自動化，考慮資訊安全風險，和了解手邊工作流程...等。

電腦自動化作業不但節省人力與時間，還能收集網頁資料與整理檔案。在開始建立 RPA 前，需要考慮和評估哪些工作最適合自動化，以確保 RPA 專案成功實施，為企業帶來真正價值。

- **結構化規則**：RPA 有時被稱為規則型 (rule-based) 工具，因為它必須依循工作規則來執行工作。開始設計自動化流程前，深入瞭解工作流程，辨識規則細節，是關鍵第一步。只有當規則被清晰界定，才能夠將它們精確地融入自動化流程之中。

- **工作流程標準化**：相同的工作在不同人處理時可能會有微小差異，因此需要將流程標準化為一致的處理方式，最好多次和相關人員進行協調及確認。

- **工作流程最佳化**：對工作流程仔細檢查，並找出其中的冗餘、不必要或低效部分；透過優化流程，進而提高效率和品質。

- **找出適合的工作**：在分析工作流程後，應該注意以下四個特點，以確定哪些工作最適合使用 RPA 自動化：有明確的規則及固定步驟、不論誰做都有相同結果、不需要人為判斷、重複性高且單調的工作。

此外，即使一切已經準備就緒，立即導入 RPA 仍然可能面臨挑戰。在正式導入之前，強烈建議先進行導入前的測試階段，以驗證 RPA 技術的適用性和預期效果。

- RPA 導入流程三個主要階段：

制定規則 規劃與準備階段	>	導入與測試階段	>	運營和維護階段

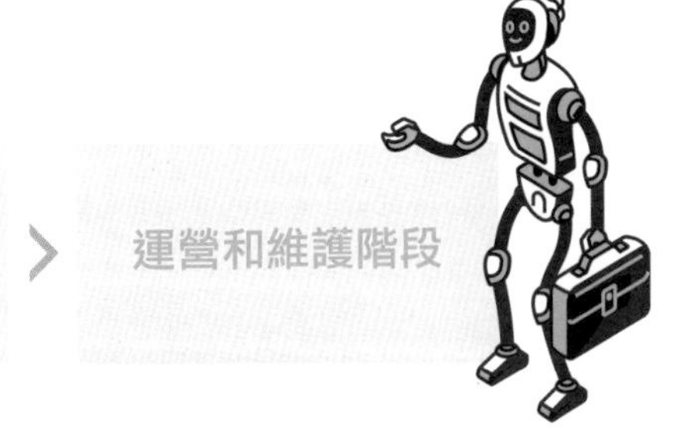

Tip

3 Power Automate 特點和優勢

不需程式設計經驗，Power Automate 提供了直觀的拖放界面，讓每個人都能輕鬆建立自動化流程。

生產力加速器：優化工作流程

- **效率提高**：將重複性的工作，建立標準化工作流程，節省時間、人力與資源。
- **程序標準化**：設計和實施標準化的工作流程，確保每個流程都按照相同的步驟執行，減少人為錯誤和不一致性以及避免遺漏步驟。
- **不同平台數據整合**：整合不同的應用程式和連接器，讓數據更能有效的自動傳輸和轉換。
- **團隊流程協作溝通更順暢**：藉由自動觸發、數據資訊即時更新和強化訊息透明度，能協調不同的部門或專案團隊流程，促進團隊間的協作，減少訊息溝通與資訊時間差。
- **符合企業及使用者需求的自動化解決方案**：視覺化編輯器以及對多種系統介面的支援，讓使用者能根據自己或團隊需求建立並調整自動化工作流程，實現更靈活和可擴展的自動化解決方案。

小提示

Power Automate 還是 Power Automate Desktop？

Power Automate 是微軟推出的流程自動化工具，主要有兩個版本，考量讀者較易取得並可免費使用並學習，本書是以 Power Automate Desktop 示範。而此處提到的 Power Automate 是這套工具不分版本下的特點和優勢說明。

更快速更安全地提升效能

讓每個人都能使用拖放式工具建立自動化程序，依照自己的工作流程與使用習慣，無須委外設計，對公司的資料更多一層保障，也能探索出更有效完成與協助整個組織作業的方式，憑藉數百個預建連接器、數千個範本和 AI 協助，輕而易舉將重複工作自動化。

跨平台的自動化控制

Power Automate 提供了電腦、網頁瀏覽器 (Microsoft Edge、Chrome、Firefox) 和行動裝置應用程式，不論是在家工作、辦公室、還是外地出差，讓使用者可以隨時隨地進行自動化流程的瀏覽和管理。

低程式碼快速上手

Power Automate 無須艱難的程式碼，提供強大的觸發條件、豐富的操作、邏輯和預建流程，拖放內建動作指令即可設計自動化機器人，無程式碼或少量程式碼即可開發自訂流程。此外，還有自動檢視程式驗證機制，可自動檢查和確認流程是否按預期運作，減少潛在錯誤，提高流程的穩定性和效率。

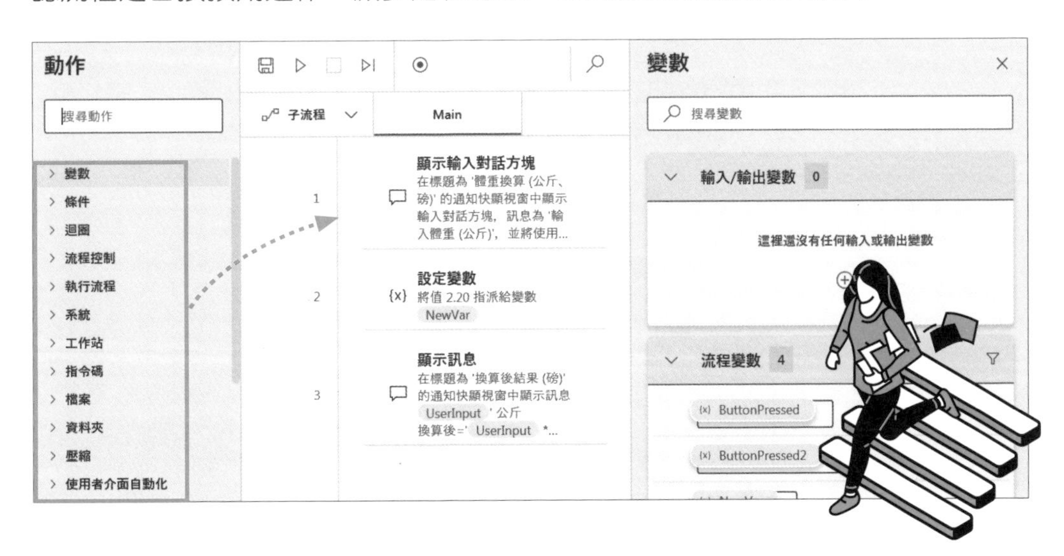

Tip

4

Power Automate 雲端版與桌面版差異

Power Automate 是微軟推出的流程自動化工具，可以協助我們建立自動化流程。

Power Automate 有兩個主要的版本，這兩者都提供免費版，付費版則是可以擁有更多功能：

- Power Automate (雲端版) 適用於企業和雲端應用，讓不同軟體互相協作。
- Power Automate Desktop (桌面版) 安裝於電腦的自動化工具。

功能	Power Automate	Power Automate Desktop
安裝	無須安裝	需下載安裝
操作環境	於網頁瀏覽器編輯	於本機編輯
流程觸發方式	自動化流程、即時流程、排定的流程	即時流程，但付費版能使用雲端流程啟動
支援與連接	Microsoft 365、Azure、Power BI、SharePoint...等 500 種以上的雲端服務。	Windows 應用程式、桌面應用程式、網頁自動化，包括設備 (例如：鍵盤、滑鼠) 動作、視覺辨識...等。
免費版	有	有
團隊協作	可團隊協作 (工作與學校帳號)	免費版無此功能 付費版可與雲端整合
付費版	提供無限制的流程數量和執行次數，更大的資料容與儲存空間，支援高級連接器和進階功能。	能與 PowerAutomate 雲端版整合，包括流程製作以及機器人協調流程和管理。

PART
02

Power Automate Desktop 開始第一步

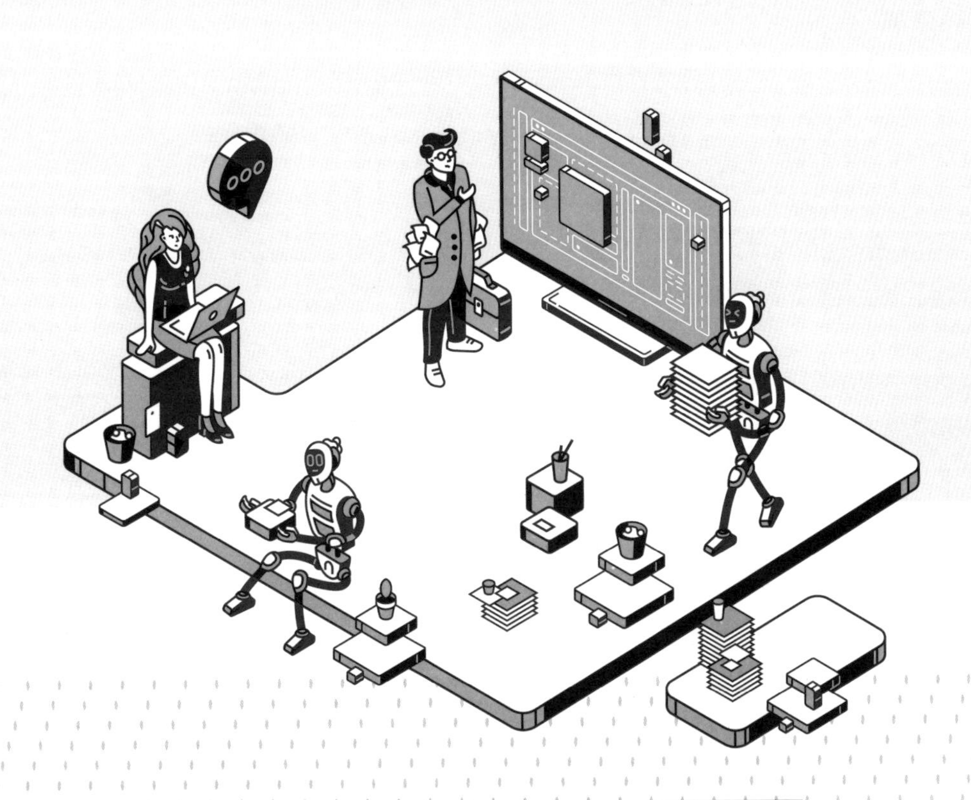

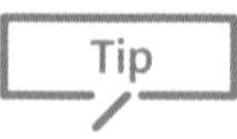

1 探索自動化前的預備

使用 Power Automate Desktop 必須先擁有 Microsoft 帳戶，藉由帳戶的電子郵件與密碼登入才能開始建立流程。

了解 Microsoft 帳戶

建立 Microsoft 帳戶，可使用的電子郵件類型分別為：**個人**、**公司或學校**、**企業組織** (企業購買的 Mcrosoft365 帳戶)，不同電子郵件類型支援的功能會有些不同，先了解再申請，可以省去之後重新申請的麻煩。在 Microsoft 作業系統下，如果你使用過這些服務：Office Onlie、Outlook、MSN、Skype、OneDrive、Microsoft Store...等，那麼你應該已經有微軟帳戶，如果企業已訂閱 Microsoft 365，等同是擁有組織進階帳號等級。

- 公司或學校電子郵件建立的 Microsoft 帳戶，後續於 Power Automate 建立的流程資訊都會保存在微軟提供的資料平台 Microsoft Dataverse。
- 個人、非商務電子郵件建立的 Microsoft 帳戶 (例如帳戶結尾為 @outlook.com 或 @gmail.com)，可以透過免費方案使用，後續於 Power Automate 建立的流程資訊都會保存在個人雲端儲存空間 OneDrive。

Power Automate 將所有流程資訊都保存在雲端，即使是使用不同的電腦，只要在電腦上登入 Microsoft 帳號，就可以繼續使用原有的流程資訊。

> 小提示
>
> **本書後續操作使用帳號類型**
>
> 由於學校或公司組織電子郵件須另外由資訊部門申請，較不易取得，因此本書以個人電子郵件進行後續示範說明。

Power Automate 授權功能比較

Power Automate 授權功能會因使用者申請 Microsoft 帳戶的電子郵件類型不同而有所差異，整理如下表。

功能	個人電子郵件	公司或學校電子郵件	企業組織電子郵件
流程資訊保存位置	OneDrive 個人帳戶	預設環境的 Dataverse	客製環境的 Dataverse
強大的瀏覽器支援 (Microsoft Edge、IE、Google Chrome、Firefox)	○	○	○
400 多種連接至許多不同系統的多樣化預建動作	○	○	○
可存取的記錄器	○	○	○
自動執行事件觸發 / 排程功能	×	×	○
顯示流程運轉的監視、執行記錄	×	×	○
共用與共同作業	×	×	○
流程與執行記錄集中管理和報告	×	×	○
AI Builder、與雲端流程的整合、使用 500 多個進階和自訂連接器	×	×	○

詳細資料可參考官方網站：https://learn.microsoft.com/zh-tw/power-automate/desktop-flows/requirements#sign-in-account-comparison。

2 建立 Microsoft 帳戶

建立 Microsoft 帳戶是一個關鍵步驟，讓你可以登入 Power Automate Desktop 開始設計專屬自動化流程。

若尚未有 Microsoft 帳戶，請先開啟瀏覽器，於網址列輸入「https://account.microsoft.com/」，進入 Microsoft 官方網頁，並依下列步驟建立 Microsoft 個人帳戶：

1. 網址列輸入「https://account.microsoft.com/」，按 Enter 鍵，開啟官方網頁。
2. 瀏覽至網頁下方資訊，按 **建立帳戶** 鈕。
3. 輸入現有電子郵件；若沒有可使用的電子郵件，可選按下方 **取得新的電子郵件地址** (在此以現有電子郵件示範)。
4. 按 **下一步** 鈕。

❺ 輸入想要使用的帳戶密碼。

❻ 按 **下一步** 鈕。

建立帳戶

如果子女使用此裝置，請選取其出生日期以建立子女帳戶。

國家/地區

台灣

出生日期

子女帳戶可讓您強制執行家長監護，並基於隱私權和安全性理由對此裝置強制限制使用量。您可以使用我們的 [家長監護服務] 應用程式來管理這些設定。若要深入了解，請參閱 https://aka.ms/family-safety-app

下一步

❼ 輸入帳戶資訊。

❽ 按 **下一步** 鈕。

❾ 回到一開始申請為 Microsoft 帳戶的電子郵件中取得驗證碼，再回到此處輸入，按 **下一步** 鈕，接續後面安全認證的申請流程後，即可完成 Microsoft 帳戶申請。

3 Power Automate Desktop 安裝並登入

Power Automate Desktop 以往需要先安裝才能使用，Windows 11 中則已貼心內建 Power Automate Desktop。

一開始的準備與確認

支援 Power Automate Desktop 使用環境為：

- Windows 11 (家用版、專案版、企業版) 使用者可以不用安裝，直接使用 Power Automate Desktop。
- Windows 10 (家用版、專案版、企業版)，需要安裝。
- Windows Server 2016、Windows Server 2019 或 Windows Server 2022 的裝置 (不支援使用 ARM 處理器的裝置)，需要安裝。

Microsoft 有公告最低系統要求，可參考「https://learn.microsoft.com/zh-tw/power-automate/desktop-flows/requirements」 官方說明。

安裝 Power Automate Desktop

若使用的是上列有支援但需要先安裝 Power Automate Desktop 的作業系統，請開啟瀏覽器，於網址列輸入「https://powerautomate.microsoft.com/zh-tw/desktop」，進入 Microsoft 官方網頁，選按右上角 **免費試用**，再依後續步驟指示完成安裝。

① 選按右上角 **免費試用**。

❷ 按 **Get it from Microsoft** 鈕。

❸ 按 **開啟「Microsoft Store」** 鈕。 (若首次使用 **Microsoft Store** 需先登入前面申請好的 Microsoft 帳戶)

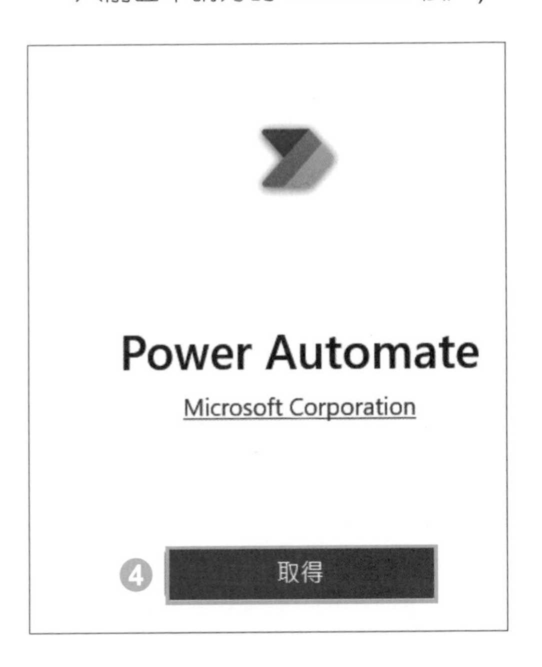

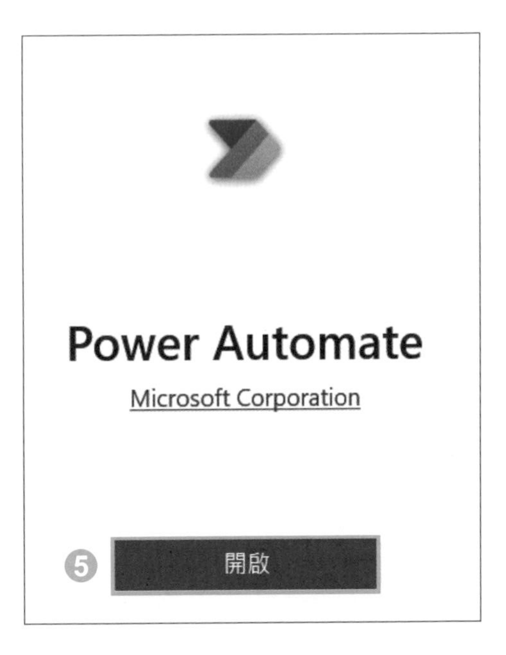

❹ 按 **取得** 鈕，開始安裝軟體。

❺ 安裝完成後按 **開啟** 鈕，開始 Power Automate Desktop。

開啟並登入 Power Automate Desktop

展開 Windows 應用程式清單選按 Power Automate Desktop，或於上方搜尋列輸入關鍵字，快速找到 Power Automate Desktop 並開啟，接著需登入 Microsoft 帳戶才能開始使用。

1 選按 ▦ 展開應用程式清單。

2 上方搜尋列輸入：「Power Automate」。

3 按 **Power Automate**。

4 輸入 Microsoft 帳號。

5 按 **登入** 鈕。

6 輸入 Microsoft 密碼。

7 按 **登入** 鈕。

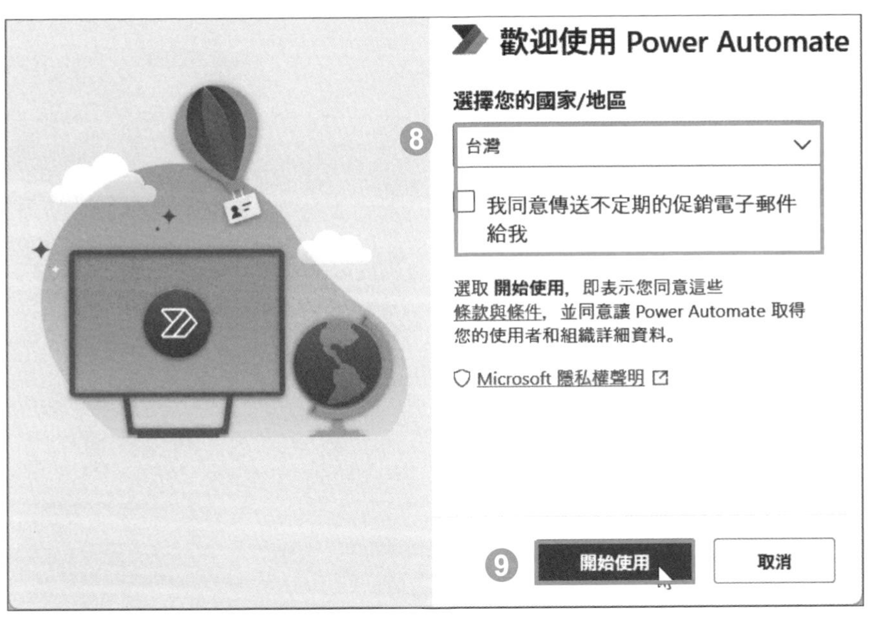

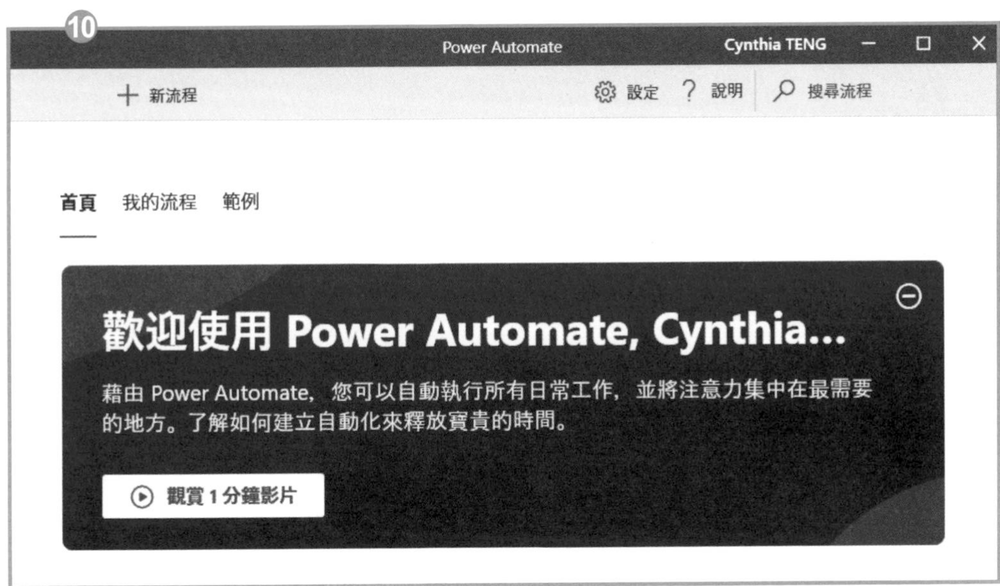

8 選擇你的國家/地區，並決定是否核選 **我同意傳送不定期的促銷電子郵件給我**。

9 按 **開始使用** 鈕。

10 成功登入與設定後，即進入 Power Automate Desktop 主控畫面。

Tip

4 主控畫面簡介

登入 Power Automate Desktop，首先看到的即是 "主控畫面"， 包含 **首頁**、**我的流程** 與 **範例** 三大工作區。

"首頁" 工作區

進入 Power Automate Desktop，一開始是 "主控畫面" 的 **首頁** 工作區，可以看到官方導覽影片、**建立桌面流程**、**以範例開始**、**教學課程**、**有用的連結** 與 **新增功能** 項目。

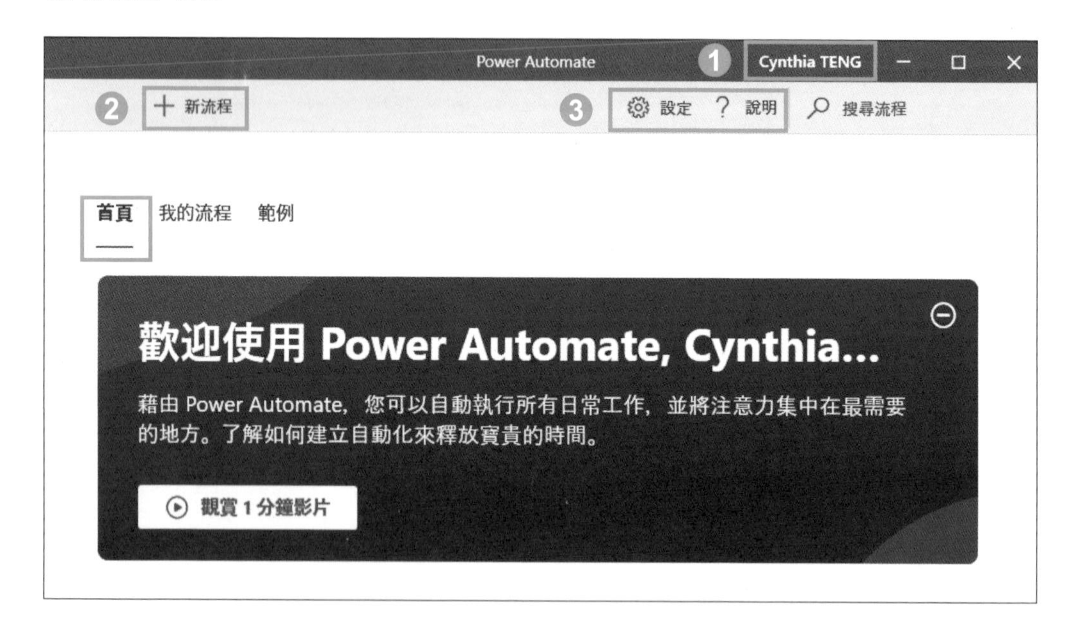

❶ **帳戶名**	登入 Power Automate Desktop 所使用的 Microsoft 帳戶。
❷ **新流程**	選按 **新流程** 可立即建立新的流程，並開啟 "流程設計畫面"。
❸ **設定、說明**	包含 Power Automate Desktop 相關設定、官方說明文件與關於軟體版本...等資訊。

"我的流程" 工作區

切換到 **我的流程**，可以從中建立新流程，管理編輯或執行現有流程項目。

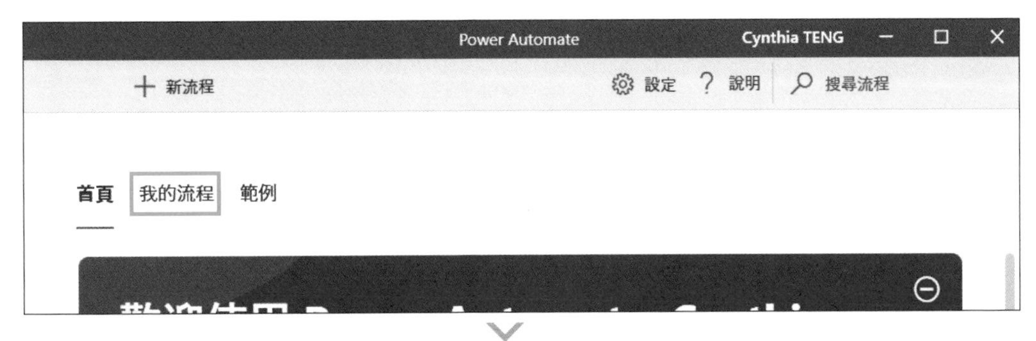

❶ **新流程**	選按 **新流程** 可立即建立新的流程，並開啟 "流程設計畫面"。
❷ **搜尋流程**	利用關鍵字搜尋 **我的流程** 清單。
❸ **我的流程** 清單	顯示目前建立的流程清單，包含名稱、修改時間與狀態。
❹ **流程控制鈕**	選取流程項目會出現 ▷ **執行**、□ **停止**、✎ **編輯** 控制鈕，以及選按最右側 ⋮，可執行 **重新命名**、**建立複本**、**刪除**...等更多功能。

"範例" 工作區

切換到 **範例**，Power Automate Desktop 提供了大量範例：包含 **Excel 自動化**、**Web 自動化**、**桌面自動化**、**日期時間處理**、**PDF 自動化**、**文字操作**...等類別，選按每個類別會看到該類別常用的流程範例。

❶ **範例類別**	Power Automate Desktop 提供的範例類別，選按類別名稱可進入詳細畫面。
❷ **類別選單**	顯示目前所在的範例類別，選按後可展開類別選單。
❸ **流程範例**	於指定的範例類別下，選按流程範例，會出現 ▷ **執行**、□ **停止**、✎ **編輯** 控制鈕；選按最右側 ⋮ \ **建立複本**，可將流程範例複製到 **我的流程** 清單中。

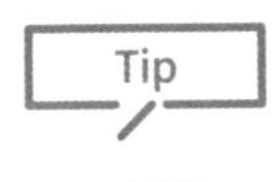

5 輕鬆建立第一個流程

完成 Power Automate Desktop 登入與介面認識，接著要藉由 "訊息方塊" 示範如何建立第一個自動化流程設計。

建立新流程

開啟 Power Automate Desktop 主控畫面，建立一個新流程。

1 選按 **新流程**。

2 輸入流程名稱。

3 按 **建立** 鈕。

"流程設計畫面" 簡介

"流程設計畫面" 包含：**動作** 窗格、工作區與 **變數**、**UI 元素**、**影像** 窗格...等工具，是 Power Automate Desktop 的開發環境，可在其中建構流程與執行。

❶ **動作窗格**	自動化動作都整理在此窗格，並依功能分類，上方搜尋列可輸入關鍵字，快速搜尋相關動作。
❷ **工具列**	開發流程時需要的工具：儲存、執行、停止、暫停、逐一執行、錄製自動化步驟。
❸ **子流程標籤**	流程預設有 Main "子流程"，開發過程可再建立子流程，避免流程過於複雜，方便編輯與理解。
❹ **工作區**	流程開發添加的所有動作都會顯示在此。
❺ **功能表列**	提供建立流程所需的功能。
❻ **變數、UI 元素、影像窗格**	分別管理流程中使用的變數、網頁元件與擷取的影像。
❼ **狀態列**	顯示流程狀態和錯誤訊息。

流程主題：顯示訊息方塊

執行流程時，要跳出一個 "訊息方塊"，並呈現 "Hello!" 與 "歡迎使用" 訊息。

Step 1 搜尋相關動作，並加入流程

一個流程可以包含一個或多個動作，這些動作可以涉及不同的應用程式、服務或系統，執行時是依流程安排由上而下進行。

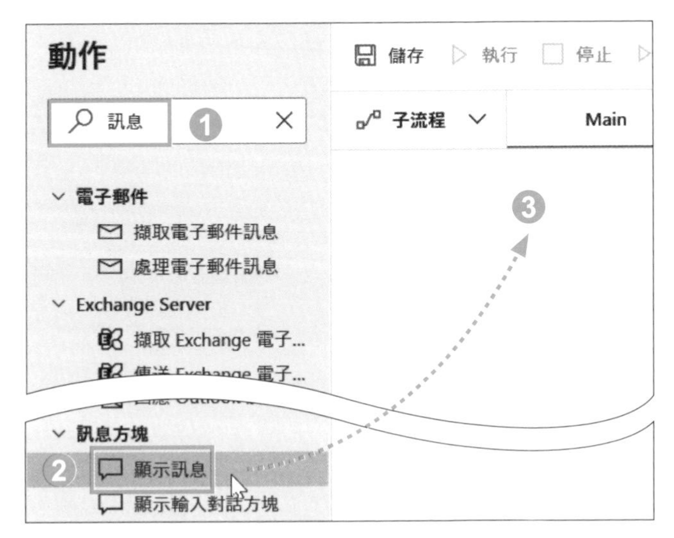

1. **動作** 窗格搜尋列輸入「訊息」。
2. 選按 **訊息方塊 \ 顯示訊息** 動作。
3. 拖曳至工作區。

Step 2 設定訊息方塊的內容

將 **顯示訊息** 動作加入工作區，會出現相關設定對話方塊，可設定標題、訊息...等參數。

1. **訊息方塊標題** 輸入：「Hello!」。
2. **要顯示的訊息** 輸入：「歡迎使用」。

3 **訊息方塊按鈕** 選擇：**確定**。

4 **預設按鈕** 選擇：**第一個按鈕**。

5 按 **儲存** 鈕。

執行流程

完成流程動作的加入與設定，再來要執行此流程，看看是否能順利開啟訊息方塊並出現指定的內容。

1 選按工具列的 ▷ 執行流程。

2 出現訊息對話方塊，表示流程順利執行，按 **確定** 鈕完成。

小提示

編輯流程中的動作

如果想要編輯目前流程中的動作，只要於該動作項目上連按二下滑鼠左鍵即可。

儲存流程 / 再編輯流程

流程的執行若沒問題，最後記得儲存。

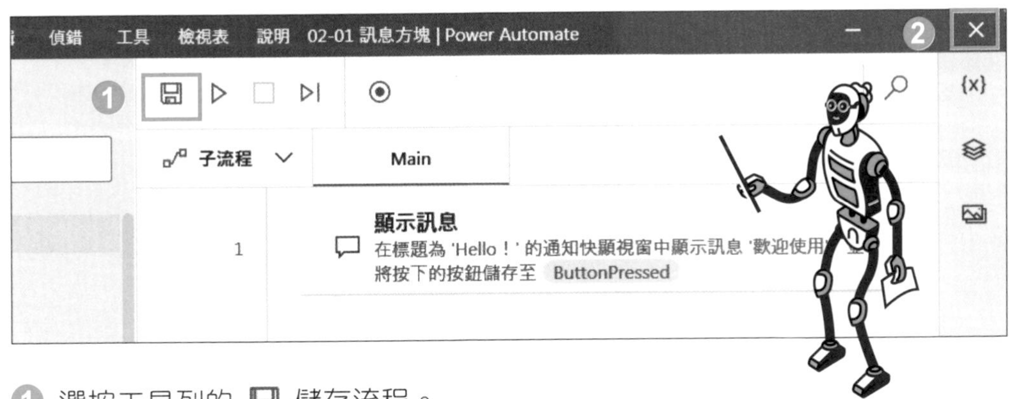

1. 選按工具列的 🖫 儲存流程。
2. 選按視窗右上角的 ☒ 關閉視窗。

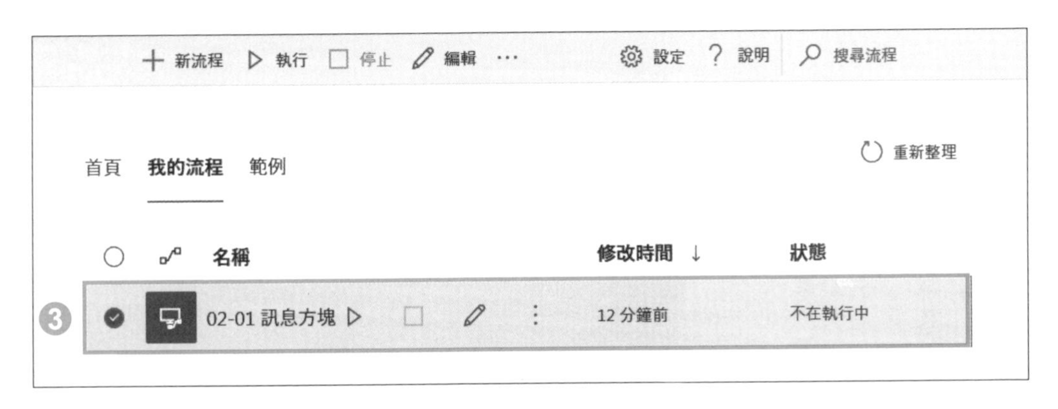

3. 儲存並關閉流程後，回到主控畫面 **我的流程** 工作區會看到已建立的流程項目。

若想要再次編輯流程，於流程項目上連按二下滑鼠左鍵，或選按右側 🖉 ，可進入該流程的設計畫面編輯或加入更多動作。

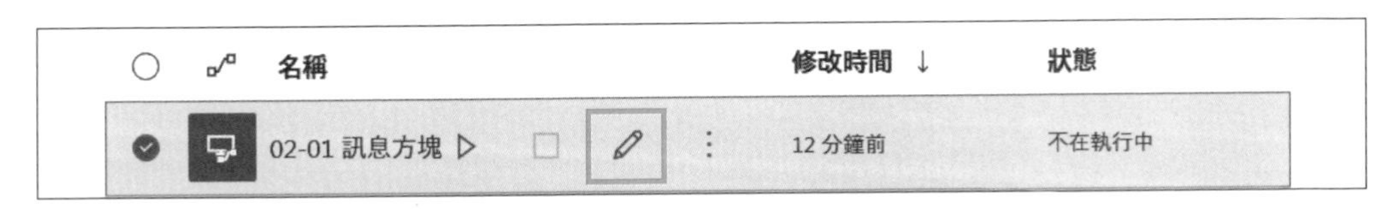

6 將流程以文字資料型態備存並分享

Power Automate Desktop 無法將已完成的流程項目與朋友分享或共同編輯，只能藉由轉成文字資料的方式備存後再分享。

將流程以文字資料備存

藉由前面建立的流程示範，於流程項目上連按二下滑鼠左鍵進入該流程的設計畫面，如下步驟將流程轉存為文字資料。

❶ 於工作區，空白位置按一下滑鼠左鍵。

❷ 選按 Ctrl + A 鍵，選取此流程工作區中所有的動作項目，再選按 Ctrl + C 鍵複製。

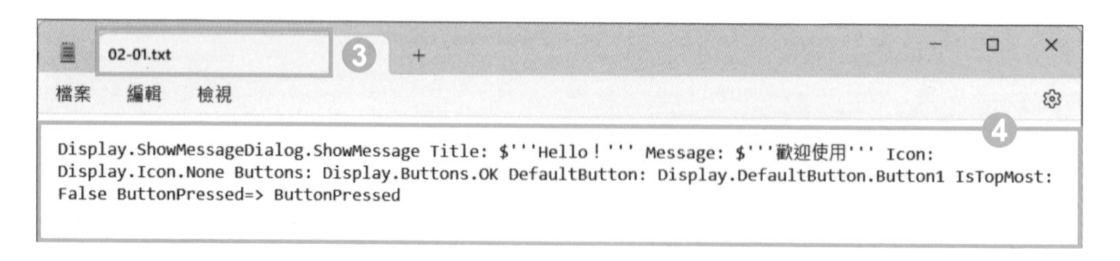

❸ 於桌面或檔案總管合適路徑下，新增一記事本文件並開啟。

❹ 選按 Ctrl + V 鍵貼上前面複製的內容，流程項目此時會以文字編碼的方式呈現。

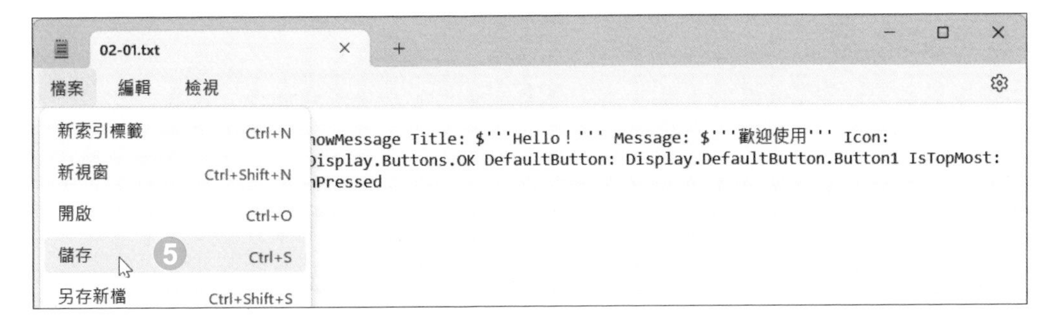

5 選按 **檔案 \ 儲存**，完成將流程轉存為文字資料的操作。

將備存的文字資料恢復為流程

只要將前面備存的文字文件檔分享給朋友，再如下步驟操作，朋友即可將文字資料恢復為流程。

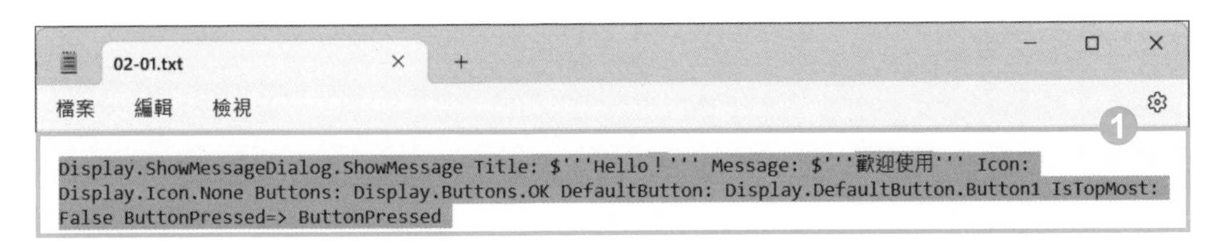

1 開啟文字文件檔，選按 Ctrl + A 鍵選取所有文字資料，再選按 Ctrl + C 鍵複製。

2 於 Power Automate Desktop 建立一個新流程，工作區空白位置按一下滑鼠左鍵。

3 選按 Ctrl + V 鍵貼上前面複製的內容，文字編碼此時會以流程項目的方式呈現，完成將備存的文字資料恢復為流程的操作。

NOTE

PART

03

基礎知識和核心特性

"動作" 的基本認識

"動作" 是 Power Automate Desktop 的基本元素，透過動作的組合，使用者可依需求建立專屬的自動化流程。

Power Automate Desktop 提供了大量的 "動作"，以滿足各種自動化需求，使用者可以透過滑鼠指標按住拖放的方式將動作依序安排在流程中，建立複雜的自動化流程，例如將多份資料整併寫入 Excel 檔案、擷取特定網頁批量文件...等。

開啟 Power Automate Desktop 開啟新流程，為新流程命名後進入設計畫面。可於左側看到 **動作** 窗格，自動化處理動作都整理在此窗格。

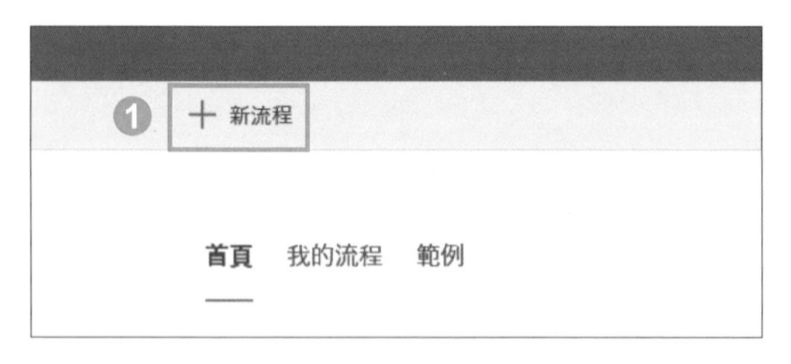

1 選按 + **新流程**。

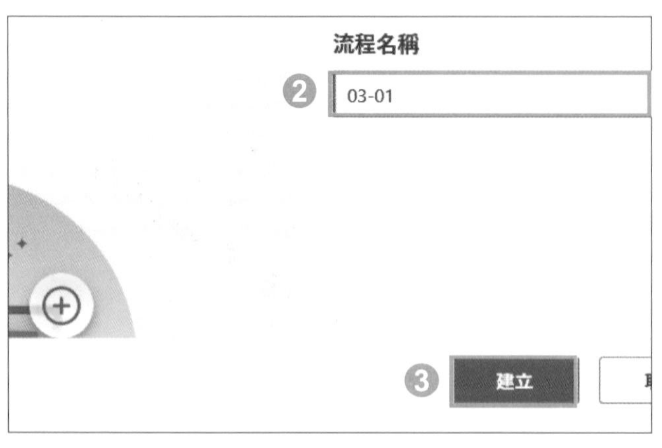

2 輸入流程名稱。

3 按 **建立** 鈕。

動作 窗格，依功能分類整理，常用動作類別包括：**變數**、**條件**、**迴圈**、**檔案**、**資料夾**、**Excel**、**訊息方塊**、**日期時間**、**PDF**...等；若要尋找特定動作，可於窗格頂端的搜尋列填入關鍵字。

於動作類別名稱上連按滑鼠左鍵二下，可展開、收合該動作類別；選按動作名稱並拖曳至工作區，即可加入流程中。

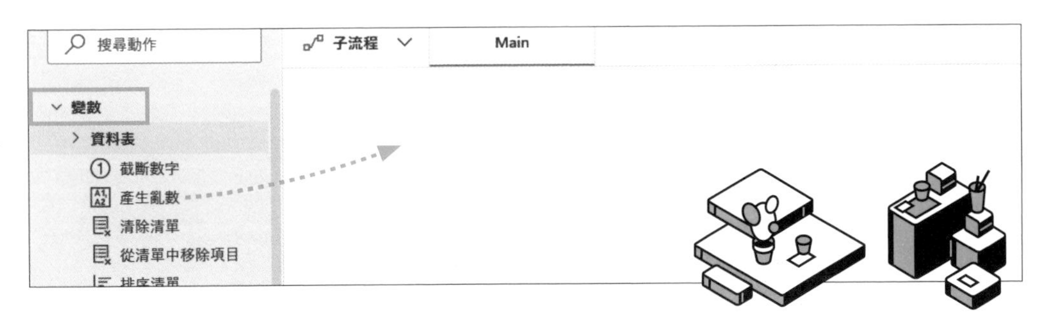

小提示

各動作類別展示與說明

Power Automate Desktop 常會在軟體開啟或 Windows 更新時，要求更新版本，而本書撰寫時使用的 Power Automate Desktop 版本為：2.35.159.23221，當時共有四十多種動作類別，常用動作類別會於後續說明中示範，若想瀏覽所有動作，可參考官方說明：https://learn.microsoft.com/zh-tw/power-automate/desktop-flows/actions-reference。

Tip

2 變數：儲存和操作數據的容器

自動化流程中，變數扮演著儲存、操作和傳遞數據的角色，在此要分享變數的意義和作用，並示範如何使用變數來處理數據。

變數的特點

"變數" (Variables)，是用於儲存資料值的容器，可以保存各種不同類型的資料值，例如：文字、數字、日期...等，透過變數在自動化流程中儲存和操作數據，實現更靈活和動態的處理方式。流程動作中用於處理指令的值，例如數字或文字，如果是固定不變，例如："100" 或 "王小明"，程式中稱為 "常數"；而 "變數" 則是會依據動作指令而變化。

舉例來說，想像一個購物網站的自動化流程。當用戶下單時，使用一個名為 "訂單數量" 的變數來儲存用戶購買的商品數量，這個變數的值可以在整個流程中被修改和使用，例如：加總購買數量、計算總價、檢查庫存量或產生報表...等，根據不同的訂單數量自動調整流程的行為，提供更靈活和個性化的服務。

變數的格式與命名限制

Power Automate Desktop 指定變數時，需於變數名稱左、右二側加上 % 符號 (例如：%UserInput%)，讓變數名稱可以被 Power Automate Desktep 識別，而不僅僅是一串文字。(% 符號可按 Shift + 5 鍵產生)

變數命名的限制：

■ 變數名稱可由半型英文字母、數字和底線 "_" 組成，不能包含中文字與其他特殊字元，例如：空格、標點符號或其他特殊符號。

■ 變數名稱必須以半型英文字母開頭，不能以數字或其他特殊符號開頭。

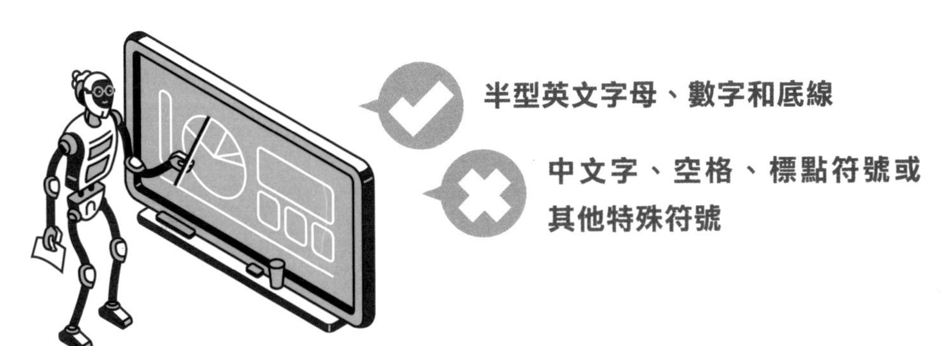

變數的設定與運算：體重換算

Power Automate Desktop **變數** 動作類別，包含：設定變數、增加減少變數、新增項目至清單、合併清單...等動作，然而產生變數不侷限於其中的 **設定變數** 動作，其他動作的執行也會產生變數，藉由以下 "體重換算" 範例示範：

1	跳出一個訊息方塊要求輸入體重 (公斤)，體重的值會存放在變數 **UserInput**。
2	1 公斤= 2.20462262 磅，指定重量換算值：2.20，會存放在變數 **NewVar**。
3	最後以訊息方塊呈現原體重 (公斤) 與換算後的體重 (磅)：換算後的體重 (磅)為：變數 **UserInput** × 變數 **NewVar**。

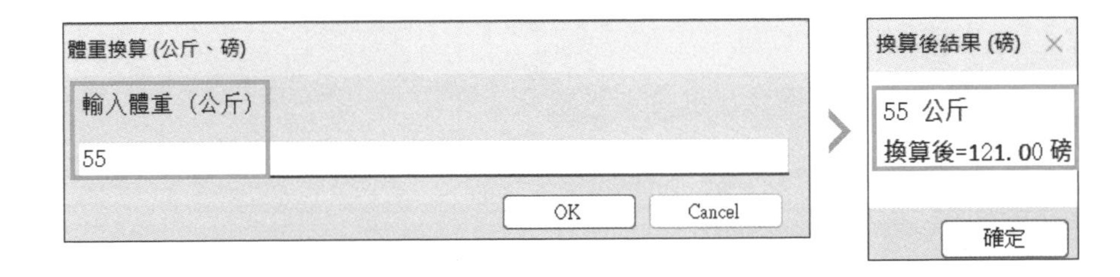

Step 1 建立新流程

開啟 Power Automate Desktop 選按 **+ 新流程**，命名後進入設計畫面。

Step 2 加入動作 "顯示輸入對話方塊"

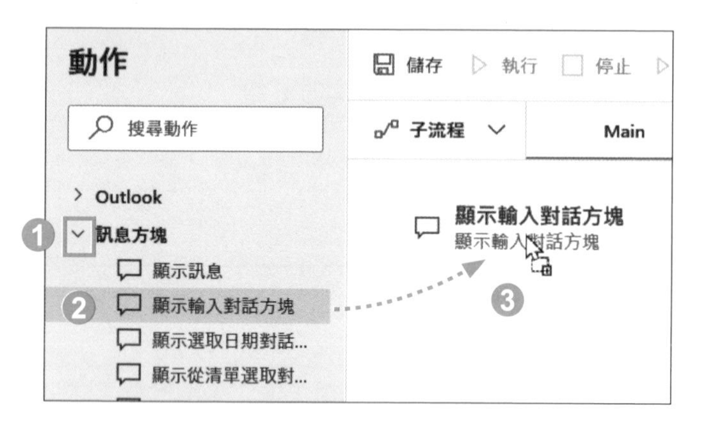

❶ **動作** 窗格，選按 **訊息方塊** 類別左側 ⌄ 展開動作項目。

❷ 選按 **訊息方塊 \ 顯示輸入對話方塊** 動作。

❸ 拖曳至工作區。

Step 3 設定輸入對話方塊的內容並產生變數

❶ **輸入對話方塊標題** 輸入：「體重換算 (公斤、磅)」。

❷ **輸入對話方塊訊息** 輸入：「輸入體重 (公斤)」。

❸ 選按 **變數已產生** 可查看變數相關說明 (變數名稱左側設定為 ⬤；即指定要產生)。

❹ 按 **儲存** 鈕。

小提示

產生變數

訊息方塊 \ 顯示輸入對話方塊 動作產生二個變數：**UserInput** 與 **ButtonPressed**，存放使用者輸入資料值。

變數	資料類型	描述
UserInput	文字值	使用者輸入的文字或值，或預設內容。
ButtonPressed	文字值	按下按鈕上的文字。系統會自動為使用者提供 "確定" 或 "取消" 選項。

Step 4 執行現階段動作，查看變數值

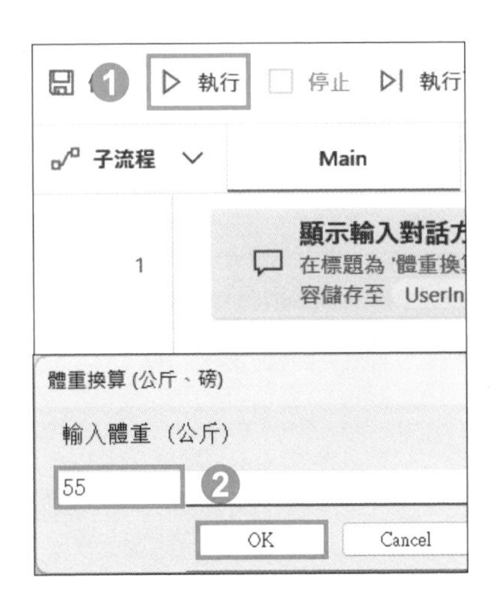

1. 選按工具列的 ▷執行流程。
2. 出現訊息對話方塊，輸入「55」，按 **OK** 鈕。
3. 右側 **變數 \ 流程變數** 窗格，會看到變數 **UserInput** 存放資料值 "55"、變數 **ButtonPressed** 存放 "OK"。

Step 5 加入動作 "設定變數"

1 公斤 = 2.20462262 磅，設定變數的值為 2.20。

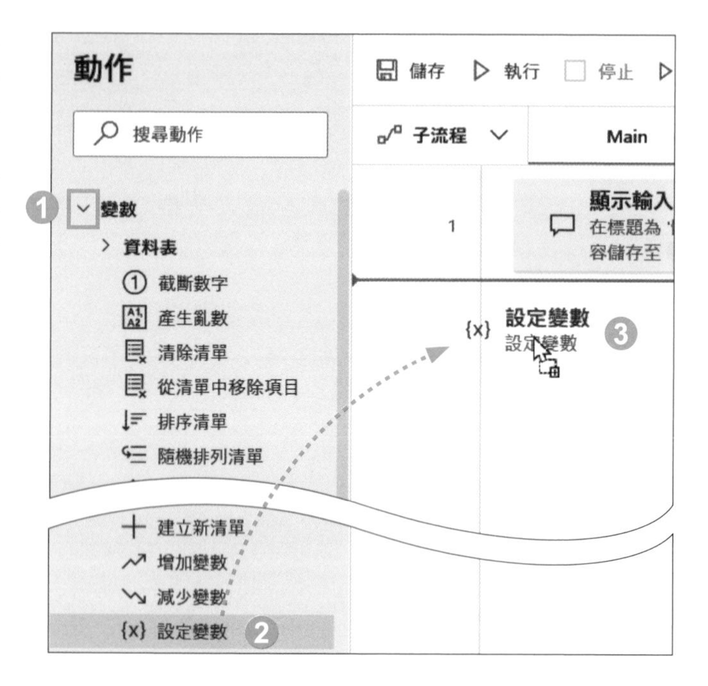

1. **動作** 窗格，選按 **變數** 類別左側 ⌄ 展開動作項目。
2. 選按 **變數 \ 設定變數**。
3. 拖曳至工作區最後一個動作下方。

Step 6 設定變數名稱與值

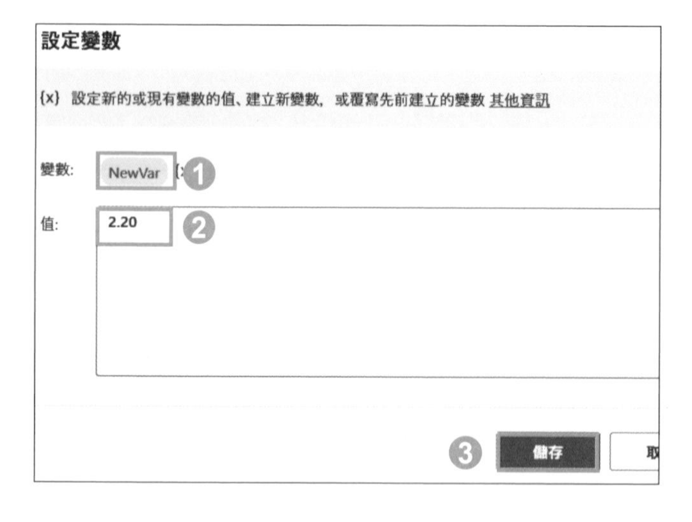

1. **變數** 預設為 NewVar，在此使用預設名稱。(若要改變名稱，可於現有名稱上按一下滑鼠左鍵，輸入新名稱。)
2. **值** 輸入：「2.20」。
3. 按 **儲存** 鈕。

產生變數

變數 \ 設定變數 動作產生變數：NewVar。

變數	資料類型	描述
NewVar	數值	設定新的或現有變數的值、建立新變數，或覆寫之前建立的變數。

Step 7 執行現階段動作，查看變數值

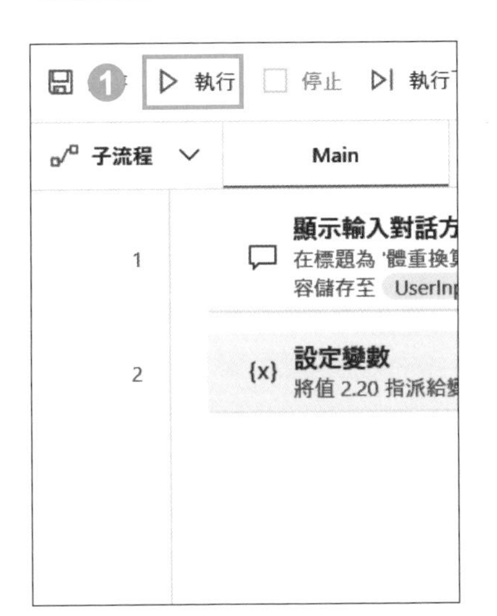

1. 選按工具列的 ▷ 執行流程。
2. 出現訊息對話方塊，輸入「55」，選按 **OK** 鈕。
3. 右側 **變數 \ 流程變數** 窗格，會看到變數 UserInput 存放資料值 "55"、變數 ButtonPressed 存放 "OK"、變數 NewVar 存放 "2.20"。

Step 8 加入動作 "顯示訊息"

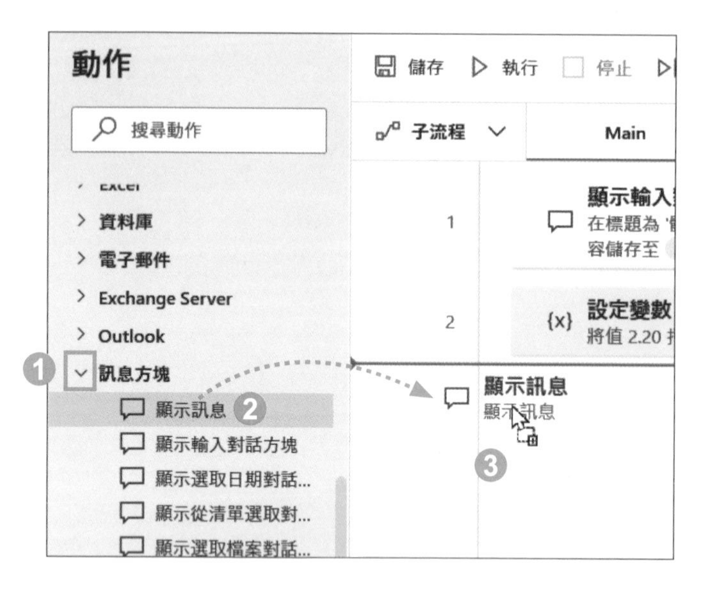

1. **動作** 窗格，選按 **訊息方塊** 類別左側 ⌄ 展開動作項目。
2. 選按 **訊息方塊 \ 顯示訊息** 動作。
3. 拖曳至工作區。

Step 9 運用變數資料值計算

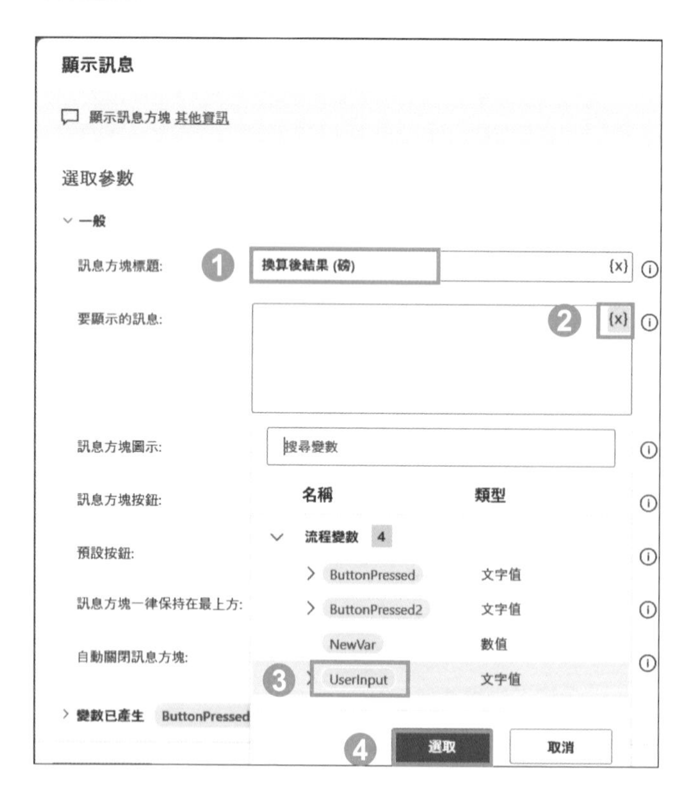

1. **訊息方塊標題** 輸入：「換算後結果 (磅)」。
2. **要顯示的訊息** 按 {x}。
3. 選按 **UserInput** 變數。
4. 按 **選取** 鈕。

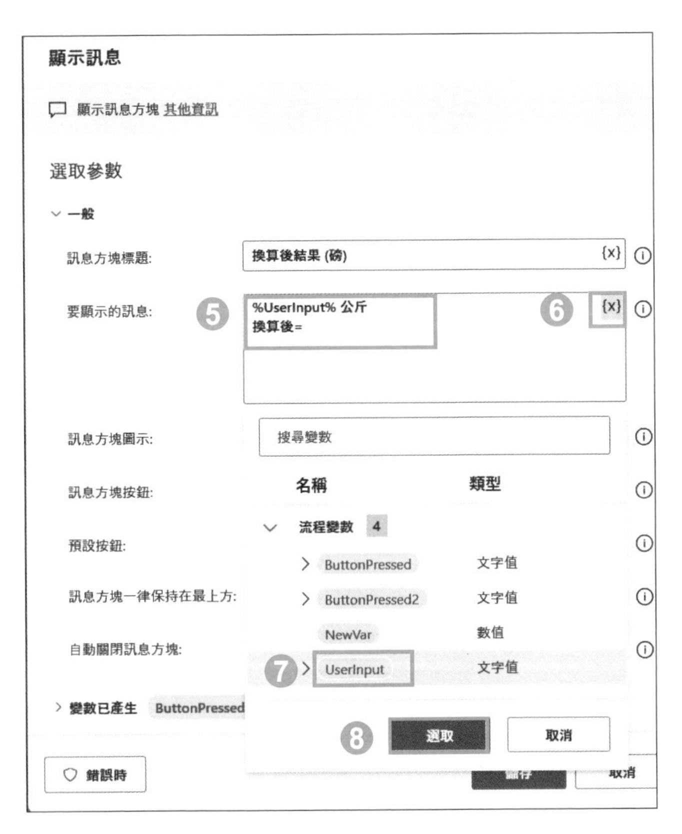

❺「%UserInput%」右側輸入「 公斤」，按 Enter 鍵，再輸入：「換算後=」。

❻ **要顯示的訊息** 按 {x}。

❼ 選按變數 **UserInput**。

❽ 按 **選取** 鈕。

一般
訊息方塊標題: 換算後結果 (磅)
要顯示的訊息: %UserInput% 公斤
換算後=%UserInput*%
訊息方塊圖示: 搜尋變數
訊息方塊按鈕: 名稱 類型
預設按鈕: 流程變數 4
ButtonPressed 文字值
訊息方塊一律保持在最上方: ButtonPressed2 文字值
NewVar 數值
自動關閉訊息方塊: UserInput 文字值
變數已產生 ButtonPressed
選取 取消
錯誤時

❾「%UserInput%」右側 % 前選按 Shift + 8 鍵，輸入「*」，並將插入點保留在 * 右側。

❿ **要顯示的訊息** 按 {x}。

⓫ 選按變數 **NewVar**。

⓬ 按 **選取** 鈕。

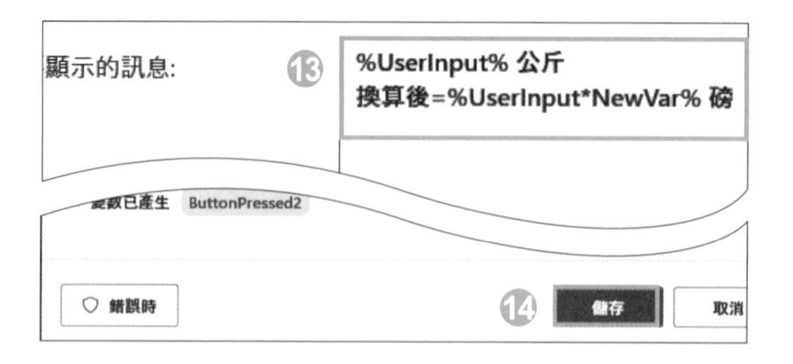

⑬ 將訊息調整為：「換算後=%UserInput*NewVar% 磅」。

⑭ 按 **儲存** 鈕。

小提示

變數和 % 標記

- 變數名稱左、右二側必須以 % 符號括住，例如：%UserInput%。
- 要以變數進行運算、比較，運算式需佈置在 % 符號內，例如：%UserInput*NewVar% 或 %UserInput+10%。
- 要以變數進行運算，但需變更運算子的優先順序，可使用括號，例如：%(UserInput+NewVar)*10%
- 要以文字或其他數字、符號標註，需佈置在 % 符號外，例如：%UserInput% 公斤。

Step 10 執行與儲存流程

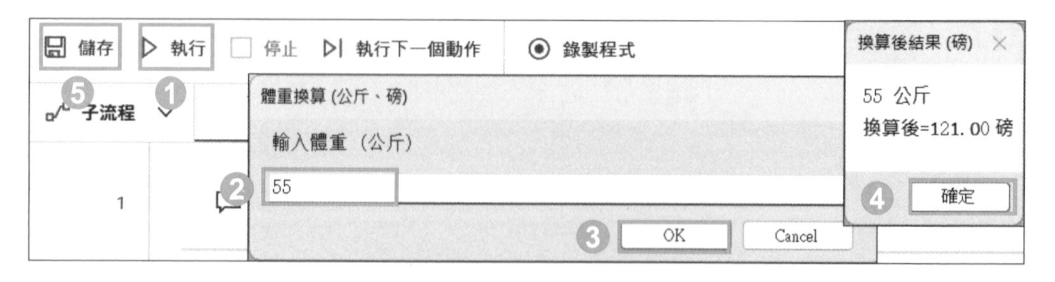

① 選按工具列的 ▷執行流程。

② 出現輸入對話方塊，輸入體重 (公斤)。

③ 按 **OK** 鈕。 ④ 出現換算後的值，按 **確定** 鈕完成整個流程的執行。

⑤ 流程執行若沒問題，最後記得儲存。

3 變數的資料類型

資料類型可確保數據被正確地理解、處理和操作，使整個流程能夠順利執行並獲得準確的結果。

為何需要 "資料類型"？

流程建立變數時，Power Automate Desktop 會根據其內容指定類型，正確的資料類型可以確保資料值被正確地儲存、操作和處理。

官方將變數資料類型區分為 **簡單資料類型** 和 **進階資料類型** 二類：

- **簡單資料類型**：屬於基本資料類型，可以存放單一值。包括常見的：數字、文字、日期和時間、布林值...等資料類型，這些資料類型具有固定的格式和大小，並且在變數中只能存放單一個值。
- **進階資料類型**：屬於複合資料類型，可以存放多個值或結構化的數據。包括資料表、資料列、清單...等資料類型，進階資料類型允許在單個變數中存放和操作多個相關的值。

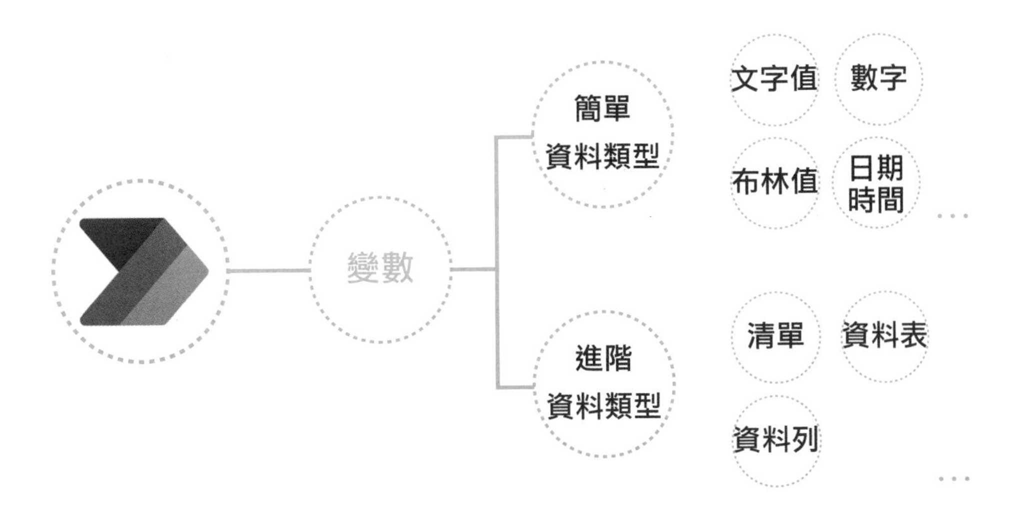

此節將示範幾項常用的資料類型，待後續章節主題說明，會有更多資料類型的應用示範。

各資料類型有不同的特點和用途

"文字值" 資料類型

文字值：用於存放半型英文字母、中文字或符號資料，例如：Hello, World!、家電用品，動作中可執行文字變數進行連接、提取特定的字元或字串...等。

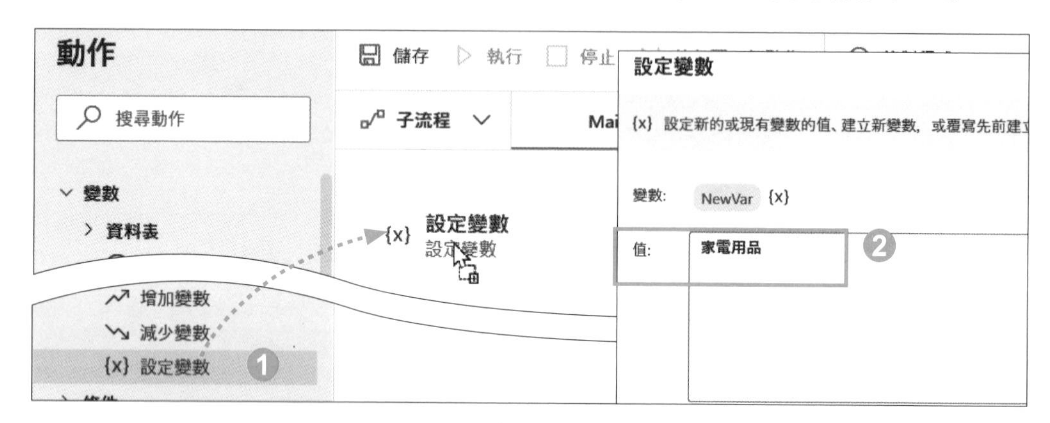

▲ 開啟 Power Automate Desktop 選按 **+ 新流程**，命名後進入設計畫面。**動作** 窗格選按 **變數 \ 設定變數**，拖曳至工作區，產生變數 **NewVar**，變數的 **值** 輸入英文字母、中文字或符號資料，按 **儲存** 鈕。

▲ 執行後，右側 **變數 \ 流程變數** 窗格，連按二下變數 **NewVar**，可看到該變數已存放指定值並套用 **文字值** 資料類型。

"數字" 資料類型

數字：用於存放數值，可以是整數或小數，例如：3.2、15、-7，動作中可執行數學運算、計數、比較和累加...等。

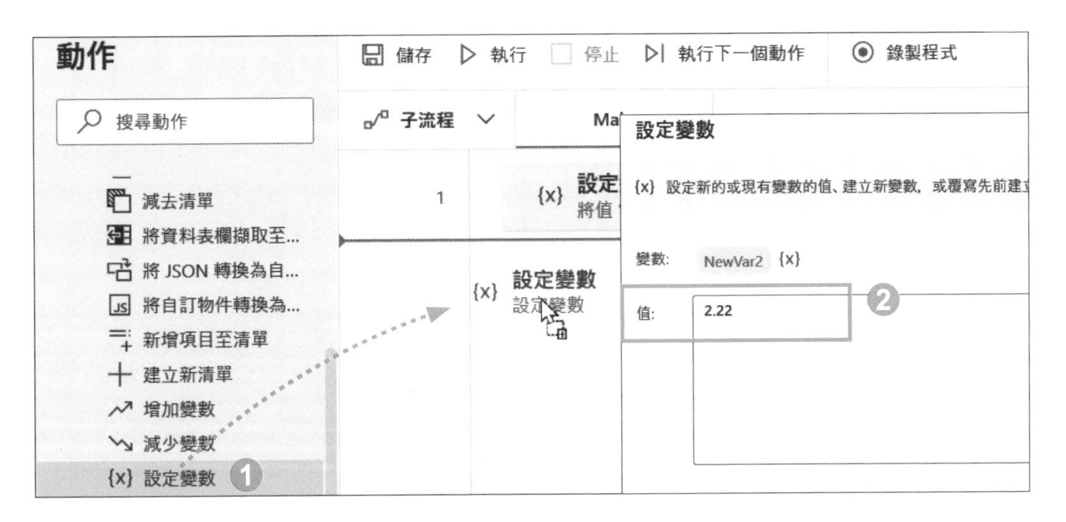

▲ 延續流程，**動作** 窗格選按 **變數 \ 設定變數**，拖曳至工作區，產生變數 NewVar2，變數的 **值** 輸入整數、小數值、運算式 (若為運算式，運算式左、右二側需加上 % 符號，例如：%1+2%。)，按 **儲存** 鈕。

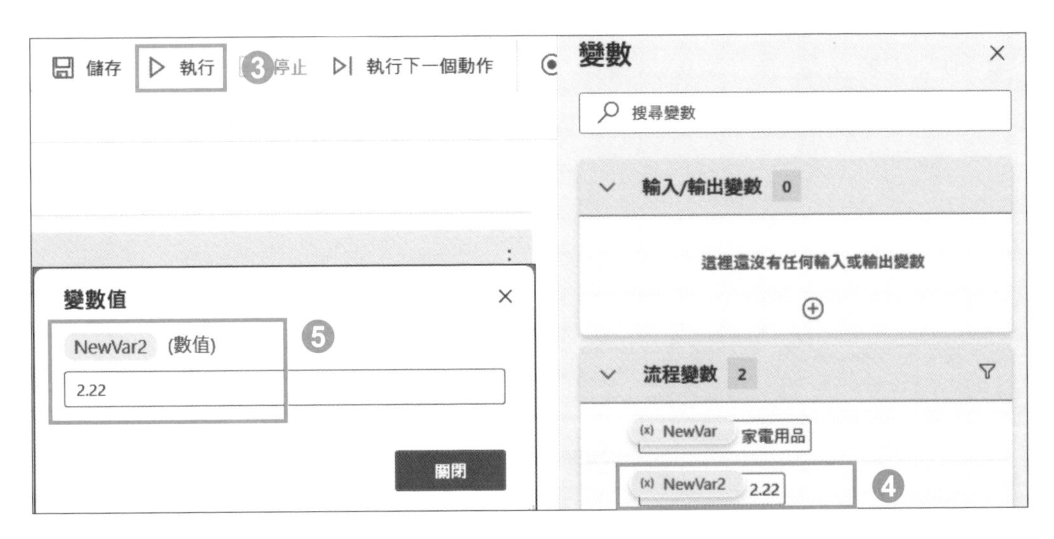

▲ 執行後，右側 **變數 \ 流程變數** 窗格，連按二下變數 NewVar2，可看到該變數已存放指定值並套用 **數值** 資料類型。

"日期時間" 資料類型

日期時間：用於存放日期和時間訊息，例如：2023-06-21、15:30，動作中可執行時間計算、日程安排...等。

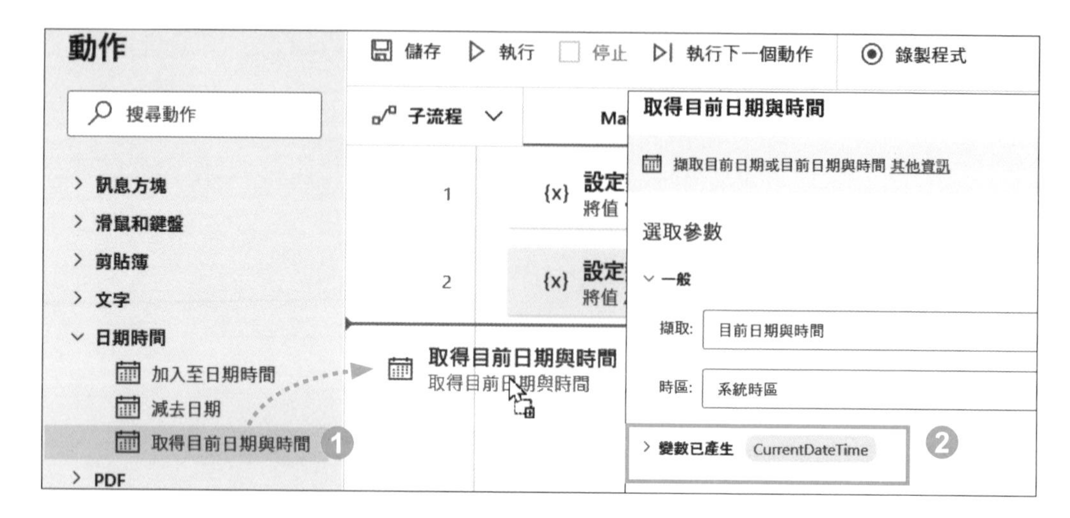

▲ 延續流程，**動作** 窗格選按 **日期時間 \ 取得目前日期與時間**，拖曳至工作區，跳出對話方塊，會看到取得日期時間後存放在變數 CurrentDateTime，直接按 **儲存** 鈕。

▲ 執行後，右側 **變數 \ 流程變數** 窗格，連按二下變數 CurrentDateTime，可看到該變數已存放取得的系統日期與時間，並套用 **日期時間** 資料類型。

"布林值" 資料類型

布林值：用於存放表示是 (True) / Yes 或否 (False) / NO 的邏輯值，動作中可執行條件判斷、邏輯運算...等。

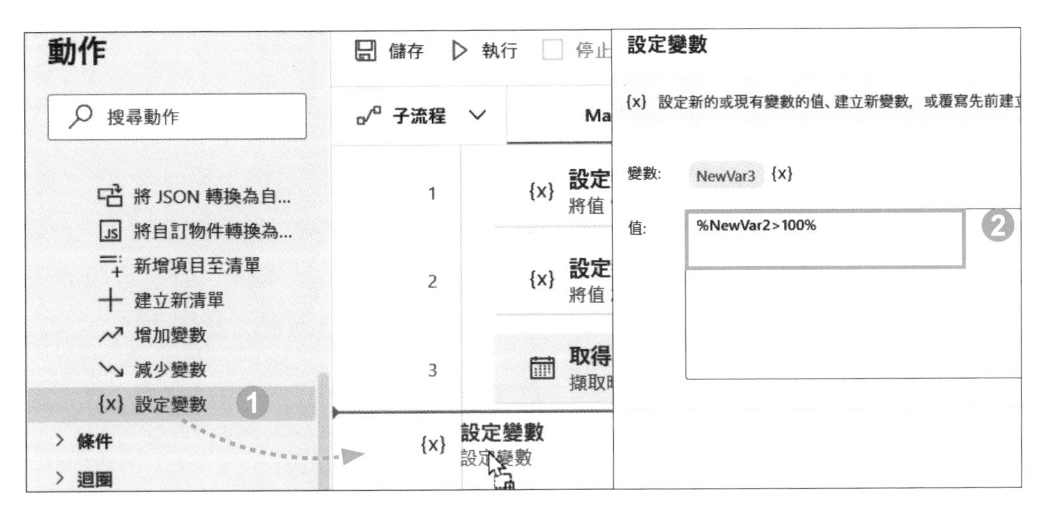

▲ 延續流程，**動作** 窗格選按 **變數 \ 設定變數**，拖曳至工作區，產生變數 NewVar3，變數的 **值** 輸入「%NewVar2>100%」，按 **儲存** 鈕。

▲ 執行後，右側 **變數 \ 流程變數** 窗格，連按二下變數 NewVar3，可看到該變數已存放執行判斷後的邏輯值 (判斷後結果若為：是 / Yes，即存放 True，否則存放 False)，並套用 **布林值** 資料類型。

"執行個體" 資料類型

執行個體：進行 **啟動 Excel**、**啟動新的 *** 瀏覽器**...等動作時產生的變數資料類型，執行這些動作會為 **.Handle** 屬性指派一個編號值，代表開啟項目，是獨一無二不會重複出現的編號值，一旦流程中開啟多個項目時 (例如開啟二個 Excel 活頁簿檔案)，便可透過編號值識別。

"資料表" 資料類型

資料表：一個包含多筆與多欄資料的變數資料類型，例如 **讀取自 Excel 工作表** 動作會產生的變數即為 "資料表" 資料類型，可指定 **工作表中所有可用的值** 或指定 **單一儲存格的值**、**儲存格範圍中的值**...等多種方式取得資料內容。

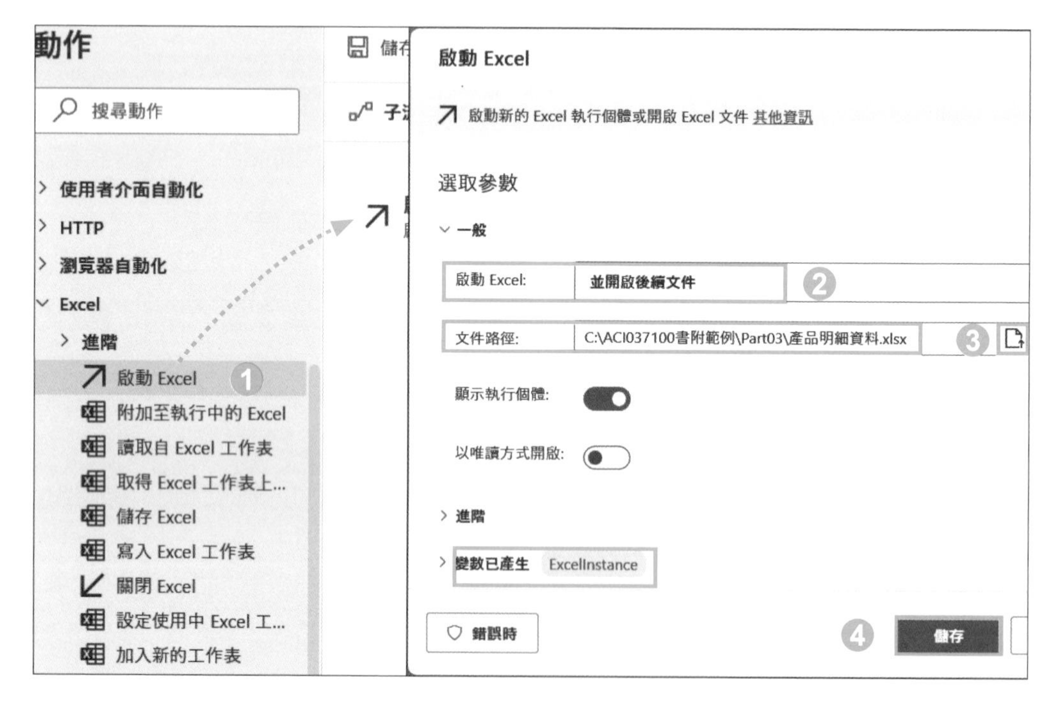

▲ 開啟 Power Automate Desktop 選按 **+ 新流程**，命名後進入設計畫面。**動作** 窗格選按 **Excel \ 啟動 Excel**，拖曳至工作區，**啟動 Excel** 選擇：**並開啟後續文件**，**文件路徑** 按右側 🗋，指定要開啟的 Excel 檔完整路徑，此處已產生變數：**ExcelInstance**，按 **儲存** 鈕。

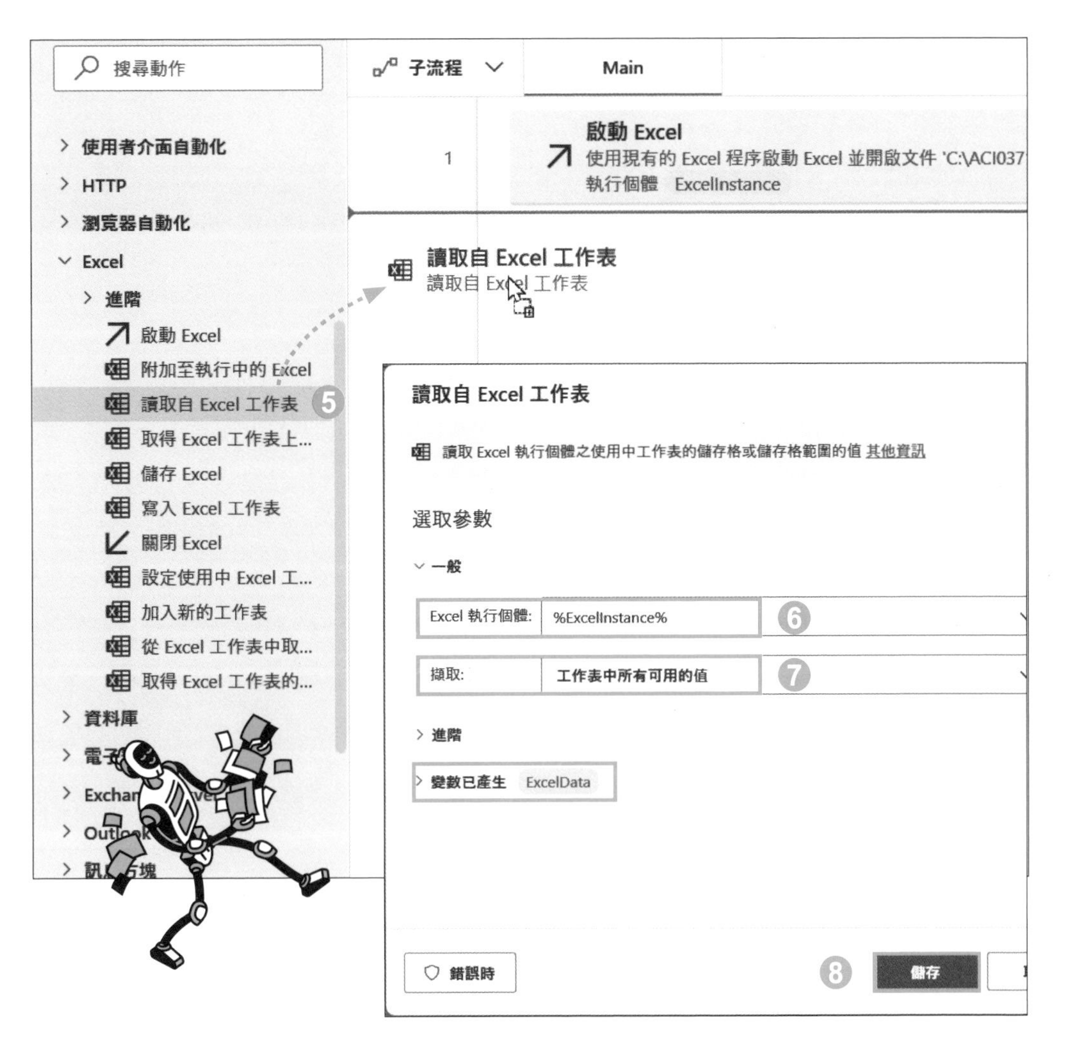

▲ 延續流程，**動作** 窗格選按 **Excel \ 讀取自 Excel 工作表**，拖曳至工作區第一個動作下方。**Excel 執行個體** 選擇：**%ExcelInstance%**，**擷取** 選擇 **工作表中所有可用的值**，此處已產生變數：**ExcelData**，按 **儲存** 鈕。

小提示

變數	資料類型	描述
ExcelInstance	Exel 執行個體	可供後續 Excel 動作使用。
ExcelData	資料表	存放指定儲存格範圍中的資料。

11

變數值

ExcelInstance (Excel 執行個體)

屬性	值
.Handle	1513240

13

變數值

ExcelData (資料表)

#	Column1	Column2	Column3	Column4	Column5	Column6
0	產品編號	產品類別	產品名稱	單價	成本	刊登日
1	F001	女裝	運動潮流連帽外套女裝-白	1450	210.25	2015/12/8 上午
2	F002	童裝	運動潮流直筒棉褲男童-白	930	115.32	2015/12/8 上午
3	F003	男裝	印圖大學T男裝-藍	750	126	2015/12/12 上午
4	F004	配件	大化妝包-桃粉	1600	243.2	2015/12/12 上午

▲ 執行後，右側 **變數 \ 流程變數** 窗格，連按二下變數 ExcelInstance，可看到該變數為該檔案指派一個編號值，並套用 **Excel 執行個體** 資料類型 (瀏覽後按 **關閉** 鈕)；連按二下變數 ExcelData，可看到存放指定儲存格範圍中的資料，並套用 **資料表** 資料類型 (瀏覽後按 **關閉** 鈕)。

4 變數的屬性

變數在流程中扮演著重要的角色，用於儲存和處理不同類型的資料，而每種資料類型都有其特定的屬性。

前面說明了，變數的 "資料類型" 是用於表示變數儲存的資料是什麼類型，例如：文字、日期、檔案...等，而 "屬性" 則用於描述變數內部存放的資料，例如 **檔案** 資料類型就有：完整路徑、副檔名、建立日期...等屬性，可以藉由 **變數名稱.屬性** 的格式使用屬性。

前一範例流程，已產生變數 ExcelInstance (資料類型：Excel 執行個體) 與 ExcelData (資料類型：資料表)，接著加入 **顯示訊息** 動作，透過變數 ExcelData 的屬性 **RowsCount** 取得存放於其中的資料表資料列數。

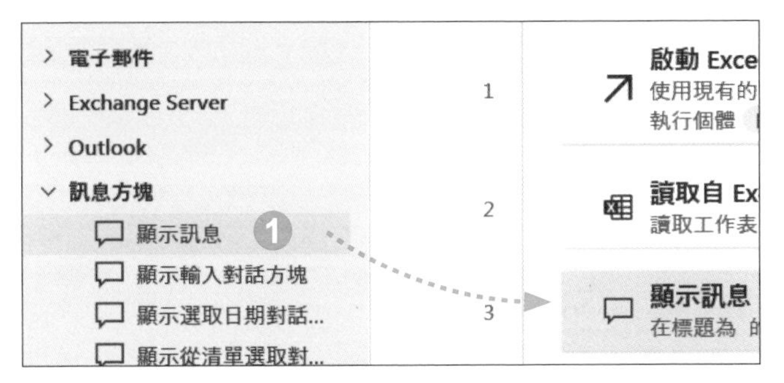

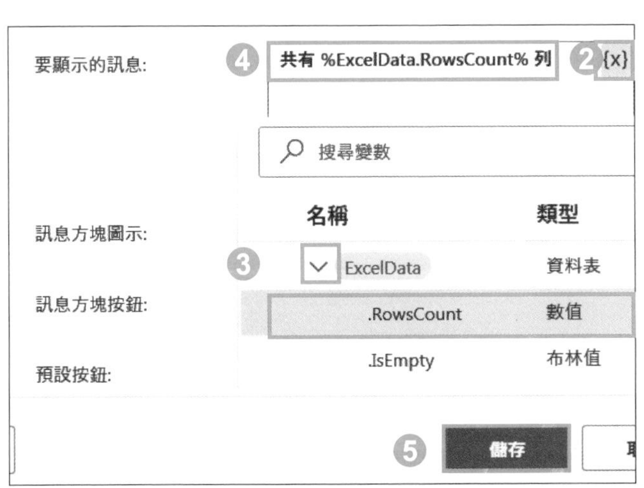

1. **動作** 窗格選按 **訊息方塊 \ 顯示訊息**，拖曳至工作區最下方。
2. **要顯示的訊息** 按 {x}。
3. 變數 ExcelData 左側選按 > 展開屬性清單，選按 **.RowsCount** 屬性，按 **選取** 鈕。
4. **要顯示的訊息** 於加入的 %ExcelData.RowsCount% 前後加上文字說明。
5. 按 **儲存** 鈕。

了解各變數資料類型有哪些屬性，能夠於流程設計時管理和操控更多變數應用，以下列項常見變數資料類型屬性：

"文字" 資料類型屬性

屬性	描述
Length	文字的長度 (字元數)。
isEmpty	是空的，則此屬性為 true，如果不是則為 false。
ToUpper	以大寫字元寫入的變數文字。
ToLower	以小寫字元寫入的變數文字。
Trimmed	以開頭和結尾不含空白字元的方式寫入的變數文字。

"資料表" 資料類型屬性

屬性	描述
RowsCount	資料表的資料列數。
Columns	包含資料表資料行名稱的清單。
IsEmpty	如果資料表是空的，則此屬性為 true，如果其中包含元素，則為 false。
ColumnHeadersRow	包含資料表標題的資料列。

"清單" 資料類型屬性

屬性	描述
Count	儲存在清單中的項目數。

"資料列" 資料類型屬性

屬性	描述
ColumnsCount	資料列所保存的資料行數目。
ColumnsNames	包含資料列標題的清單。

"資料夾" 資料類型屬性

屬性	描述
FullName	資料夾的完整路徑。
RootPath	資料夾的根目錄或起始路徑，例如 C:\。
Parent	資料夾的上一層目錄。
姓名	資料夾的名稱。
CreationTime	資料夾的建立日期。
LastModified	上次修改資料夾的日期。
IsHidden	資料夾隱藏，則此屬性為 true，資料夾可見，則為 false。
isEmpty	如果資料夾是空的，則此屬性為 true，如果資料夾不是空的，則為 false。
FilesCount	資料夾中檔案的數目。
FoldersCount	資料夾中資料夾的數目。

更多變數資料類型屬性描述，可參考官方說明：

https://learn.microsoft.com/zh-tw/power-automate/desktop-flows/datatype-properties

Tip

5 條件：根據數據值或條件進行流程控制

條件是控制流程的關鍵，透過 **If** 條件，可以基於數據值或特定條件，決定程式碼的執行路徑。

條件 能讓流程依據不同情境做出決策，並執行相對應的操作。不論是根據用戶輸入的值、數據庫查詢結果或外部條件，**If** 條件能夠幫助你精確控制自動化流程的行為。

以下訂購單範例，首先指定運費 150 元 (存放在變數 **transport**)，接著以對話方塊詢問的方式取得消費金額 (存放在變數 **UserInput**)，再進行如下條件式判斷："消費金額達 5000 元"，如果答案為 "是"，會顯示 "免運！" 並計算總金額；如果答案為 "否"，會顯示 "未免運！" 並計算總金額，這樣的判斷就是 **條件** 的工作。

設定變數

加入 **If** 動作前，先完成以下準備與設定：

設定變數 transport
存放初始運費 150

顯示輸入對話方塊取得消費金額
存放於變數 UserInput

Step 1 **建立新流程**

開啟 Power Automate Desktop 選按 **+ 新流程**，命名後進入設計畫面。

Step 2 加入動作 "設定變數"

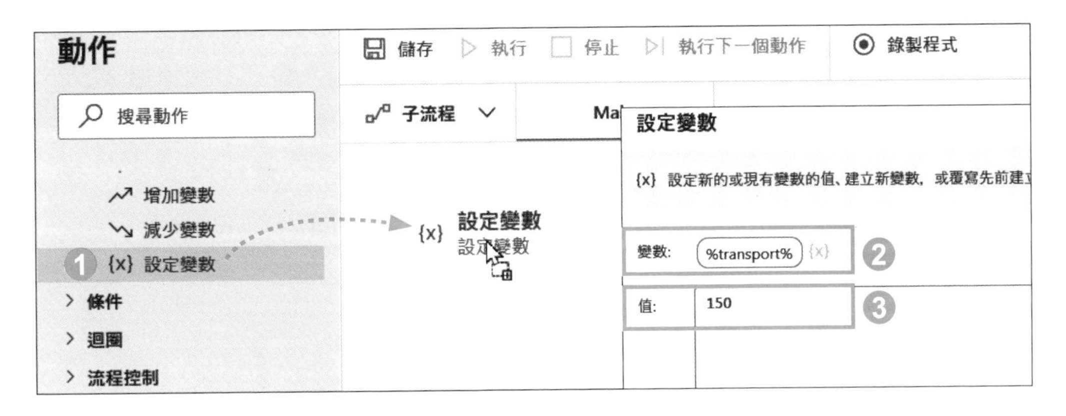

1. **動作** 窗格選按 **變數 \ 設定變數**，拖曳至工作區。
2. 產生變數 **NewVar**，更名為：「**transport**」。
3. 變數 **值** 輸入：「150」，按 **儲存** 鈕。

> **小提示**
>
> **變數名稱左、右二側 % 符號**
>
> 變數名稱左、右二側預設會加上 % 符號，例如：%NewVar%，左、右二側 % 符號中除了可以放入變數名稱，還可以加入運算式。

Step 3 加入動作 "顯示輸入對話方塊"

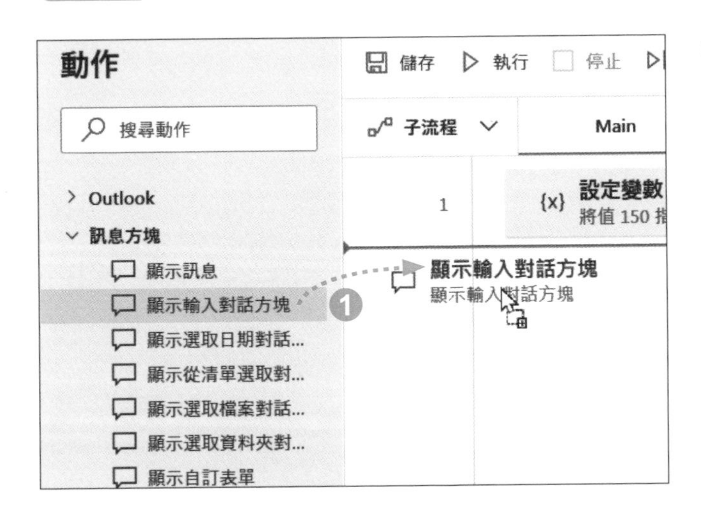

1. **動作** 窗格選按 **訊息方塊 \ 顯示輸入對話方塊**，拖曳至工作區最後一個動作下方。

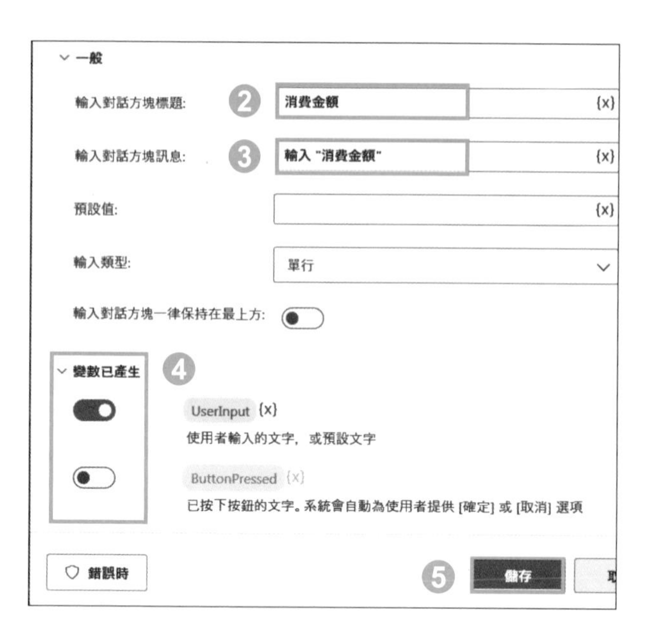

② **輸入對話方塊標題** 輸入：「消費金額」。

③ **輸入對話方塊訊息** 輸入：「輸入 "消費金額"」。

④ 選按 **變數已產生**，選按變數 **ButtonPressed** 左側 呈 狀，取消產生該變數，僅產生變數 **UserInput** 用以存放使用者輸入的值。

⑤ 按 **儲存** 鈕。

If 動作 / 單一條件

單獨使用 **If** 動作，會藉由第一個運算元與第二個運算元進行邏輯判斷，例如相等、不相等、大於、小於...等，若符合條件則執行指定動作，若不符合條件則結束流程。

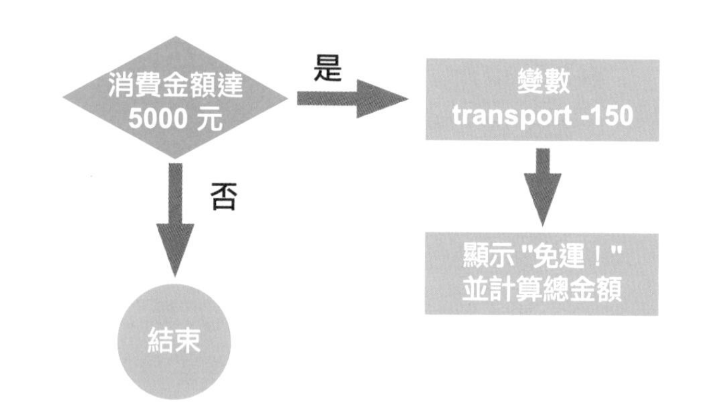

Step 1 加入動作 "If"

判斷條件為：當存放消費金額的變數 **UserInput** 大於或等於 5000。

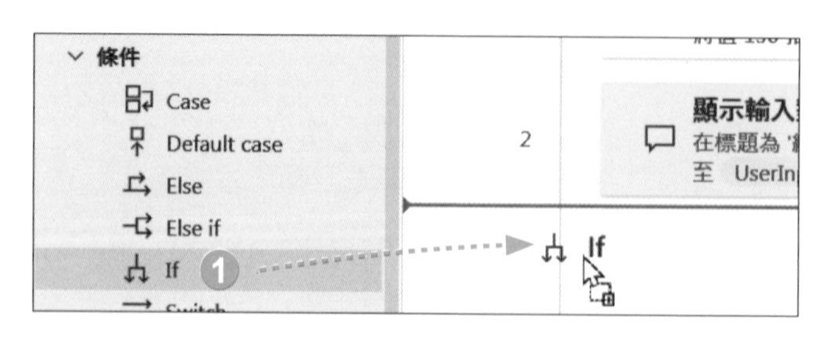

① **動作** 窗格選按 **條件 \ If**，拖曳至工作區最後一個動作下方。

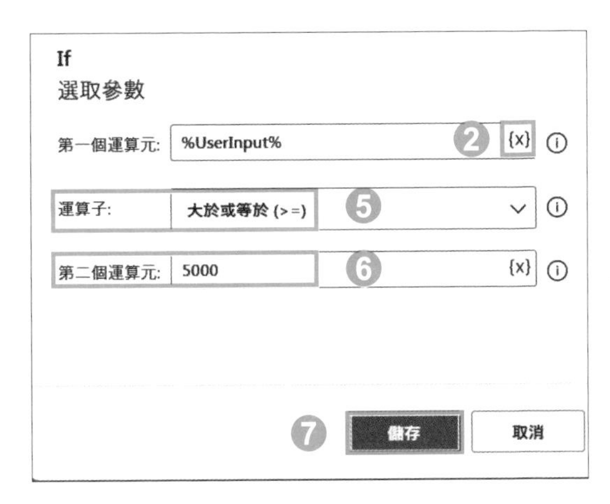

❷ **第一個運算元** 按 {x}。

❺ **運算子** 設定：**大於或等於**。

❻ **第二個運算元** 輸入：「5000」。

❼ 按 **儲存** 鈕。

❸ 選按變數 **UserInput**。

❹ 按 **選取** 鈕。

小提示

If 與 End 動作區塊

加入 **If** 動作後，會發現下方自動出現了 **End** 動作，這是因為 **If** 動作結尾一定需要 **End** 動作，這個範圍稱為 "區塊"。**If** 動作用於設定條件判斷，而 **End** 動作則代表 **If** 動作的結束點。

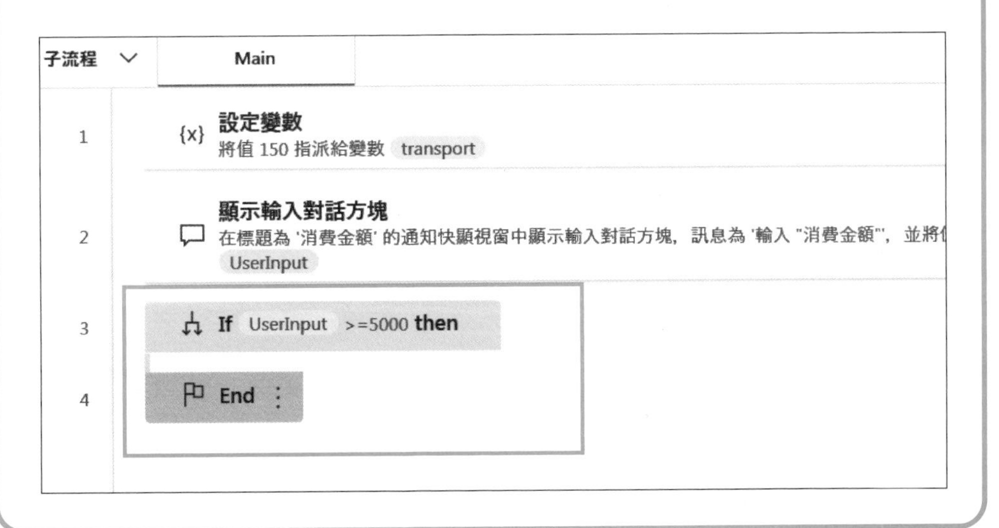

Step 2 加入動作 "減少變數"

當符合判斷條件：消費金額大於或等於 5000，此筆訂單即免運費。因此將存放初始運費 150 的變數 transport 減 150。

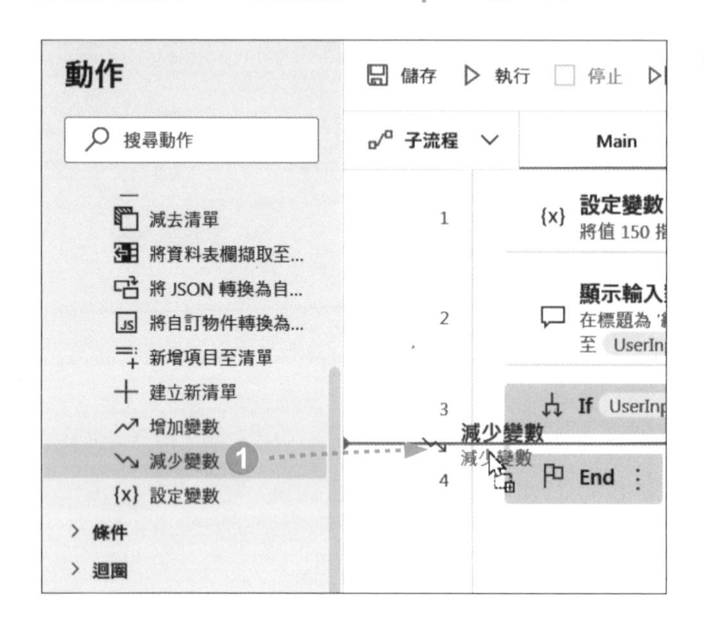

❶ **動作** 窗格選按 **變數 \ 減少變數**，拖曳至工作區 **If** 與 **End** 區塊之間。

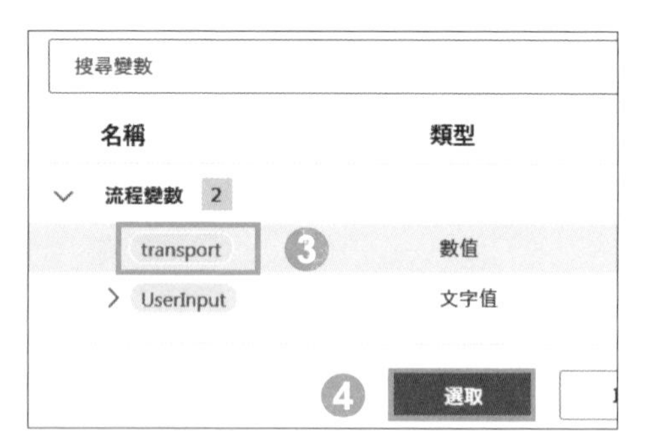

❷ **變數名稱** 按 {x}。

❺ **減少的量** 輸入：「150」。

❻ 按 **儲存** 鈕。

❸ 選按變數 transport。

❹ 按 **選取** 鈕。

Step 3 加入動作 "顯示訊息"

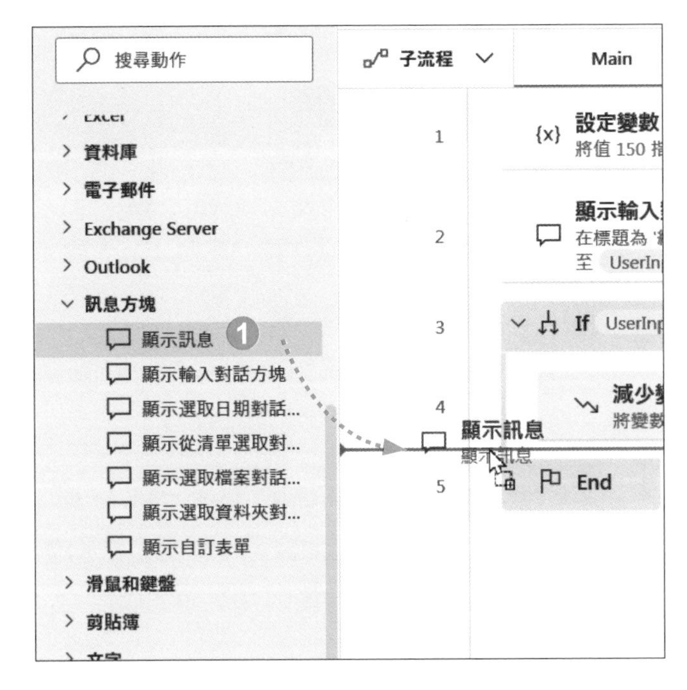

❶ **動作** 窗格選按 **訊息方塊 \ 顯示訊息**，拖曳至工作區 **減少變數** 與 **End** 之間。

顯示訊息

一般

訊息方塊標題: 總金額

要顯示的訊息:
免運！
消費金額:%UserInput%
運費:%transport%
總金額為:%UserInput + transport%

訊息方塊圖示: 無

訊息方塊按鈕: 確定

預設按鈕: 第一個按鈕

訊息方塊一律保持在最上方:

自動關閉訊息方塊:

變數已產生

ButtonPressed {x}
所按下按鈕的文字

錯誤時　儲存　取消

❷ **訊息方塊標題** 輸入：「總金額」。

❸ **要顯示的訊息** 輸入如圖內容 (按 {x} 可插入合適的變數)。

❹ 選按 **變數已產生**，選按 **ButtonPressed** 變數左側 ● 呈 ○ 狀，取消產生該變數。

❺ 按 **儲存** 鈕。

Else 動作 / 當未達到 If 條件時執行

若想要指定不符合 **If** 條件時執行的動作，需要加入 **Else** 動作。

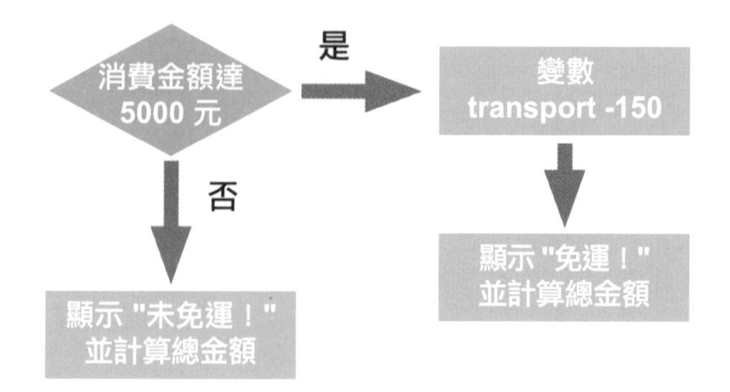

Step 1 加入動作 "Else"

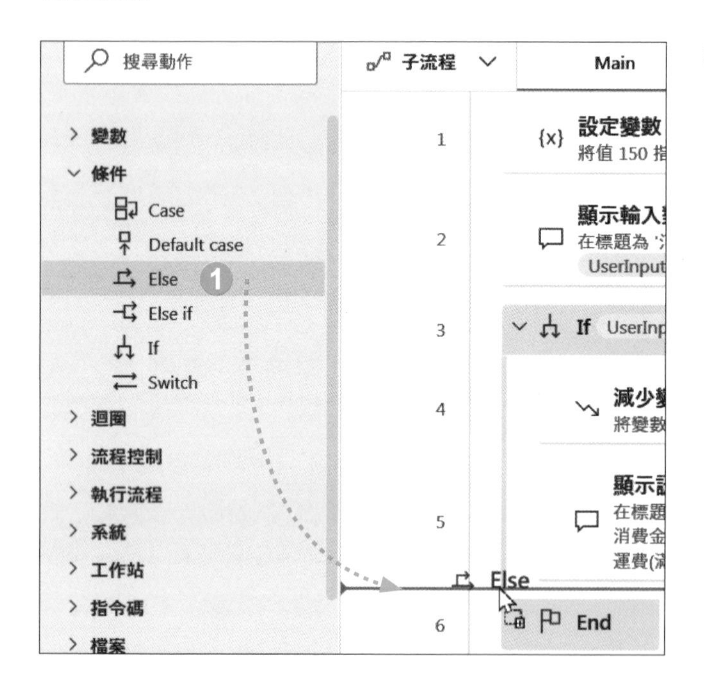

❶ **動作** 窗格選按 **條件 \ Else**，拖曳至工作區 **End** 上方。

Step 2 複製列 5 的動作 "顯示訊息"

Else 動作下方是執行 "未免運" 的計算，不需要加入 **減少變數** 動作，直接顯示並計算加上運費的總金額，因此可複製目前流程中列 5 的動作 **"顯示訊息"** 使用。

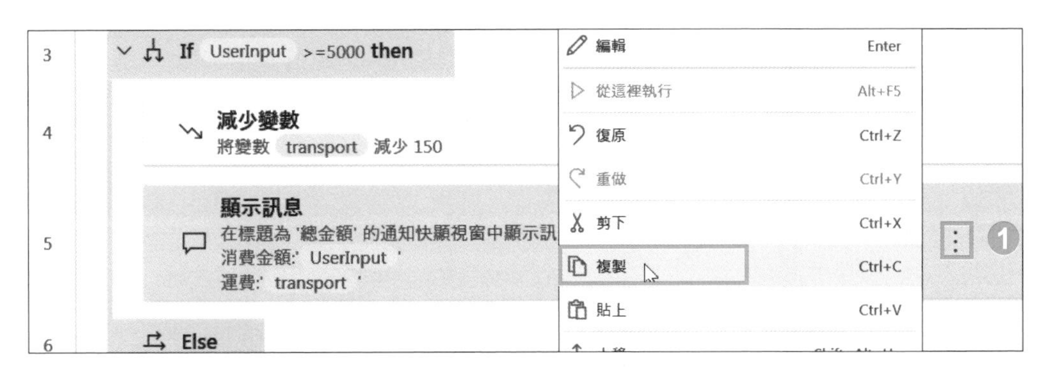

1 選按流程列 5 的動作 **顯示訊息** 右側 ⋮ \ **複製**。

2 選按流程列 7 的動作 **End** 右側 ⋮ \ **貼上**。

3 **End** 上方列 7 即貼上列 5 的動作 **顯示訊息**，連按二下列 7 該動作項目，將 **要顯示的訊息** 中「免運！」改成「未免運！」，再按 **儲存** 鈕。

Else If 動作 / 多條件判斷

為此訂購單範例再增加一項條件，"消費金額達 3000 元"，如果答案為 "是"，會顯示 "運費 50 元" 並計算總金額；如果答案為 "否"，會顯示 "未免運！"

Else If 動作是在 **If** 條件判斷中的一個擴展選項，用於處理多條件的情況。

不符合第一個條件時，可以使用 **Else If** 動作檢查是否符合第二個條件，這種結構允許對多個條件進行連續判斷，並根據不同的條件情況執行相對應操作。

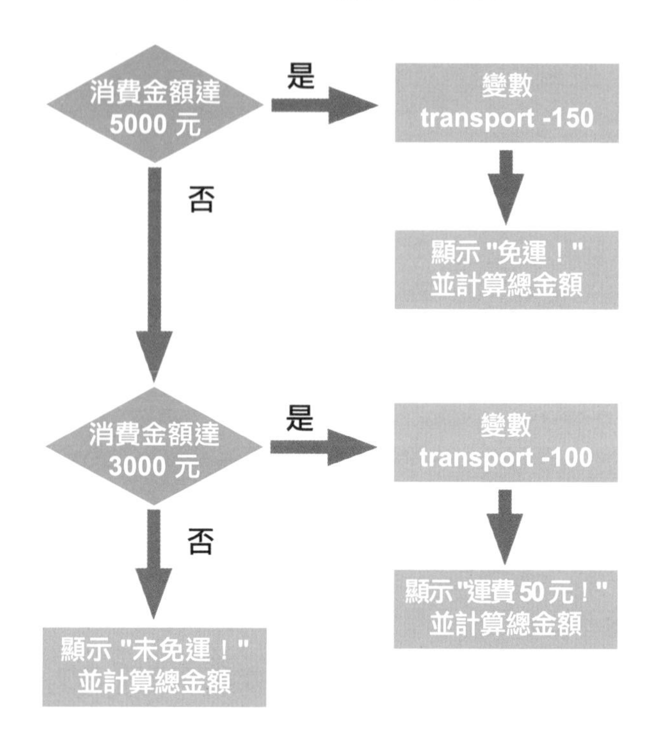

Step 1 加入動作 "Else If"

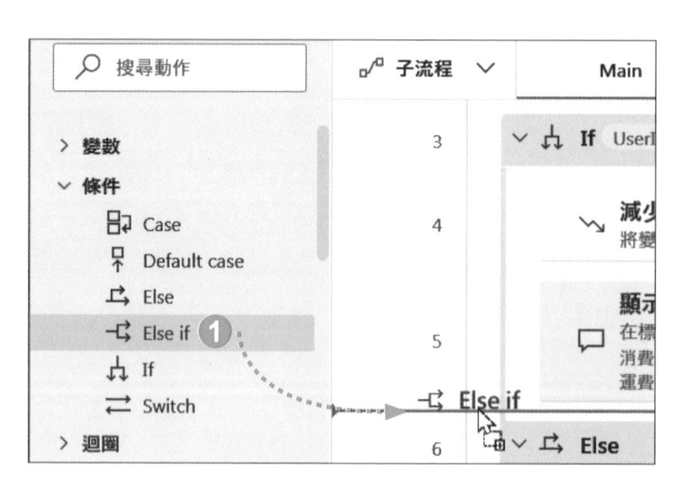

1. **動作** 窗格選按 **條件** \ **Else If**，拖曳至工作區 **Else** 上方。

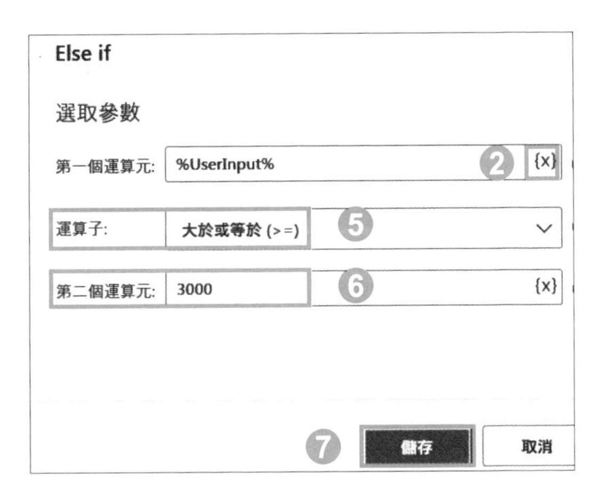

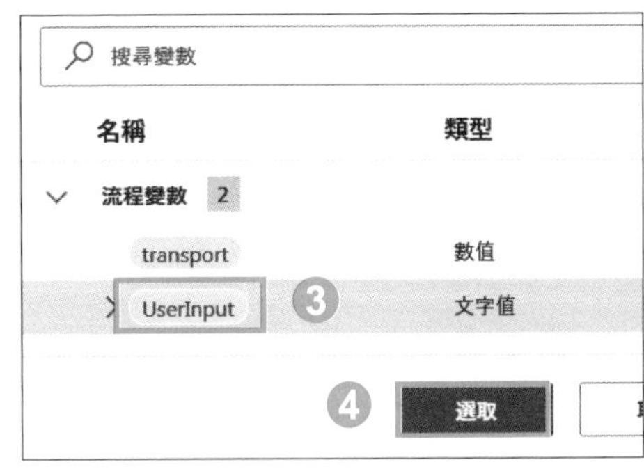

② **第一個運算元** 按 {x}。

⑤ **運算子** 設定：**大於或等於 (>=)**。

⑥ **第二個運算元** 輸入：「3000」。

⑦ 按 **儲存** 鈕。

③ 選按變數 UserInput。

④ 按 **選取** 鈕。

Step 2 複製、貼上多個動作

Else If 動作下方是執行消費金額未達 5000、達 3000 的總金額計算，可複製目前流程中列 4、5 的動作貼入 **Else If** 動作下方再予以調整。

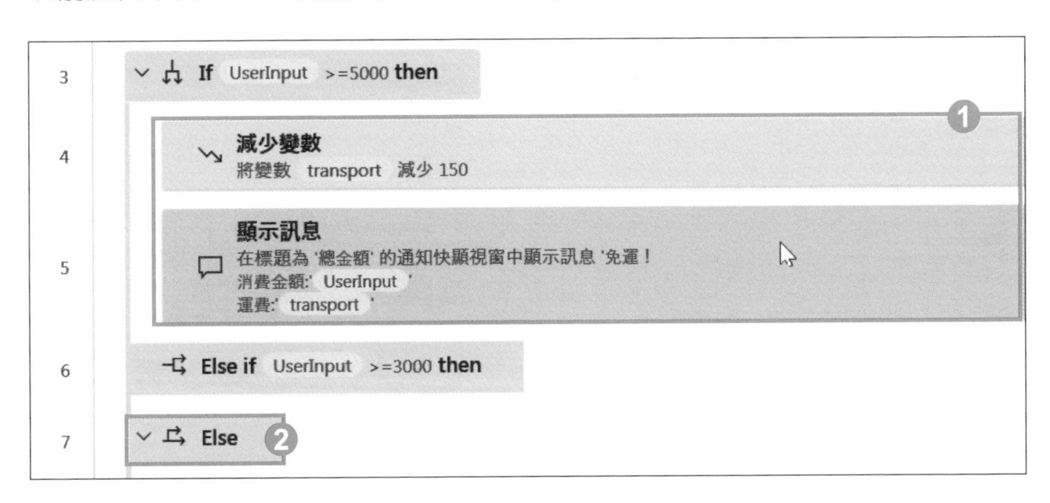

① 選按流程列 4，按 Shift 鍵再選按流程列 5，按 Ctrl + C 鍵複製。

② 選按流程列 7 **Else**，按 Ctrl + V 鍵貼上。

Step 3 調整動作

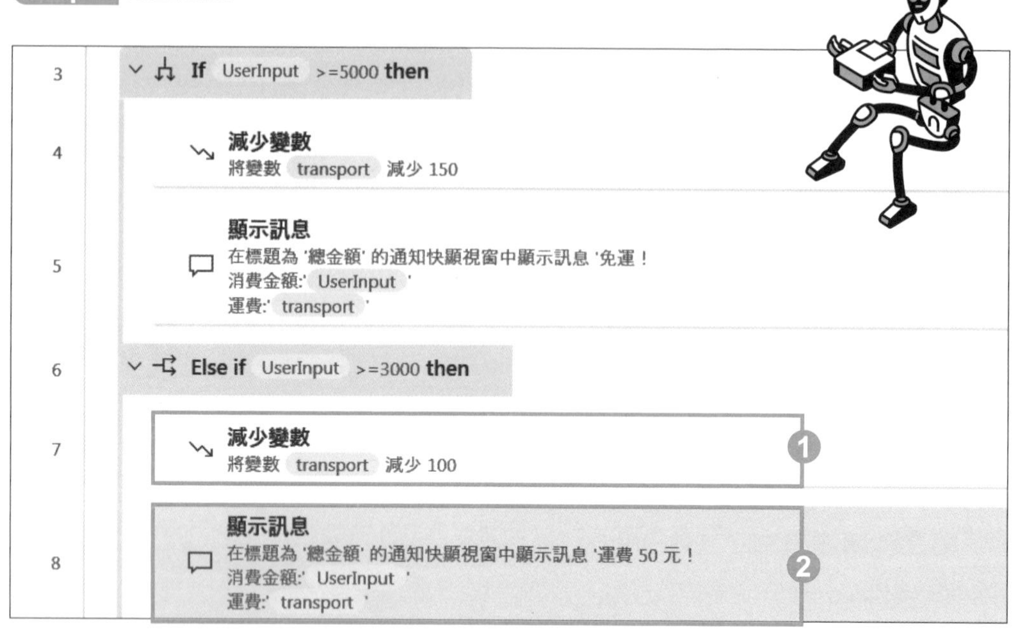

❶ **Else** 上方流程列 7、8 即貼上列 4、5 的動作，連按二下列 7 **減少變數** 動作項目，將 **減少的量** 輸入：「100」，再按 **儲存** 鈕。

❷ 連按二下流程列 8 **顯示訊息** 動作項目，將 **要顯示的訊息** 中「免運！」改成「運費 50 元！」，再按 **儲存** 鈕。

Step 4 執行流程，查看條件判斷

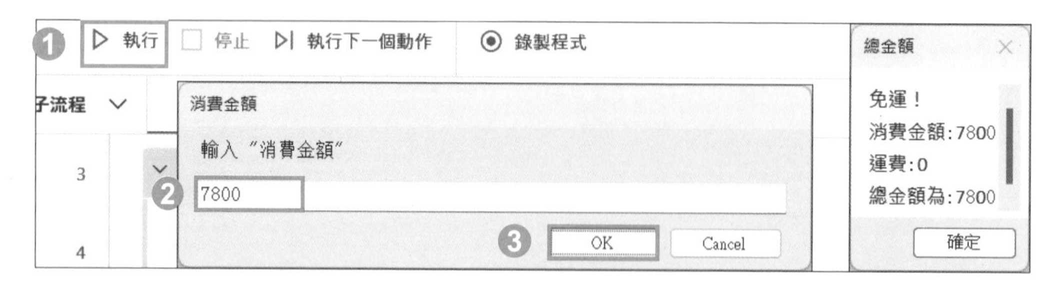

❶ 選按工具列的 ▷執行流程。

❷ 出現訊息對話方塊，輸入消費金額「7800」。

❸ 按 **OK** 鈕。得到訊息為：免運！，以及消費金額、運費與總金額的值。

❹ 選按工具列的 ▷ 執行流程

❺ 出現訊息對話方塊，輸入消費金額「3200」。

❻ 按 **OK** 鈕。得到訊息為：運費 50！，以及消費金額、運費與總金額的值。

❼ 選按工具列的 ▷ 執行流程。

❽ 出現訊息對話方塊，輸入消費金額「1600」。

❾ 按 **OK** 鈕。得到訊息為：未免運！，以及消費金額、運費與總金額的值。

執行若沒問題，最後記得儲存流程。

Tip 6

迴圈：重複執行操作

使用迴圈，可以輕鬆地重複執行一組動作，直到符合指定的重複次數或特定條件。

迴圈 在處理多個數據項目或滿足特定條件的情況下，提供了更靈活和高效的自動化流程控制，它有兩個重要的特點：

- 重複執行：迴圈動作能夠有效地處理重複性任務，無須手動重複相同的操作，節省了時間和精力，特別是在處理大量數據或重複性任務時。
- 靈活控制：迴圈條件，可以根據特定條件控制迴圈的執行與終止，或調整迴圈行為，提高流程靈活性。

面對不同狀況的批量處理與重複性任務時，Power Automate Desktop 提供了：**迴圈** 動作、**迴圈條件** 動作、**For each** 動作，這三種迴圈動作使用時機與方式稍有不同，後續將分別以不同的範例來區別其差異。

Loop "迴圈" 動作 / 依指定次數執行

- 使用時機：當需要依指定的次數重複執行一組動作或操作，但不涉及特定條件時，可以使用 **迴圈** 動作。
- 使用方式：設定迴圈開始和結束點，並在迴圈區塊指定要執行的動作。

此範例自動化流程：迴圈需執行 5 次，每次執行的同時顯示迴圈數訊息。

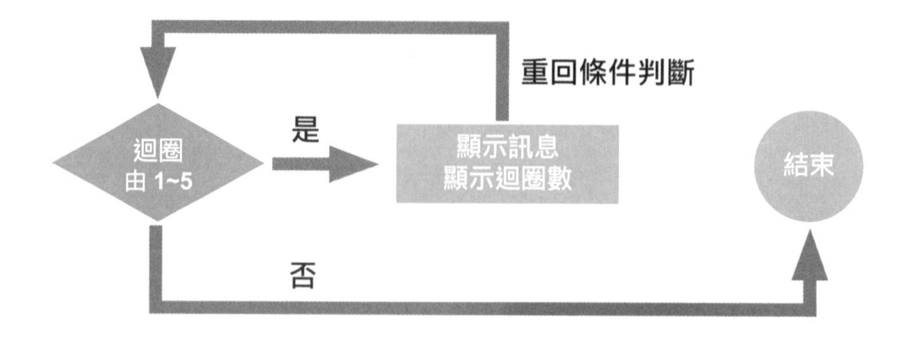

Step 1 建立新流程

開啟 Power Automate Desktop 選按 **+ 新流程**，命名後進入設計畫面。

Step 2 加入動作 "迴圈"

迴圈執行次數：開始值為 1，預設存放於變數 **LoopIndex**，迴圈執行一次遞增 1，值為 5 時結束迴圈。

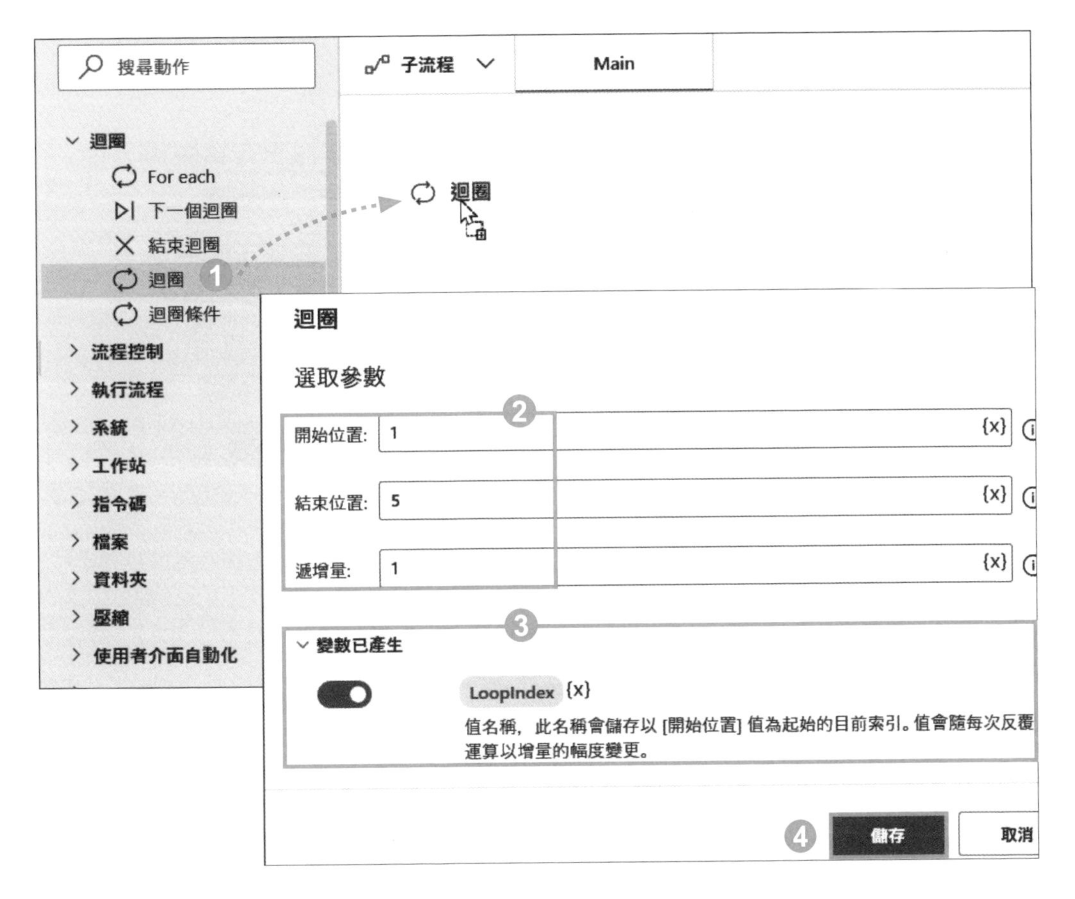

1. **動作** 窗格選按 **迴圈 \ 迴圈**，拖曳至工作區。
2. 指定 **開始位置**：「1」、**結束位置**：「5」、**遞增量**「1」。
3. 選按 **變數已產生** 可查看變數相關說明，此動作將迴圈開始值存放於變數 **LoopIndex**，值會依每次迴圈的執行增量 1。
4. 按 **儲存** 鈕。

Step 3 迴圈中加入動作 "顯示訊息"

迴圈動作：藉由訊息，以變數 **LoopIndex** 搭配文字顯示迴圈執行的次數。

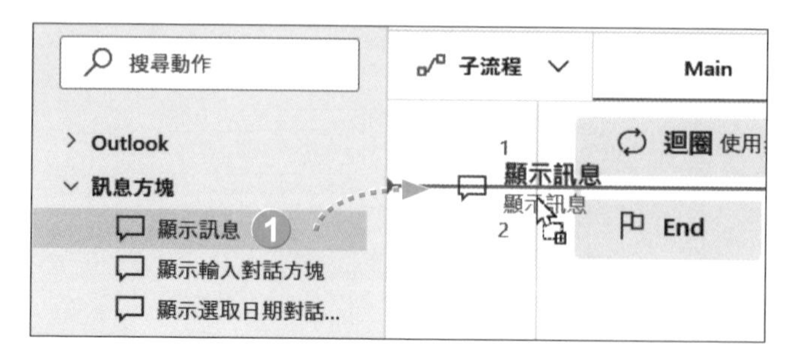

❶ **動作** 窗格選按 **訊息方塊 \ 顯示訊息**，拖曳至工作區 **迴圈** 與 **End** 區塊之間。

顯示訊息

選取參數

一般

訊息方塊標題: 迴圈數 {x}

要顯示的訊息: 第%LoopIndex%圈 {x}

訊息方塊圖示: 無

訊息方塊按鈕: 確定

預設按鈕: 第一個按鈕

訊息方塊一律保持在最上方:

自動關閉訊息方塊:

變數已產生 ButtonPressed

錯誤時 儲存 取消

❷ **訊息方塊標題** 輸入：「迴圈數」。

❸ **要顯示的訊息** 輸入：「第」，按 {x} 插入變數 **LoopIndex**，再輸入：「圈」。

❹ 按 **儲存** 鈕。

小提示

迴圈動作區塊

加入 **迴圈** 動作後，會發現下方自動出現了 **End** 動作，與前面提到的 **If** 動作一樣，結尾一定需要 **End** 動作，這個範圍稱為 "區塊"，**End** 動作代表 **迴圈** 動作的結束點。

Step 4 執行流程，查看迴圈執行結果

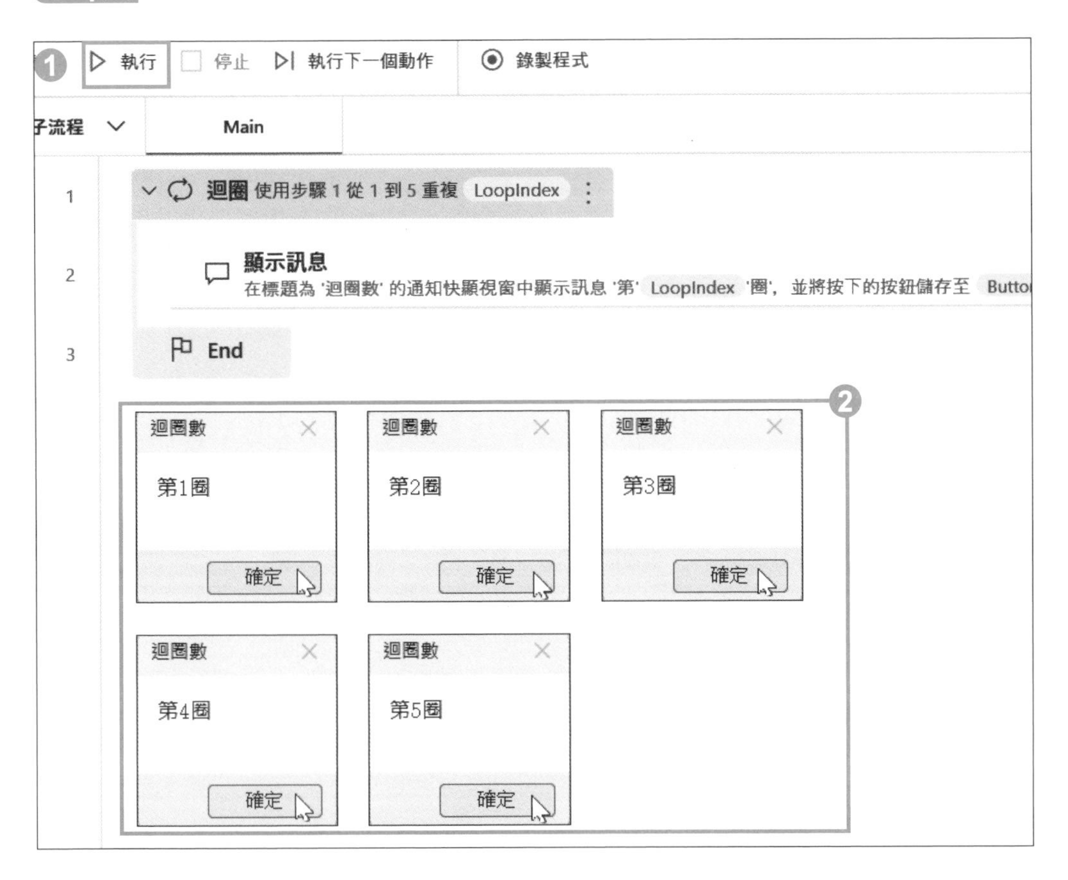

❶ 選按工具列的 ▷執行流程。

❷ 出現目前執行的迴圈數訊息，按 **確定** 鈕繼續執行，會執行到第 5 圈。

執行若沒問題，最後記得儲存流程。

"迴圈條件" 動作 / 依指定條件執行

- 使用時機：當需要依據變數或值指定條件，判斷是否繼續執行迴圈時，可以使用 **迴圈條件** 動作。
- 使用方式：設定迴圈條件，並在迴圈區塊指定要執行的動作。迴圈條件符合時，迴圈會繼續執行；迴圈條件不符合時，即結束迴圈。

此範例自動化流程：先設定一變數 **NewVar** 存放值：1，以迴圈條件限定變數值小於 5 時顯示迴圈數訊息，變數值大於 5 時結束迴圈。

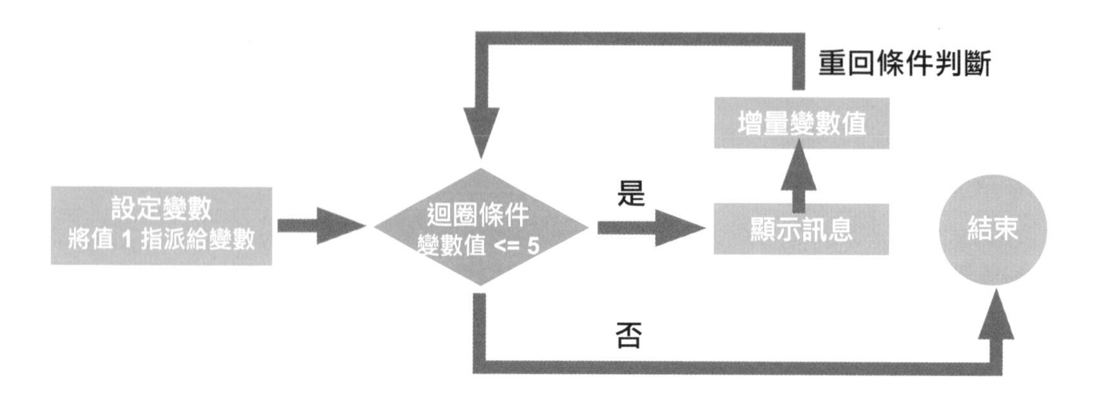

Step 1 **建立新流程**

開啟 Power Automate Desktop 選按 **+ 新流程**，命名後進入設計畫面。

Step 2 **加入動作 "設定變數"**

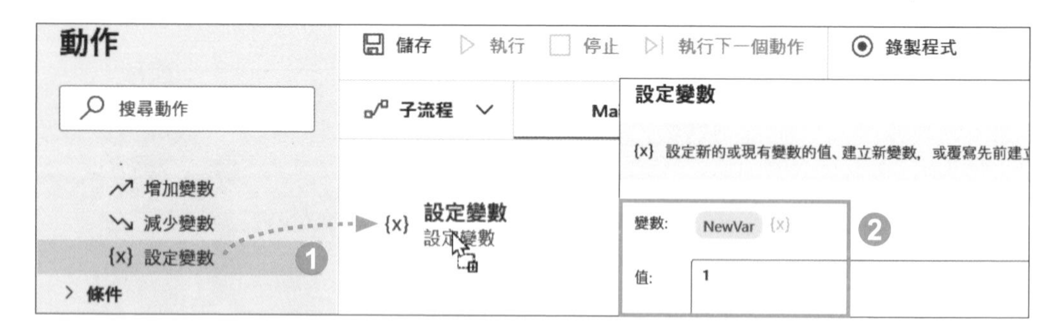

❶ **動作** 窗格選按 **變數 \ 設定變數**，拖曳至工作區。

❷ 產生變數 **NewVar**，變數 **值** 輸入：「1」，按 **儲存** 鈕。

Step 3 加入動作 "迴圈條件"

迴圈條件：當變數 NewVar 的值小於等於 5 時執行迴圈與內部指定動作，大於 5 時結束迴圈。

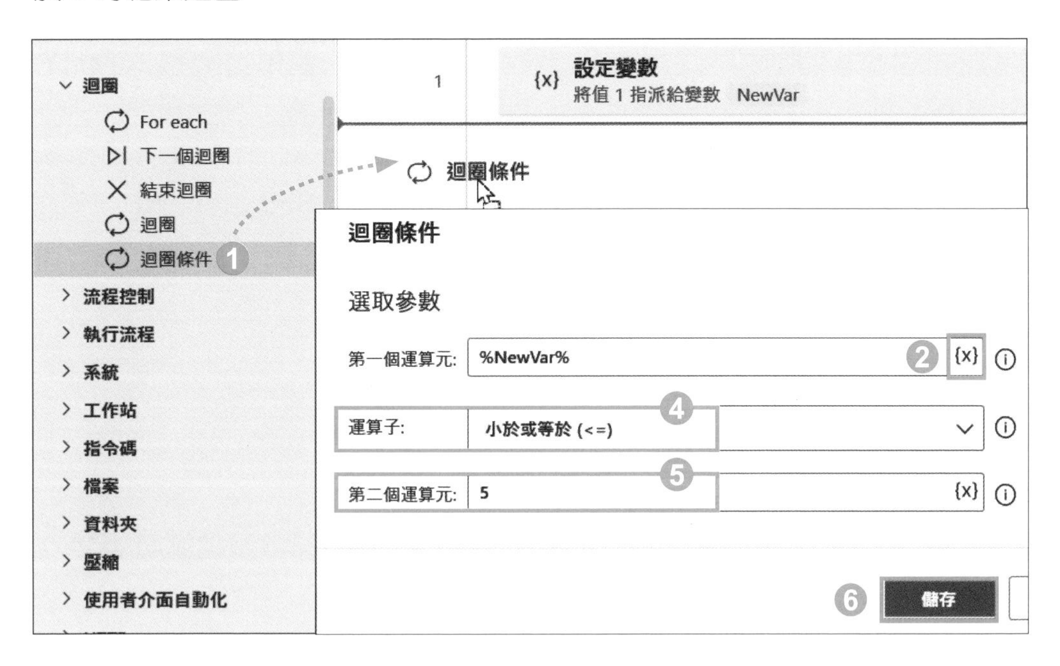

1. **動作** 窗格選按 **迴圈 \ 迴圈條件**，拖曳至工作區最後一個動作下方。
2. **第一個運算元** 右側按 {x}。
3. 選按變數 NewVar，按 **選取** 鈕加入。
4. **運算子** 設定 **小於或等於 (<=)**。
5. **第二個運算元** 輸入「5」。
6. 按 **儲存** 鈕。

Step 4 迴圈中加入動作 "顯示訊息"

迴圈的第一個動作：藉由訊息，以變數 **NewVar** 搭配文字顯示迴圈執行的次數。

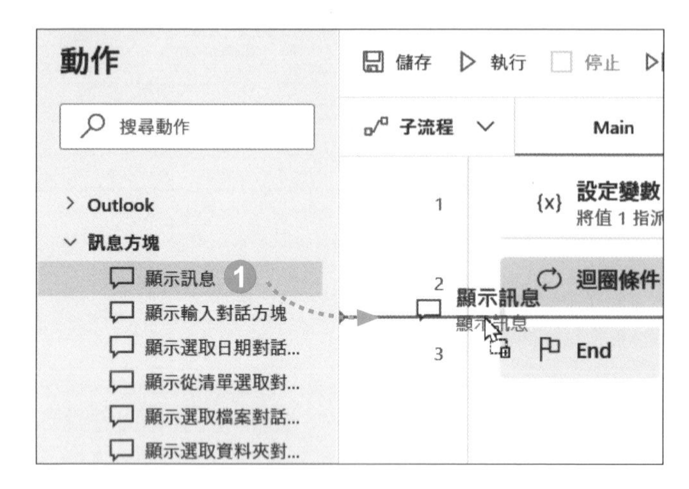

❶ **動作** 窗格選按 **訊息方塊 \ 顯示訊息**，拖曳至工作區 **迴圈條件** 與 **End** 區塊之間。

顯示訊息

選取參數

一般

訊息方塊標題: ❷ 迴圈數 {x}

要顯示的訊息: ❸ 第%NewVar%圈 {x}

訊息方塊圖示: 無

訊息方塊按鈕: 確定

預設按鈕: 第一個按鈕

訊息方塊一律保持在最上方:

自動關閉訊息方塊:

變數已產生 ButtonPressed

錯誤時 ❹ 儲存 取消

❷ **訊息方塊標題** 輸入：「迴圈數」。

❸ **要顯示的訊息** 輸入：「第」，按右側 {x} 插入變數 **NewVar**，再輸入：「圈」。

❹ 按 **儲存** 鈕。

Step 5 迴圈中增量變數的值

迴圈的第二個動作：增量變數 NewVar 的值，以達到變數 NewVar 大於 5 時停止迴圈。

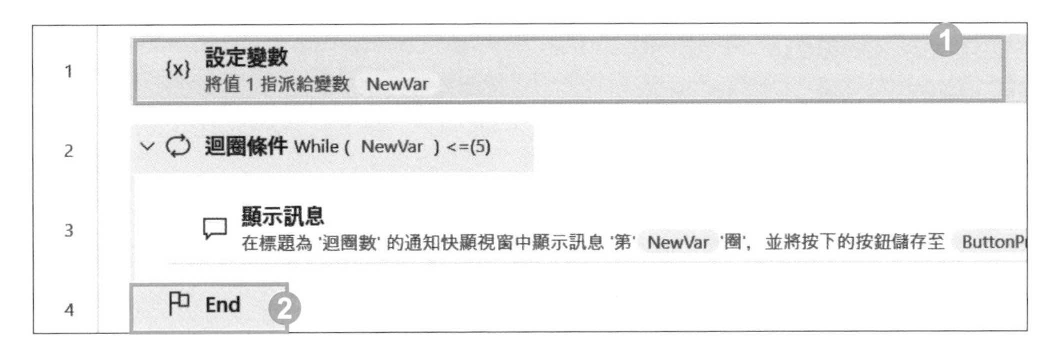

1. 選按流程列 1 動作，按 Ctrl + C 鍵複製。
2. 選按流程列 4 **End**，按 Ctrl + V 鍵貼上。

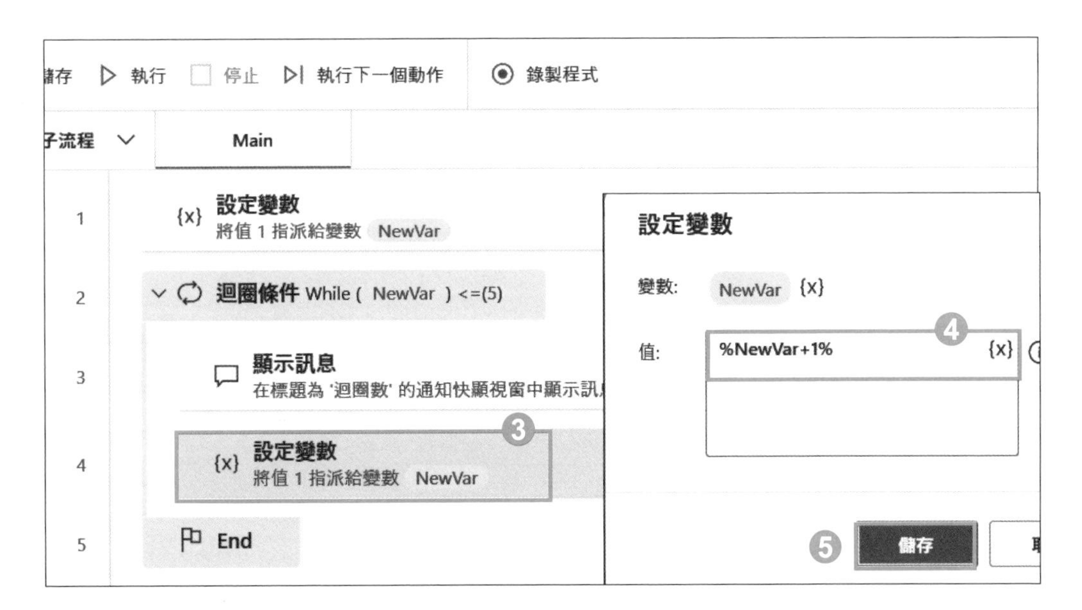

3. **End** 上方列 4 即貼上列 1 的動作，連按二下列 4 **設定變數** 動作項目。
4. **值** 調整為：「%NewVar+1%」(按 {x} 可插入變數 NewVar)。
5. 按 **儲存** 鈕。

Step 6 執行流程，查看迴圈條件執行結果

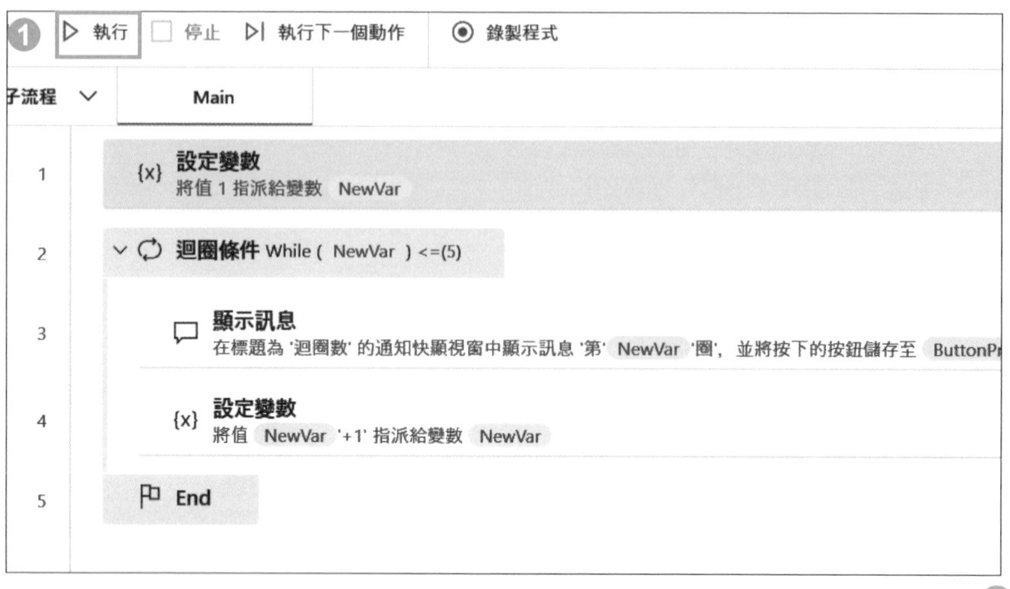

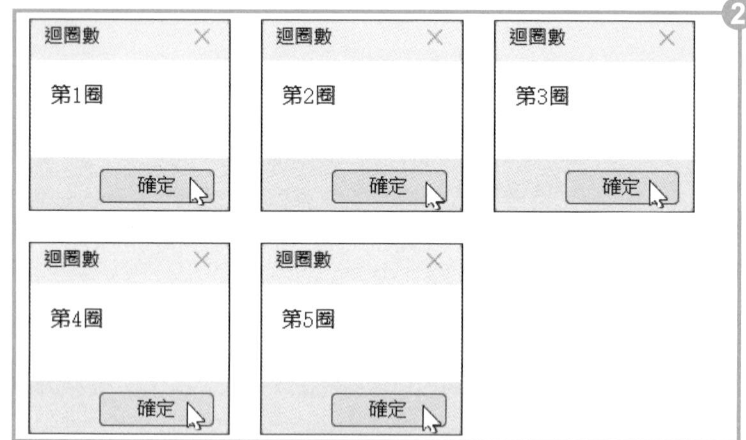

1. 選按工具列的 ▷執行流程。
2. 出現目前執行的迴圈數訊息，按 **確定** 鈕繼續執行，會執行到第 5 圈。

執行若沒問題，最後記得儲存流程。

For each 動作 / 逐一查看指定項目

- 使用時機：當需要逐一查看資料清單、資料表或資料列中的項目，可以使用 **For each** 動作。
- 使用方式：先取得要逐一查看的項目，然後在 For each 動作區塊指定要執行的動作，每次迴圈會自動處理下一個項目。

此範例自動化流程：取得指定資料夾中子資料夾項目清單，逐一查看每個子資料夾，並以訊息顯示子資料夾總數與目前迴圈讀取到的子資料夾路徑。

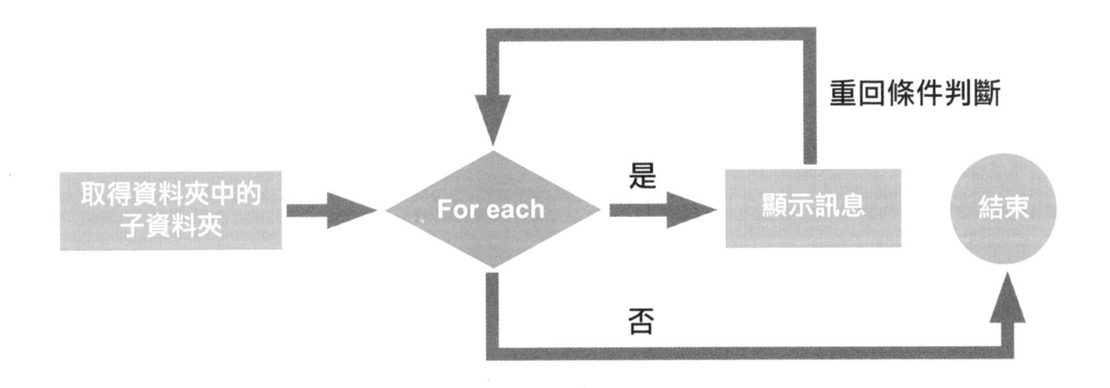

Step 1 建立新流程

開啟 Power Automate Desktop 選按 **+ 新流程**，命名後進入設計畫面。

Step 2 加入動作 "取得資料夾中的子資料夾"

① **動作** 窗格選按 **資料夾 \ 取得資料夾中的子資料夾**，拖曳至工作區。

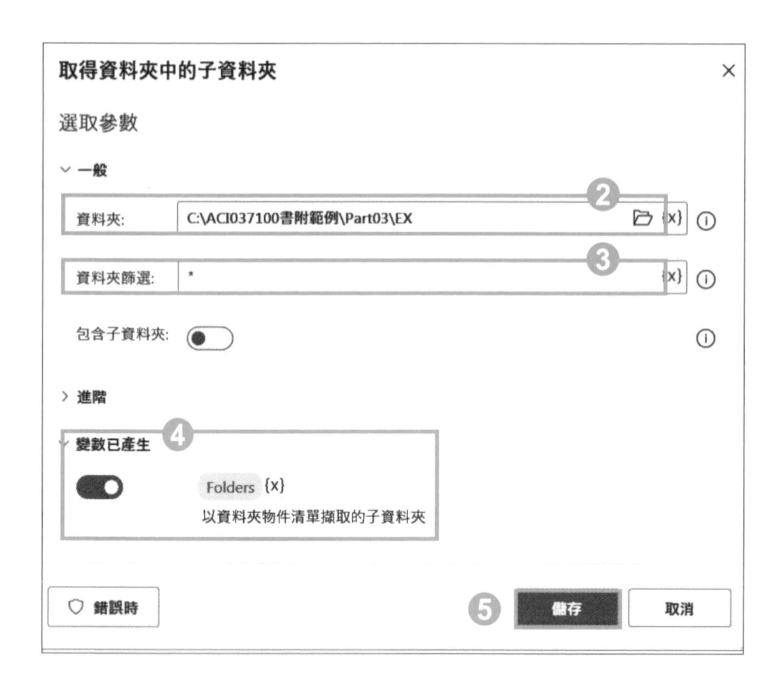

❷ **資料夾** 選按右側 🗁 指定資料夾路徑 (在此指定 <C:\ACI037100書附範例\Part03\EX> 資料夾)。

❸ **資料夾篩選** 輸入「*」(取得所有子資料夾)。

❹ 選按 **變數已產生** 可查看產生的變數相關說明，此動作將取得的資料夾清單存放於變數 **Folders**。

❺ 按 **儲存** 鈕。

小提示

關於 <EX> 資料夾內的子資料夾

此範例指定的<EX> 資料夾內有二個子資料夾，所以後續 **For each** 迴圈會執行二次。

本機 › OS (C:) › ACI037100書附範例 › Part03 › EX ›

名稱	修改日期	類型
001資料夾	2023/7/20 下午 02:17	檔案
002資料夾	2023/7/20 下午 02:17	檔案

Step 3 加入動作 "For each"

For each 迴圈：逐一查看變數 Folders 資料夾清單中的每個子資料夾，完成查看即結束迴圈；每次查看的子資料夾相關資料 (例如：完整路徑、檔名、建立日期...等)，存放在變數 CurrentItem。

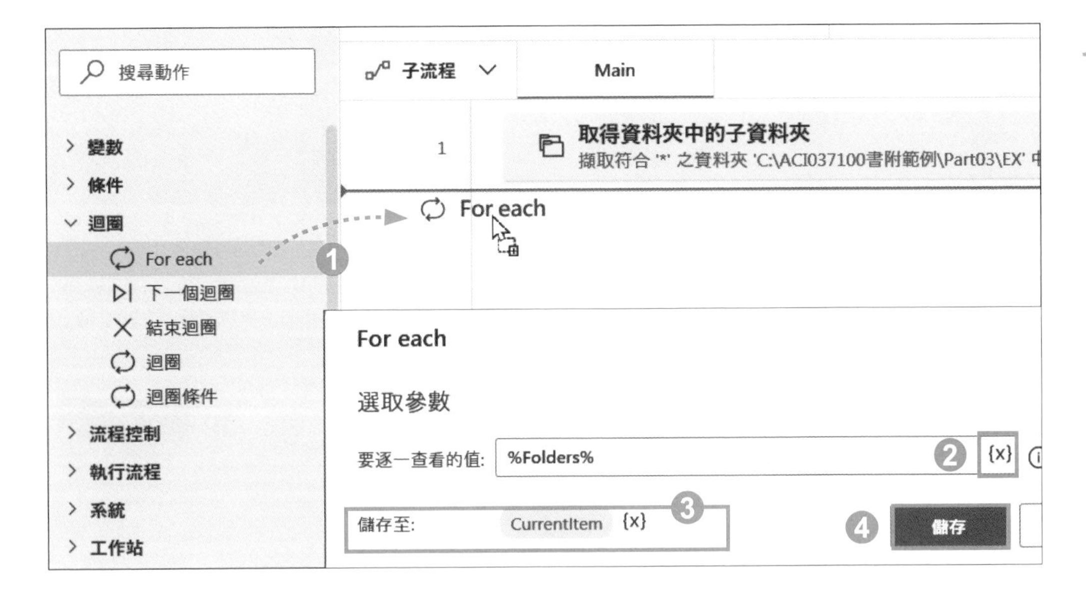

1. **動作** 窗格選按 **迴圈 \ For each**，拖曳至工作區最後一個動作下方。
2. **要逐一查看的值** 按 {x}，選按變數 Folders，按 **選取** 鈕加入。
3. **儲存至** 說明：將查看的資料夾資料存放於變數 CurrentItem。
4. 按 **儲存** 鈕。

Step 4 迴圈中加入動作 "取得資料夾中的檔案 "

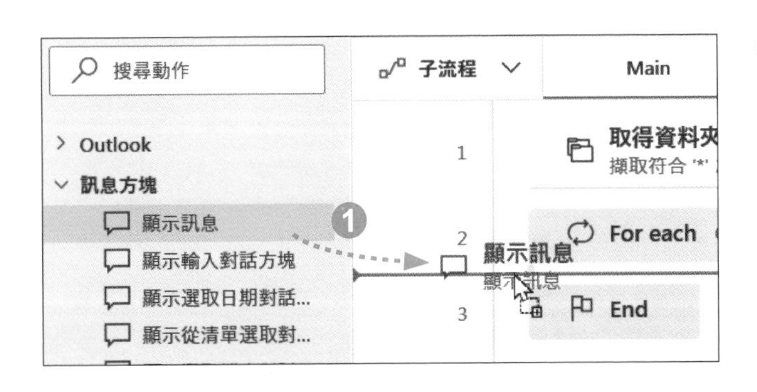

1. **動作** 窗格選按 **訊息方塊 \ 顯示訊息**，拖曳至 **For each** 與 **End** 區塊中間。

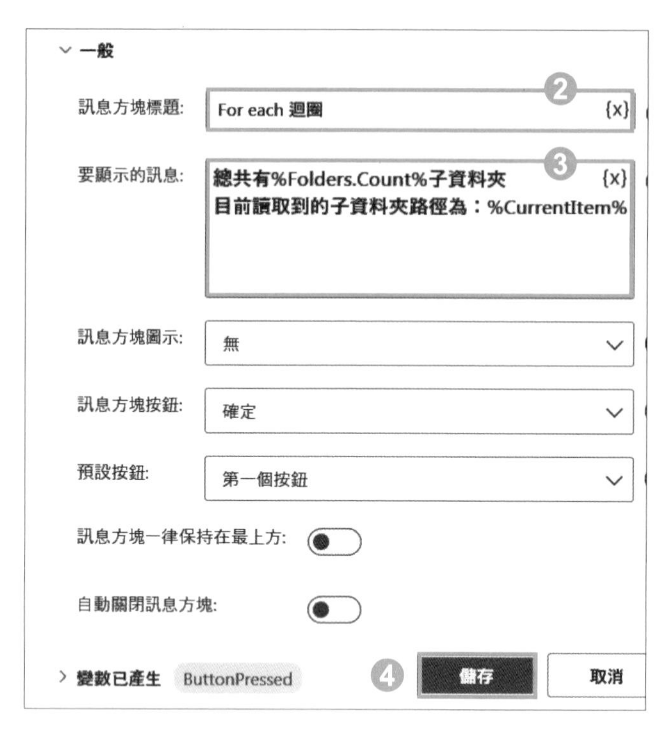

② **訊息方塊標題** 輸入：「For each 迴圈」。

③ **要顯示的訊息** 如圖輸入文字訊息，按 {x}，於變數 **Folders** 右側選按 ⌄ 展開屬性清單，選按 **.Count** 屬性，按 **選取** 鈕加入。

接著於第二句文字後方，同樣按 {x} 可加入變數 **CurrentItem**。

④ 按 **儲存** 鈕。

Step 5 執行流程，查看 For each 執行結果

選按工具列的 ▷ **執行**，會先出現下方左圖訊息，按 **確定** 鈕後，出現下方右圖訊息。如此可確認 **For each** 迴圈在逐一查看指定的資料夾後即結束。

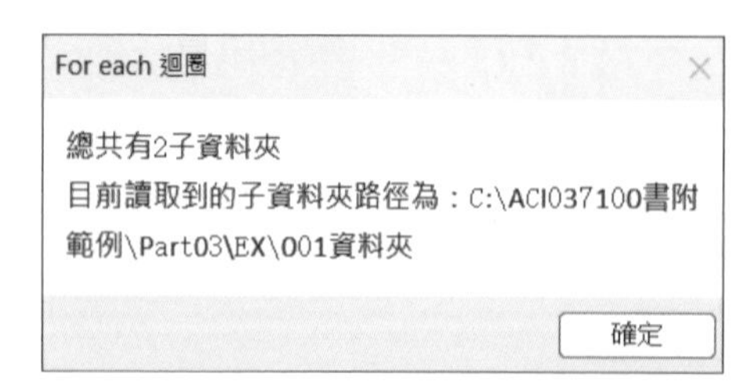

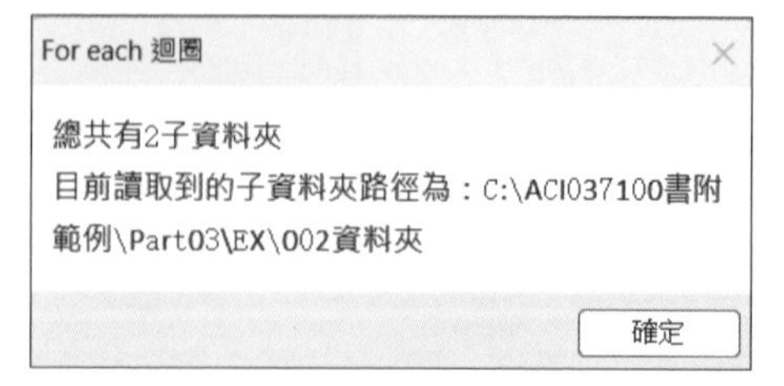

為流程動作加上註解

註解功能特別適用於複雜流程，為動作加上註解增加可讀性，確保流程明確易懂。

開啟上個流程範例示範，**註解** 動作像是記錄說明、注意事項或想法，可以在流程的任何位置添加，不會影響動作的執行。

Step 1 加入動作 "流程控制"

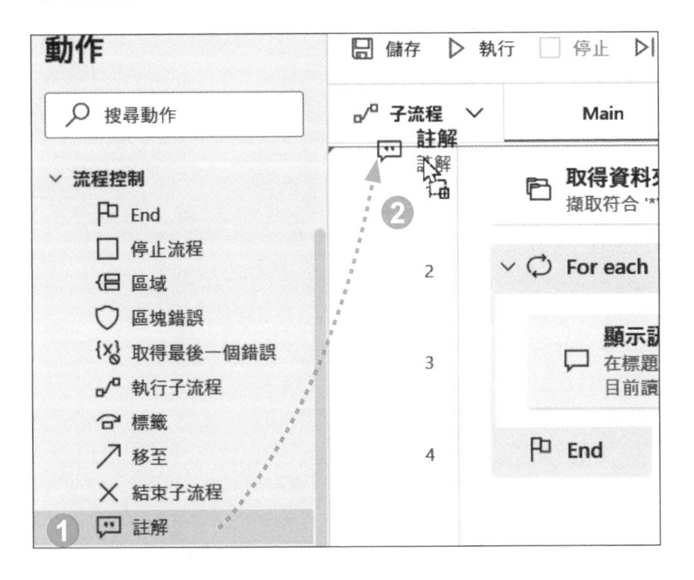

1. **動作** 窗格選按 **流程控制 \ 註解**。
2. 拖曳至工作區任一處加入，在此拖曳至流程列 1 上方。

Step 2 輸入註解內容

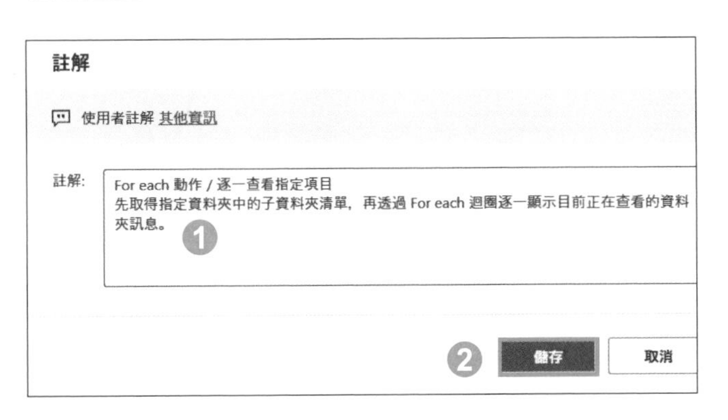

1. 如圖於 **註解** 輸入相關說明文字。
2. 按 **儲存** 鈕。

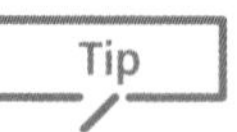

8 複製、刪除流程動作

管理流程項目常用的二項功能！**複製** 可節省建立相似流程時間，快速重複使用；**刪除** 則可移除不需要的流程，維持清楚明瞭。

複製流程動作

在要複製的流程列上按滑鼠右鍵，選按 **複製**；再於要插入複製動作的流程列上按滑鼠右鍵，選按 **貼上**，就可以在此流程列上方插入複製的動作。(若要一次複製多個流程列，可以按住 Ctrl 鍵多選再複製。)

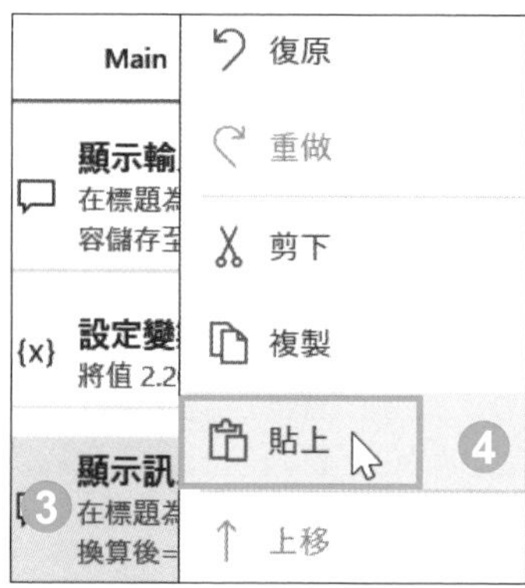

刪除流程動作

在要刪除的流程列上按滑鼠右鍵，選按 **刪除**；若要一次刪除多個流程列，可以按住 Ctrl 鍵多選，再於選取區域上按滑鼠右鍵，選按 **刪除**。

9 變更流程順序

完成撰寫的流程，允許重新排列，透過移動以達到自動化流程最佳化配置。

將滑鼠指標移至要變更順序的流程列上方，直接拖曳到要插入的位置會出現黑色線條，放開滑鼠左鍵即可插入此處。(若要一次移動多個流程列，可按住 Ctrl 鍵，多選再移動。)

Tip

10 流程控制與偵錯

當流程遭遇錯誤，可以追蹤每個步驟、觀察變數值和操作執行情況，這使你能更精準找出問題，迅速修正與優化流程。

執行、暫停和停止

儲存　▷ 執行　□ 停止　▷| 執行下一個動作　◉ 錄製程式

- **執行**：選按 ▷ 或按 F5 鍵可以開始執行流程。
- **暫停**：流程執行時，▷ 圖示會變成 ‖，選按 ‖ 可以暫停執行流程；暫停時選按 ▷，可以由暫停的流程列繼續執行流程。
- **停止**：選按 □ 或按 Shift + F5 鍵會完全停止流程執行，停止後再選按 ▷ 就會從第一行開始執行。

執行下一個步驟

選按 ▷| 或按 F10 鍵會依流程順序執行一個動作，並在該動作完成後暫停執行。想了解現在的執行情況，可參考視窗最下方的狀態。

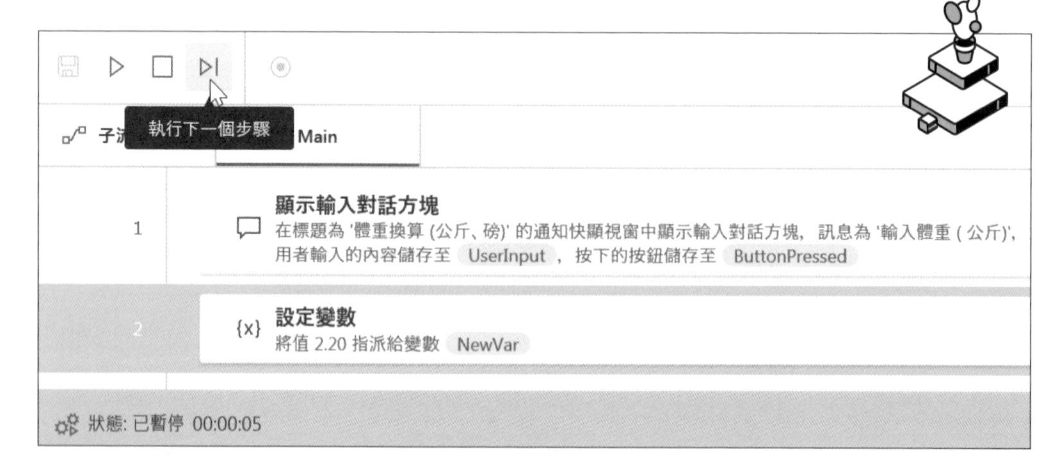

停用動作

停用動作 可以在不刪除流程列的情況下，執行流程時不執行該流程列動作，而是繼續執行下一個動作。這樣的控制通常在測試時使用，可以有效率地嘗試不同流程列的執行效果。如果停用關鍵動作，流程可能會回傳錯誤，下方 **錯誤清單** 窗格會出現錯誤提醒，但依舊可以停用該動作並執行測試。

在要停用的流程列上按滑鼠右鍵，選按 **停用動作**，該動作就會暫停執行。如果想再次啟用，可於停用的流程列上按滑鼠右鍵，選按 **啟用動作**，下次執行時就會依序執行此動作。

從這裡執行

若要從特定動作開始執行流程，在要開始執行的流程列上按滑鼠右鍵，選按 **從這裡執行**，就會跳過前面的動作，從目前所選動作開始執行。

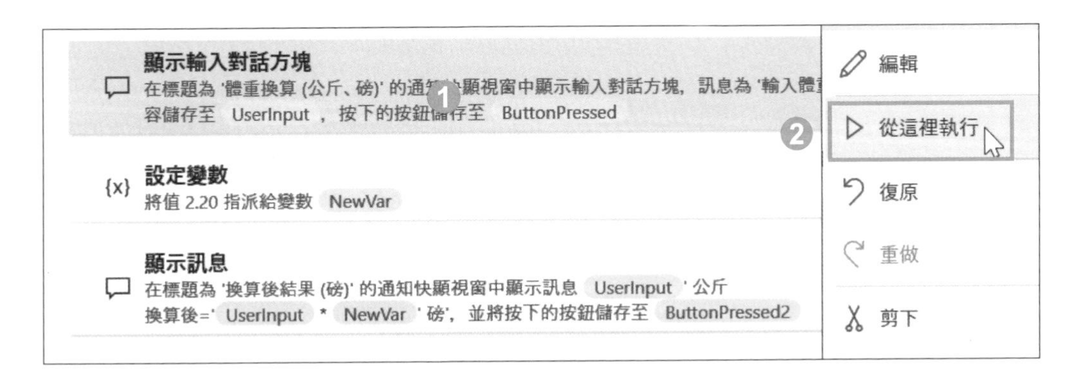

新增中斷點

在工作區流程列編號左側按一下，會顯示一個紅點 (中斷點)，表示執行時會在此動作暫停，可依需求在多個動作設定中斷點。選按 ▷ 執行或 ▷| 執行下一個動作，繼續執行。如果要取消中斷點，按一下該紅點即可。

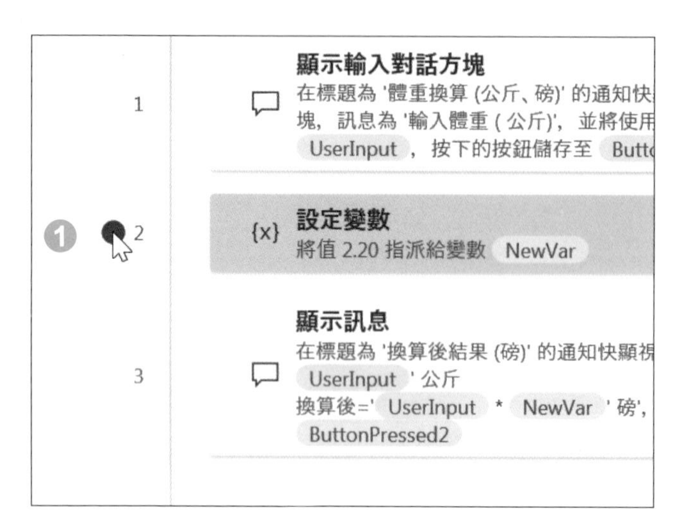

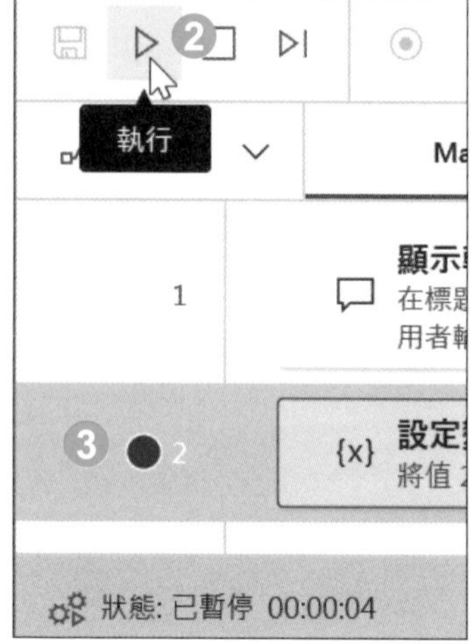

狀態列

視窗最下方的狀態列，會顯示流程狀態、選取的動作數、動作總數，還會顯示流程中子流程總數。

執行延遲 為流程執行時，執行下個動作的等待時間，預設為 100 毫秒，可以修改預設值。

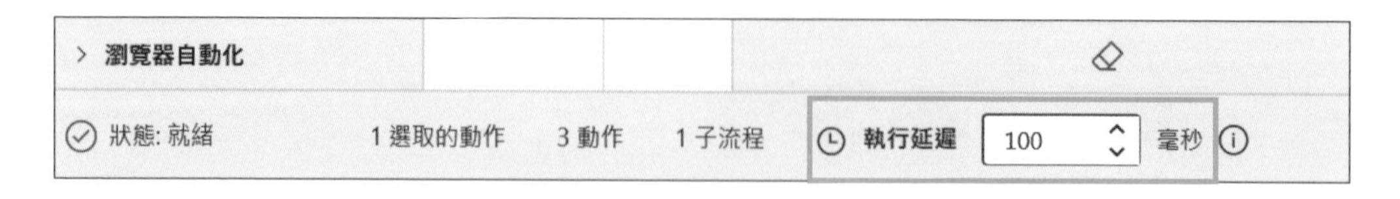

若流程有錯誤，狀態列最右側會顯示錯誤數目，選按該連結可以開啟詳細資訊。

11 查看錯誤和警告資訊

錯誤清單 在流程設計中不可或缺，負責顯示執行時所發生的錯誤和警告資訊。

錯誤清單 窗格會顯示 **錯誤** 及 **警告** 二種資訊，**錯誤** 資訊又分為二種：

- 設計階段錯誤，例如：必要欄位空白或變數未定義，會造成流程無法執行。
- 執行階段錯誤，例如：檔案路徑不正確，發生在執行期間讓流程失敗。

警告 資訊則是指出流程的非嚴重問題，警告但不會阻止執行，例如：子流程的無限遞迴。

流程發生錯誤，會自動跳出錯誤清單，若窗格沒有自動開啟或是想查看，可選按畫面右下角的 **錯誤清單** 開啟。**錯誤清單** 窗格中藉由四個欄位整理資訊：

- **類型**：標註資訊項目是 錯誤還是 警告。
- **描述**：說明詳細問題。
- **子流程**：包含有錯誤或導致警告的子流程名稱。
- **行**：錯誤或導致警告的流程列編號。如果是錯誤，於工作區該流程列左側會顯示 圖示。

選按清單中要檢查的錯誤訊息，再選按 ◎ 就會開啟更詳細的錯誤資料。

選按清單中要檢查的錯誤或警告訊息，再選按 ↗ 會移至該流程列，如果是錯誤，該流程列編號左側會顯示 ⓘ 圖示。

PART

04

用錄製器
完成自動化流程設計

1 Power Automate Desktop 錄製程式

Power Automate Desktop 除了可以直覺式拖放，輕鬆建立自動化設計；還可利用錄製方式將操作直接轉換成動作，組合成流程。

錄製程式 功能，會記錄使用者在電腦上的操作步驟，然後將操作轉化為動作與相關 UI 元素。需要注意的是，當執行此流程，若目前環境與記錄 UI 元素時的位置、樣式...等不一致，流程就會產生錯誤。

範例操作前，可先了解 **錄製程式** 使用時的注意事項：

- **錄製前的準備**：準備好要錄製的內容、檔案或介面，移除所有敏感資訊，並確認操作流程與流暢度，讓錄製可以順利進行。
- **錄製程式相關功能**：**錄製程式** 視窗中，若選按 ◉ **記錄** 可開始錄製操作，並自動列項相關動作描述；若選按 ⏸ **暫停** 可暫停錄製 (要繼續錄製則再次選按 ◉ **記錄**)；若選按 ↺ **重設**，可清除所有錄製動作並重新開始。

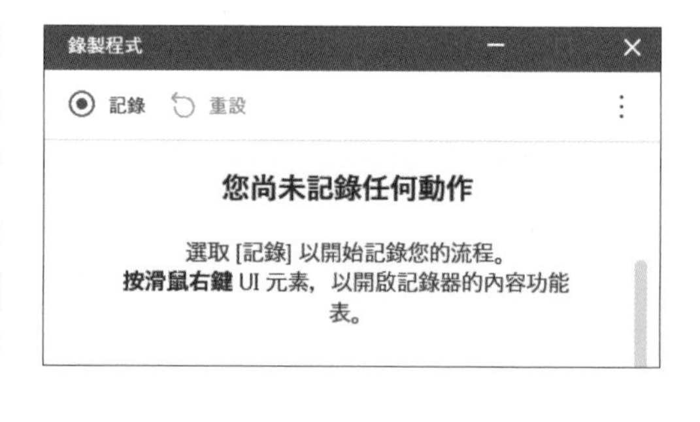

- **確認錄製項目、刪除動作**：錄製時會產生紅色擷取框，需確定擷取框於操作項目上再執行；錄製過程中若有不必要或錯誤動作時，可於 **錄製程式** 視窗選按動作右側 🗑 刪除。

小提示

關於 "書附檔案" 提供的流程完成結果文字檔

若欲參考附書檔案 <04-02 將 Word 檔自動轉換成 PDF.txt> 完成結果，可依據 P2-19 操作，將文字資料恢復為流程。但由於前面提到錄製方式預設是透過 UI 元素記錄動作，筆者錄製環境跟讀者當下操作環境一定有所差異，因此執行流程時可能會出現錯誤訊息。

2 將 Word 檔自動轉換成 PDF

Word 內建 PDF 轉檔功能，但 Power Automate Desktop 並沒有支援相關自動化動作，這時可利用 **錄製程式** 功能建立自動化流程。

流程說明與規劃

此範例自動化流程：開啟指定資料夾內的 "Report.docx" 檔案，將 Word 檔轉換成 PDF 文件，並儲存至桌面。

執行前

本機磁碟 (C:) › ACI037100書附範例 › Part04 › 待轉檔 Word 資料

名稱	修改日期
Report.docx	2023/8/4 下午 04:35

執行後

› 桌面

名稱	修改日期
Report.pdf	2023/8/16 下午 02:56

此範例自動化流程，相關動作規劃：

1	跳出一個訊息方塊，提醒 10 秒內開啟指定資料夾，準備轉檔。
2	跳出一個訊息方塊，提醒開始執行 "Word 轉 PDF"。
3	錄製程式開啟；錄製：開啟 <ACI037100書附範例\Part04\待轉檔 Word 資料\Report.docx> 檔案，匯出為 PDF 並儲存至桌面的操作流程。
4	跳出一個訊息方塊，提醒已完成轉檔。

前置作業

自動化流程建立前，請先將 <ACI037100書附範例> 資料夾存放於電腦本機 C 槽根目錄，後續執行 **錄製程式** 時，才能確保操作流程一致，順利完成轉檔。(後續錄製流程皆以筆者電腦環境為主，讀者可以依據自身電腦環境，參考後續步驟微調操作。)

顯示準備轉檔訊息方塊；設定系統等候時間

藉由 **顯示訊息** 與 **等候** 動作：提醒準備轉檔前，於檔案總管開啟 Word 檔所在資料夾；並設定系統等候時間 10 秒。

Step 1 建立新流程

① 選按 **+ 新流程**。

② 輸入流程名稱。

③ 按 **建立** 鈕。

Step 2 加入動作 "顯示訊息"

① **動作** 窗格選按 **訊息方塊 \ 顯示訊息**。

② 拖曳至工作區。

Step 3 設定訊息方塊的內容

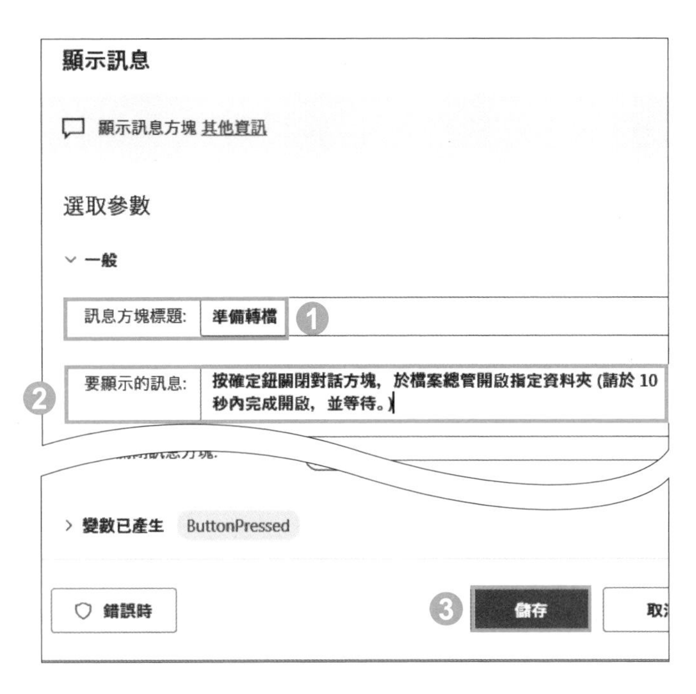

1. **訊息方塊標題** 輸入：「準備轉檔」。
2. 如圖於 **要顯示的訊息** 輸入訊息。
3. 按 **儲存** 鈕。

Step 4 加入動作 "等候"

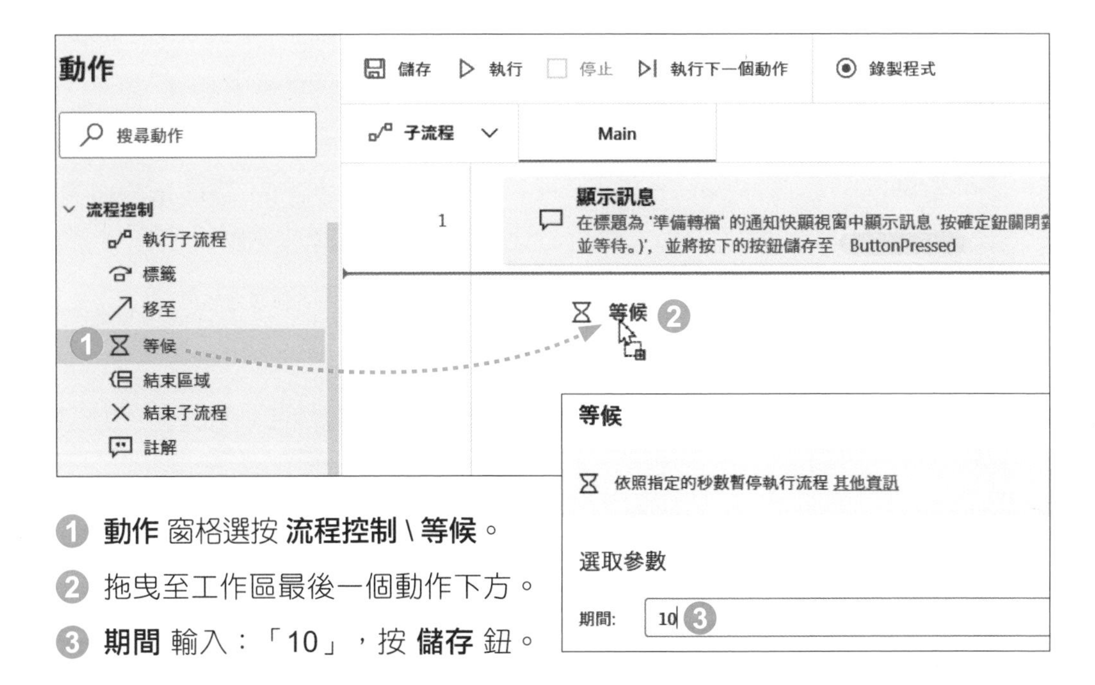

1. **動作** 窗格選按 **流程控制 \ 等候**。
2. 拖曳至工作區最後一個動作下方。
3. **期間** 輸入：「10」，按 **儲存** 鈕。

顯示開始轉檔訊息方塊

藉由 **顯示訊息** 動作：提醒開始執行 Word 檔轉 PDF 文件。

Step 1 加入動作 "顯示訊息"

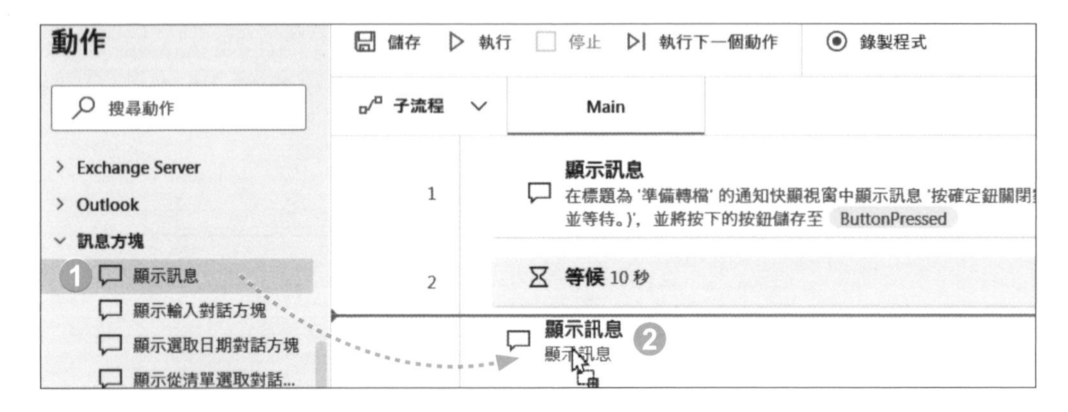

1. **動作** 窗格選按 **訊息方塊 \ 顯示訊息**。
2. 拖曳至工作區最後一個動作下方。

Step 2 設定訊息方塊的內容

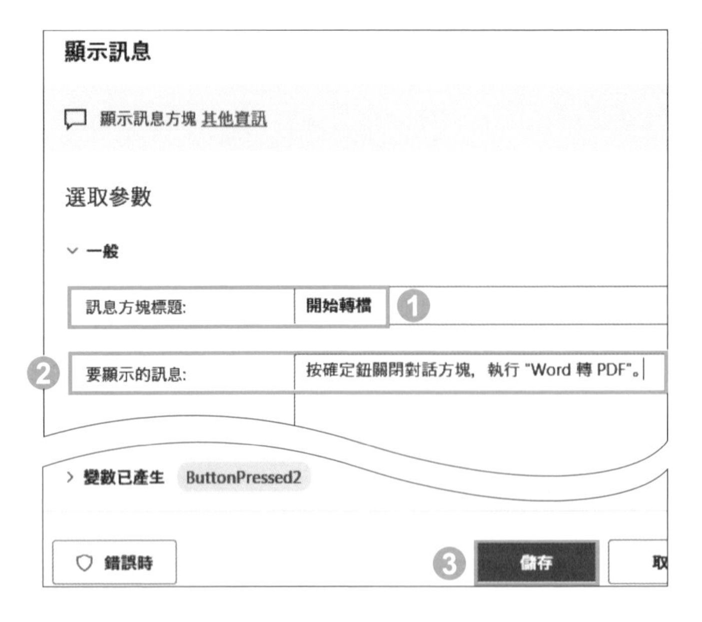

1. **訊息方塊標題** 輸入：「開始轉檔」。
2. 如圖於 **要顯示的訊息** 輸入訊息。
3. 按 **儲存** 鈕。

使用錄製程式自動產生動作

以下開始 Word 檔案與轉存成 PDF 文件的操作流程，藉由 **錄製程式** 功能，產生自動化動作。

Step 1 執行錄製程式

1. 選按流程列 3，之後錄製產生的動作會從此處接續。
2. 工具列選按 ◉ **錄製程式**，流程設計畫面自動最小化，出現 **錄製程式** 視窗。
3. 接著於檔案總管開啟 <ACI037100書附範例\Part04\待轉檔 Word 資料> 資料夾，準備錄製轉檔操作。
4. 視窗左上角選按 ◉ **記錄** 開始。

Step 2 開始錄製 Word 檔轉 PDF 文件操作過程

錄製程式 開始記錄後，移動滑鼠指標時會出現紅色擷取框，錄製時，需注意操作速度不可過快，確定好紅色擷取框顯示位置再執行。

依滑鼠指標目前所在位置，紅色擷取框於上方會顯示 UI 元素類型 (如下圖：**Edit**)；如果選按或輸入時，紅色擷取框於上方則會顯示 **等候動作** (左側會有代表處理中的繞圈圖示)，此時需等待該項操作完成，再繼續執行下一個操作，如此動作才能被順利錄製。

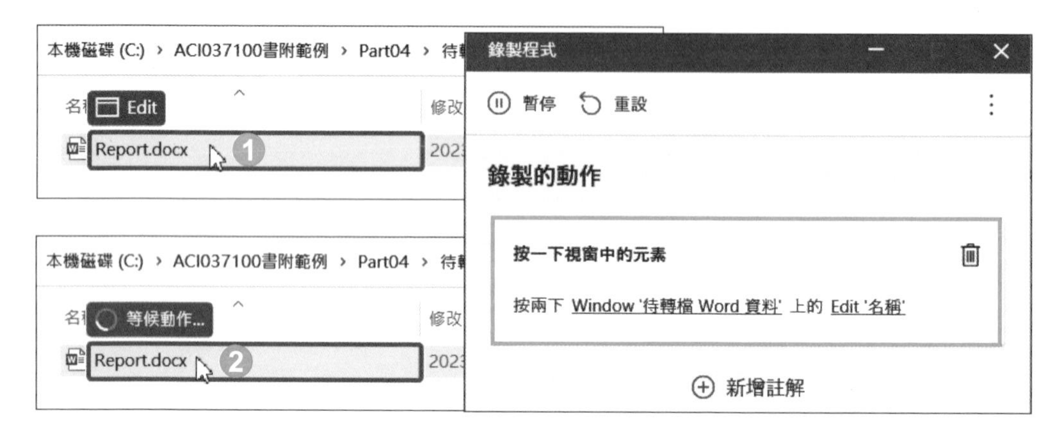

❶ 將滑鼠指標移至 <Report.docx>。

❷ 連按二下滑鼠左鍵開啟 Word 軟體進入該文件，此時於 **錄製程式** 視窗會同時新增動作 "按一下視窗中的元素"。

小提示

暫停、重設和刪除錄製動作

- 錄製過程中，暫停錄製選按 ⓘ **暫停**；繼續錄製選按 ⦿ **記錄**；重新錄製則選按 ↺ **重設**。
- 錄製過程中，會將手動操作轉換成動作項目，很有可能不小心將不必要的拖曳、滑鼠選按或鍵盤輸入...等一併記錄下來，這時候於 **錄製程式** 視窗，可選按動作右側 🗑 刪除不需要的動作。

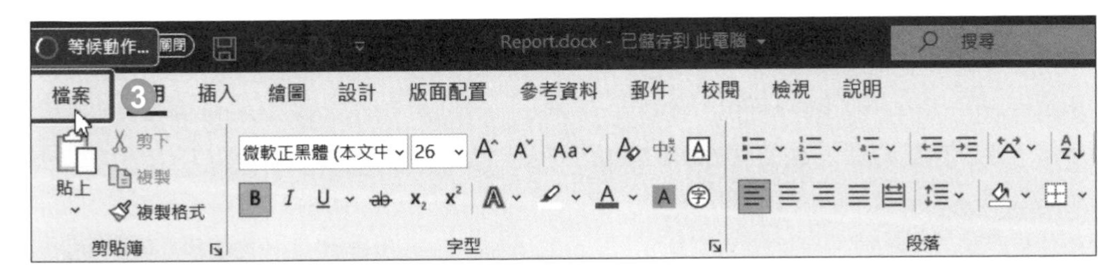

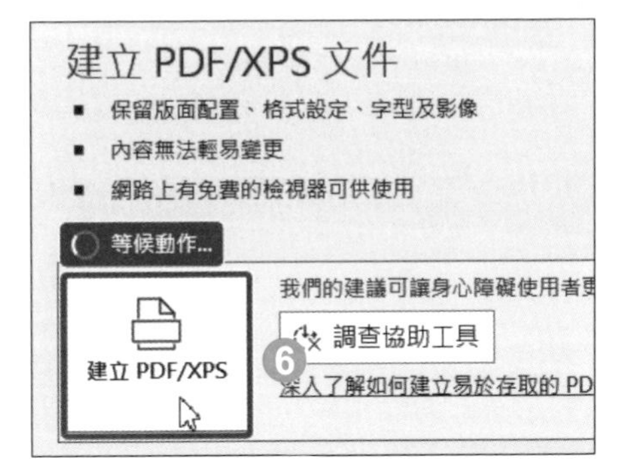

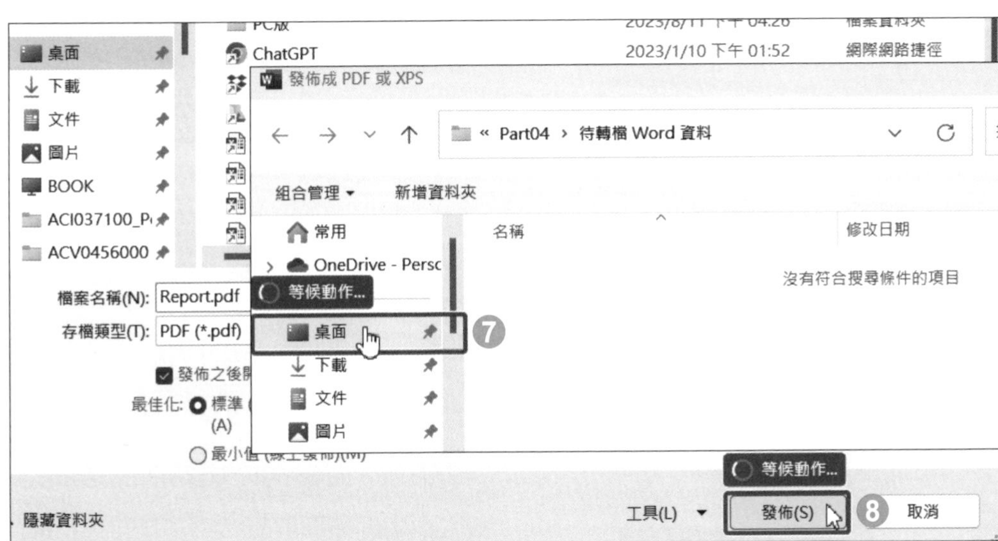

❸ 於 Word 文件選按 **檔案** 索引標籤 。

❹ 選按 **匯出**。

❺ 選按 **建立 PDF/XPS 文件**。 ❻ 選按 **建立 PDF/XPS**。

❼ 於對話方塊選按要存放的路徑 (此處以 **桌面** 為例)。

❽ 維持預設的檔案名稱 (Report.pdf)，按 **發佈** 鈕。

Step 3 結束錄製

最後操作完成回到 **錄製程式** 視窗，在視窗中會顯示從開啟 Word 檔案到執行 PDF 匯出的操作，全部記錄成一個個動作，按 **完成** 鈕結束錄製。

回到流程設計畫面，從前面的流程列 3 接續產生一連串錄製的動作，並於這一連串動作的開始與結束各多了一列 **註解** (說明動作的產生；不影響流程執行)。

顯示完成轉檔訊息方塊

藉由 **顯示訊息** 動作：提醒已完成 Word 檔轉 PDF 文件。

Step 1 加入動作 "顯示訊息"

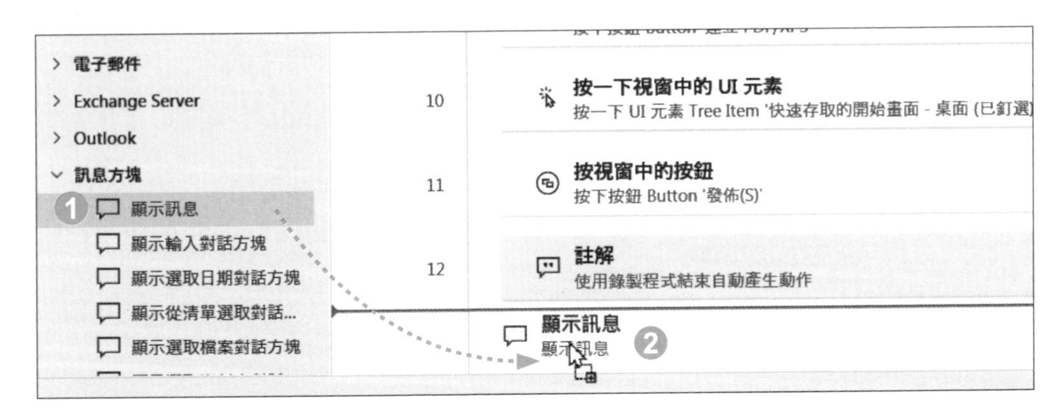

1. **動作** 窗格選按 **訊息方塊 \ 顯示訊息**。
2. 拖曳至工作區最後一個動作下方。

Step 2 設定訊息方塊的內容

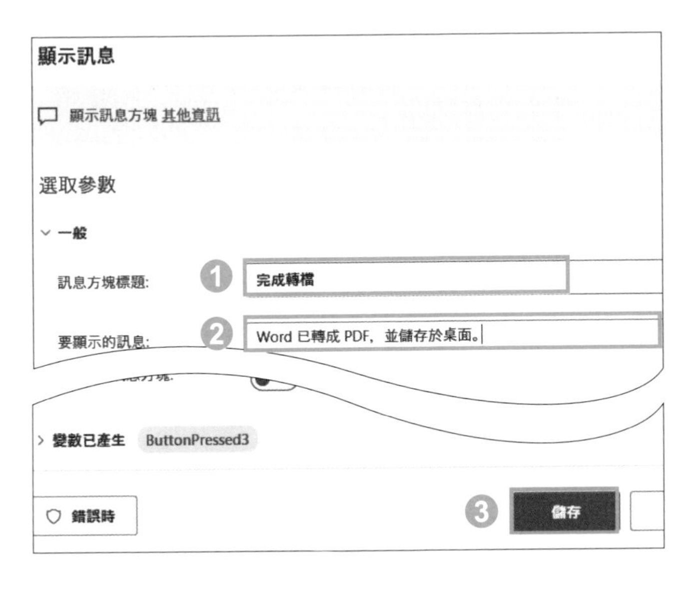

1. **訊息方塊標題** 輸入：「完成轉檔」。
2. 如圖於 **要顯示的訊息** 輸入訊息。
3. 按 **儲存** 鈕。

選按工具列的 ▷ 執行流程，最後記得儲存。

小提示

利用 "影像錄製" 建立自動化流程

前面提到，**錄製程式** 功能主要是記錄使用者在電腦上的操作步驟，然後將操作轉化為動作與相關 UI 元素，但有些介面無法取得 UI 元素時，可以利用 **影像錄製** 功能解決。

進入流程設計畫面，工具列選按 ⦿ **錄製程式**，此時流程設計畫面會自動最小化，並出現 **錄製程式** 視窗。

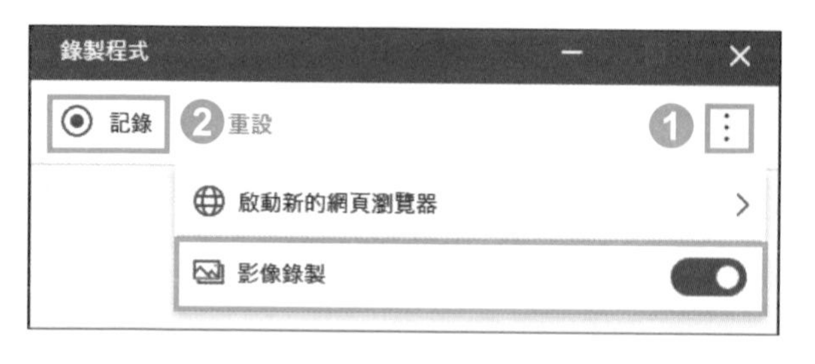

❶ 視窗右上角選按 ⋮，**影像錄製** 設定為 ●，開啟該功能。

❷ 視窗左上角選按 ⦿ **記錄** 開始。

記錄過程中，選按的操作會自動擷取成影像，並轉換成 **移動滑鼠至影像** 動作，按 **完成** 鈕結束錄製回到流程設計畫面後，一樣會產生錄製的動作，並於動作的開始與結束各多了一列 **註解** (說明動作的產生；不影響流程執行)。

◀ 若要預覽擷取影像，可以將滑鼠游標移至預覽圖示上方或直接選按。

PART

05

桌面與檔案自動化

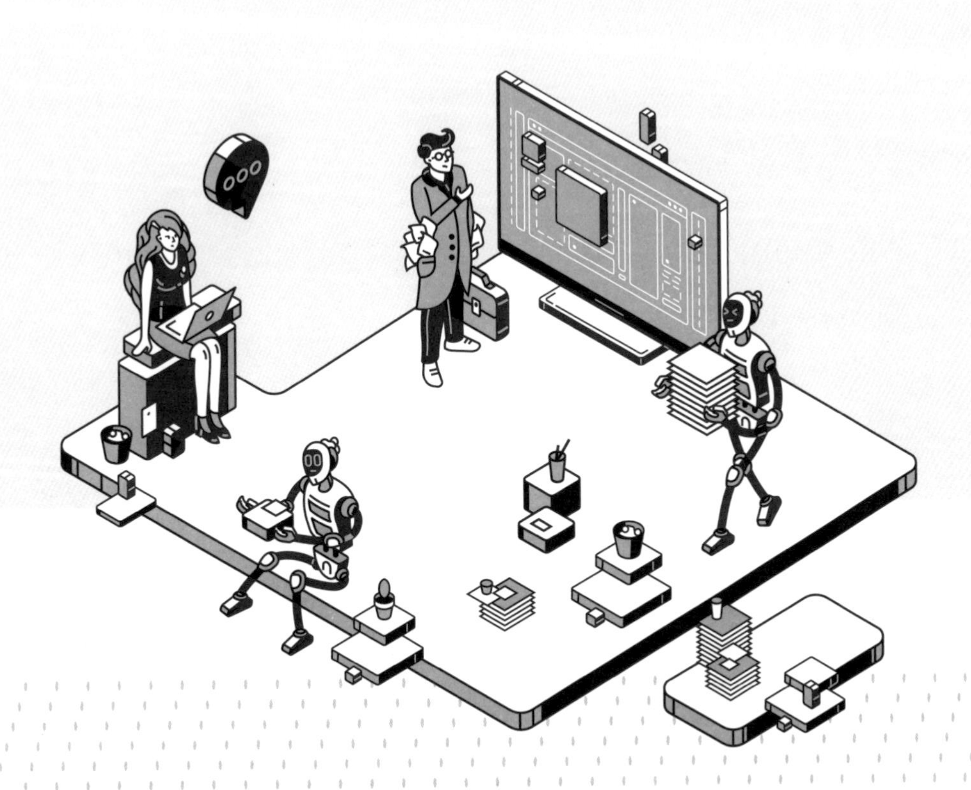

1 批次刪除特定檔案名稱的檔案

想要快速清理不需要的檔案嗎？無須手動一一刪除，藉由流程為你帶來方便快捷的解決方式。

流程説明與規劃

此範例自動化流程：取得指定資料夾中檔案名稱有 "訂單" 二字的所有檔案，接著刪除符合條件的檔案。

執行前

OS (C:) › ACI037100書附範例 › Part05 › 05-01

名稱	修改日期
01 方案明細表.xlsx	2023/7/19
01 訂單明細表 A.xlsx	2023/7/17
02 訂單明細表 B.xlsx	2023/7/17
03 訂單明細表 C.xlsx	2023/7/17

執行後

OS (C:) › ACI037100書附範例 › Part05 › 05-01

名稱	修改日期
01 方案明細表.xlsx	2023/7/19

此範例自動化流程，相關動作規劃：

1	取得 <05-01> 資料夾，檔案名稱中有 "訂單" 這幾個字的所有檔案。
2	刪除符合條件的檔案。

解密萬用字元：在自動化中的靈活應用

Power Automate Desktop 中設定篩選或限制...等準則，可以使用萬用字元，讓準則更加靈活。例如：明細表* 或 明細表?，若要建立多個篩選條件，可以使用半型分號分隔選項，例如：明*表;明細表??。

桌面與檔案自動化常會應用到 **取得資料夾中的檔案**、**取得資料夾中的子資料夾**...等動作，可藉由萬用字元為準則，限制所取得的檔案或資料來源：

- 萬用字元 ?：代表任何一個字元或空格。
- 萬用字串 *：代表任何一個、一個以上或 0 個字元或空格。

準則	篩選結果
明細*	找出名稱開頭是 "明細" 二字的項目
明*表	找出名稱開頭為 "明"、結尾為 "表"，或只有 "明表" 二字的項目。
細	找出名稱中有 "細" 一字的項目。
*表	找出名稱結尾是 "表" 一字的項目
明細表_?*	找出名稱開頭為 "明細表_0" ~ "明細表_9" 的項目

取得資料夾中的檔案

取得資料夾中的檔案 動作：取得指定資料夾中的檔案清單，並將取得的檔案清單存放於變數 **Files**。

Step 1 開啟 Power Automate Desktop 主控畫面，建立一個新流程。

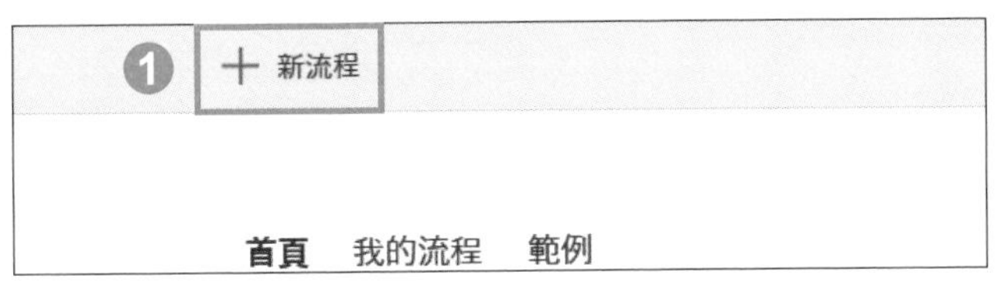

1 選按 **+ 新流程**。

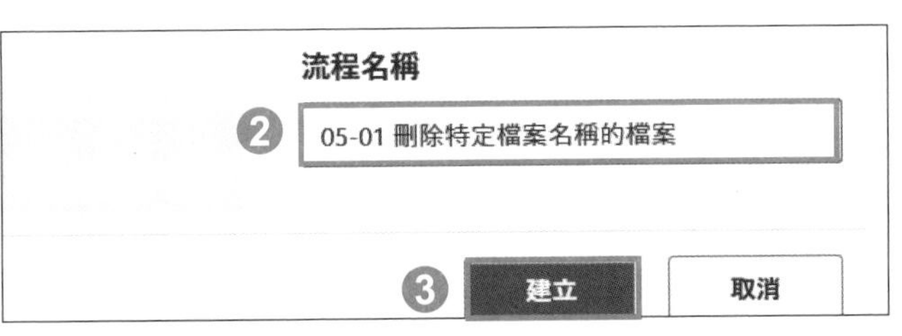

2 輸入流程名稱。

3 按 **建立** 鈕。

Step 2 加入動作 "取得資料夾中的檔案"

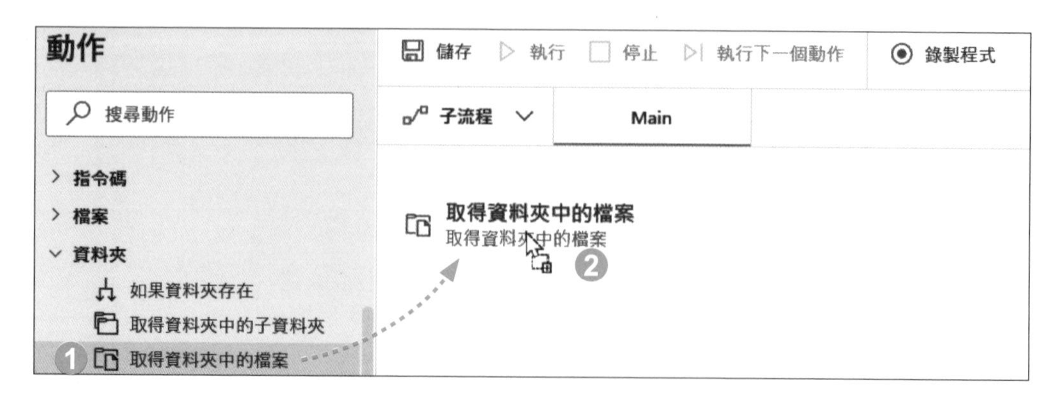

1. **動作** 窗格選按 **資料夾 \ 取得資料夾中的檔案**。
2. 拖曳至工作區。

Step 3 取得檔案清單

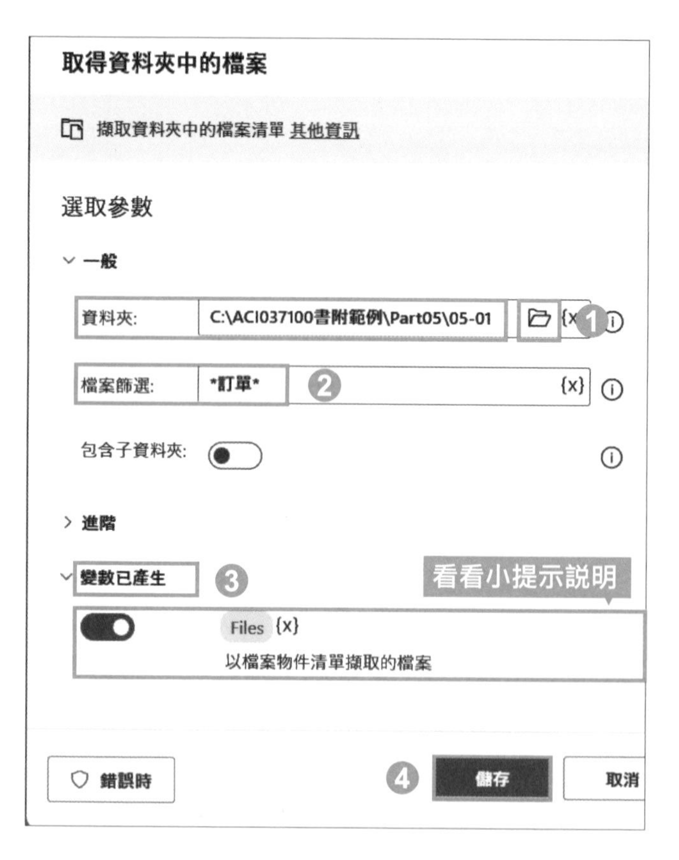

1. **資料夾** 按 ，指定存放檔案的資料夾路徑。
2. **檔案篩選** 輸入：「*訂單*」。
3. 選按 **變數已產生** 可查看變數相關說明。
4. 按 **儲存** 鈕。

小提示

產生變數

取得資料夾中的檔案 動作，將取得的檔案清單存放於變數 Files。

變數	資料類型	描述
Files	檔案清單	於指定資料夾中取得的檔案清單。

刪除檔案

Step 1 加入動作 "刪除檔案"

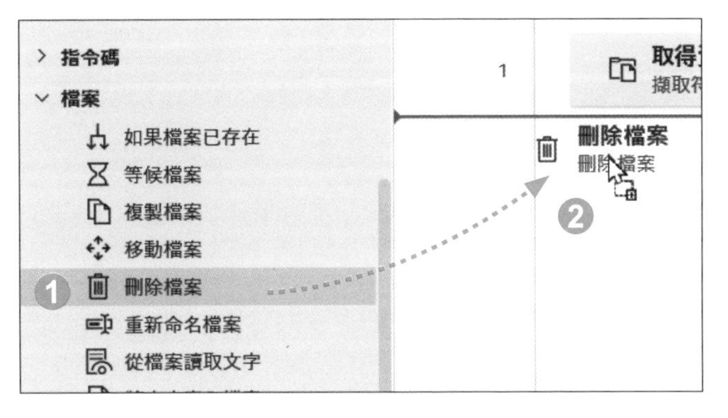

1 **動作** 窗格選按 **檔案 \ 刪除檔案**。

2 拖曳至工作區最後一個動作下方。

Step 2 刪除變數 Files 中的資料清單

1 **要刪除的檔案** 按 {x} \ 變數 Files，按 **選取** 鈕加入。

2 按 **儲存** 鈕。

流程設計至目前階段，已加入預計需要執行的動作，執行此流程，看看是否能順利完成指定的自動化操作：

❶ 選按上方工具列的 ▷ 執行流程，過程中沒有出現錯誤訊息，表示流程順利執行。

❷ 選按工具列的 儲存流程。

❸ 選按視窗右上角的 ✕ 關閉視窗。

2 批次更改檔案名稱

透過設定規則，自動化批次重新命名多個檔案，無須逐一手動調整更改。

流程說明與規劃

此範例自動化流程：取得指定資料夾中所有檔案，檔案名稱前方加上目前日期的年份，並將檔案名稱中 "明細表" 三字取代為 "資料表"。

執行前

名稱	修改日期
01 訂單明細表.xlsx	2023/7/17
02 訂單明細表.xlsx	2023/7/17
03 訂單明細表.xlsx	2023/7/17

執行後

名稱	修改日期
2023_01 訂單資料表.xlsx	2023/7/17
2023_02 訂單資料表.xlsx	2023/7/17
2023_03 訂單資料表.xlsx	2023/7/17

此範例自動化流程，相關動作規劃：

1	取得 <05-02> 資料夾中所有檔案。
2	重新命名檔案：於檔案名稱之前加入系統日期的年份。
3	重新命名檔案：將檔案名稱中 "明細表" 取代為 "資料表"。

取得資料夾中的檔案

取得資料夾中的檔案 動作：取得指定資料夾中的檔案清單，並將取得的檔案清單存放於變數 **Files**。

Step 1 建立新流程

開啟 Power Automate Desktop，選按 **+ 新流程**，命名後進入設計畫面。

Step 2 加入動作 "取得資料夾中的檔案"

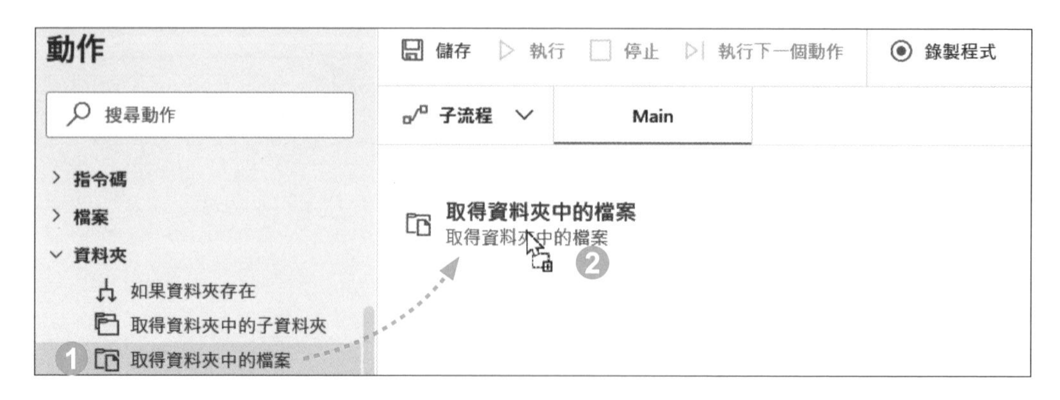

1. **動作** 窗格選按 **資料夾 \ 取得資料夾中的檔案**。
2. 拖曳至工作區。

Step 3 取得檔案清單

1. **資料夾** 按 ，指定存放檔案的資料夾路徑。
2. **檔案篩選** 輸入：「*」。
3. 選按 **變數已產生** 可查看變數相關說明。
4. 按 **儲存** 鈕。

小提示

產生變數

取得資料夾中的檔案 動作，將取得的檔案清單存放於變數 Files。

變數	資料類型	描述
Files	檔案清單	於指定資料夾中取得的檔案清單。

重新命名檔案 / 將日期時間加入檔案名稱、取代指定文字

在此會執行二次重新命名檔案的動作，一次加入系統日期年份，一次進行指定文字的取代。

Step 1 加入動作 "重新命名檔案"

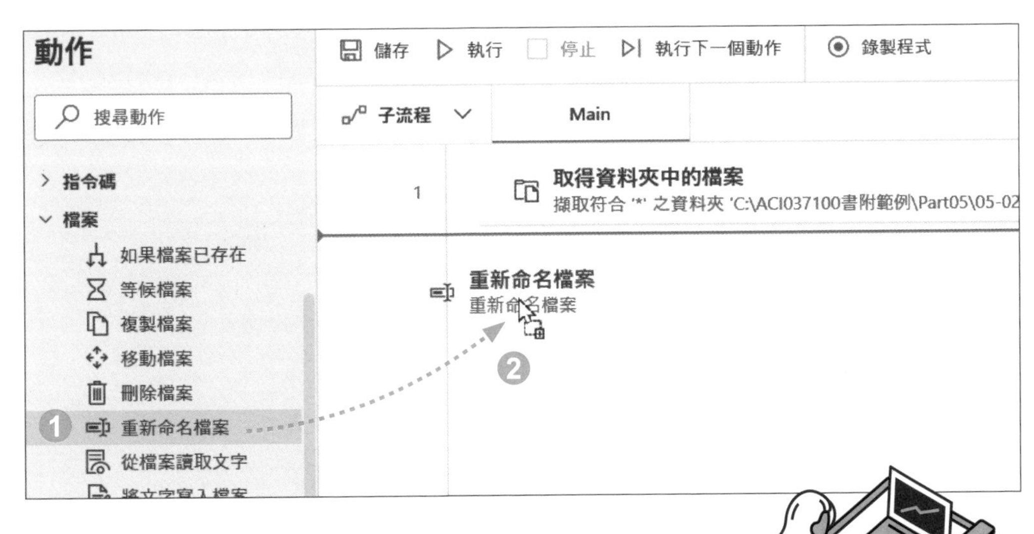

1. **動作** 窗格選按 **檔案 \ 重新命名檔案**。
2. 拖曳至工作區最後一個動作下方。

Step 2 重新命名變數 Files 中的檔案清單

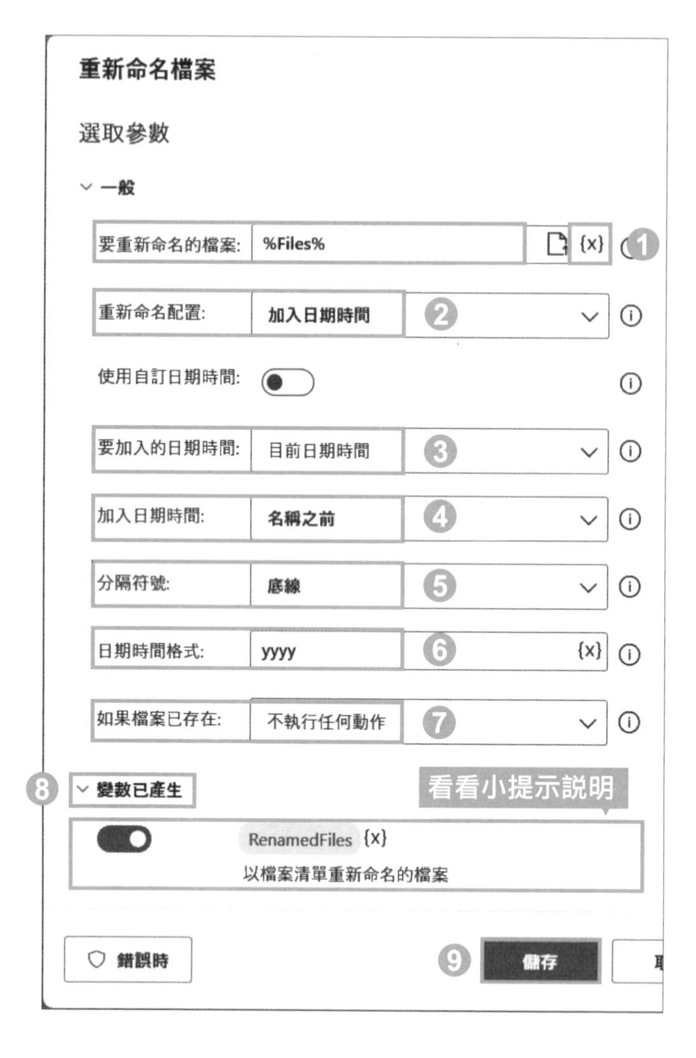

1. **要重新命名的檔案** 按 {x} \ 變數 Files，按 **選取** 鈕加入。
2. **重新命名配置** 選擇：**加入日期時間**。
3. **要加入的日期時間** 選擇：**目前的日期時間**。
4. **加入日期時間** 選擇：**名稱之前**。
5. **分隔符號** 選擇：**底線**。
6. **日期時間格式** 調整為：**yyyy**。
7. **如果檔案已存在** 選擇：**不執行任何動作**。
8. 選按 **變數已產生** 可查看變數相關說明。
9. 按 **儲存** 鈕。

小提示

產生變數

重新命名檔案 動作，將處理後的檔案清單存放於變數 RenamedFiles。

變數	資料類型	描述
RenamedFiles	清單檔案	存放重新命名後的檔案清單。

Step 3 加入動作 "重新命名檔案"

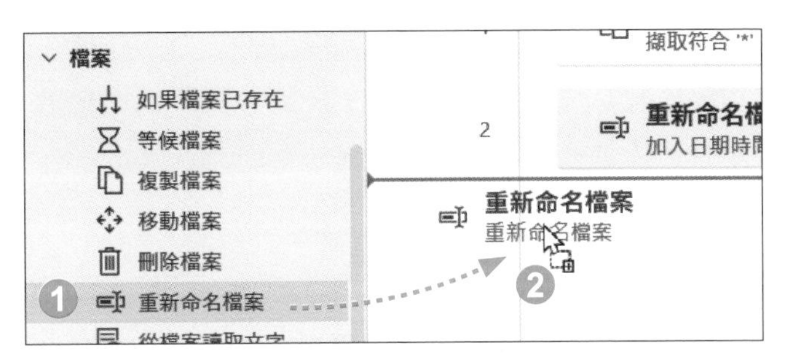

1 **動作** 窗格選按 **檔案 \ 重新命名檔案**。

2 拖曳至工作區最後一個動作下方。

Step 4 重新命名變數 RenamedFiles 中的資料清單

1 **要重新命名的檔案** 按 {x} \ 變數 **RenamedFiles**，按 **選取** 鈕加入。

2 **重新命名配置** 選擇：**取代文字**。

3 **要取代的文字** 輸入：「明細表」。

4 **取代為** 輸入：「資料表」。

5 **如果檔案已存在** 選擇：**不執行任何動作**。

6 選按 **變數已產生** 可查看變數相關說明。

7 按 **儲存** 鈕。

選按工具列的 ▷ 執行流程，最後記得儲存。

3 批次建立資料夾

設定命名規則，流程自動建立符合要求的資料夾，快速建立多個資料夾，讓資料分類更有條理。

流程說明與規劃

此範例自動化流程：於指定路徑下建立五個新資料夾，並依指定的命名規則為資料夾命名。

執行前

› 本機 › OS (C:) › ACI037100書附範例 › Part05 ›

名稱　修改日期

執行後

› 本機 › OS (C:) › ACI037100書附範例 › Part05 ›

名稱	修改日期
20237_1明細資料	2023/7/31
20237_2明細資料	2023/7/31
20237_3明細資料	2023/7/31
20237_4明細資料	2023/7/31
20237_5明細資料	2023/7/31

此範例自動化流程，相關動作規劃：

1	取得目前系統日期與時間
2	加入 Loop 迴圈：執行五次
3	迴圈內的動作：於 <05-03> 資料夾路徑下建立新資料夾，並依 "系統日期的年份月份"_"迴圈次數值" 與 "明細資料" 名稱命名。

取得目前日期與時間

取得目前日期與時間 動作：取得系統日期，方便後續加入檔案名稱。

Step 1 建立新流程

開啟 Power Automate Desktop，選按 **+ 新流程**，命名後進入設計畫面。

Step 2 加入動作 "取得目前日期與時間"

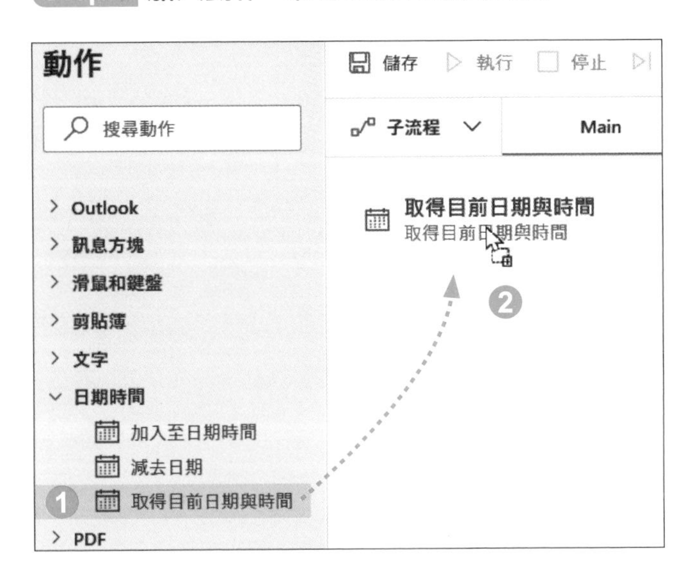

1. **動作** 窗格選按 **日期時間 \ 取得目前日期與時間**。
2. 拖曳至工作區。

Step 3 指定取得內容

1. **擷取**：**僅目前日期**。
2. **時區**：**系統時區**。
3. 選按 **變數已產生** 可查看變數相關說明。
4. 按 **儲存** 鈕。

建立新資料夾並利用迴圈控制數量

指定迴圈開始值為 1，每次迴圈依指定名稱建立一個新資料夾；迴圈執行一次遞增 1，當值為 5 時結束迴圈。

Step 1 加入動作 "迴圈"

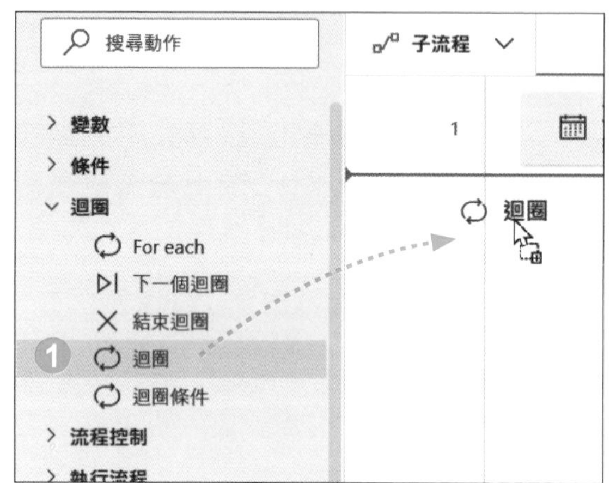

1. **動作** 窗格選按 **迴圈 \ 迴圈**，拖曳至工作區最下方。
2. 指定 **開始位置**：「1」、**結束位置**：「5」、**遞增量**「1」。
3. 選按 **變數已產生** 可查看變數相關說明，最後按 **儲存** 鈕。

小提示

產生變數

迴圈 動作，將迴圈開始值存放於變數 LoopIndex；**取得目前日期與時間** 動作，將取得的日期時間存放於變數 CurrentDateTime。

變數	資料類型	描述
CurrentDateTime	日期時間	目前的日期時間值。
LoopIndex	數值	迴圈開始值，值會隨著每次迴圈依指定的增量改變。

Step 2 迴圈中加入動作 "建立資料夾"

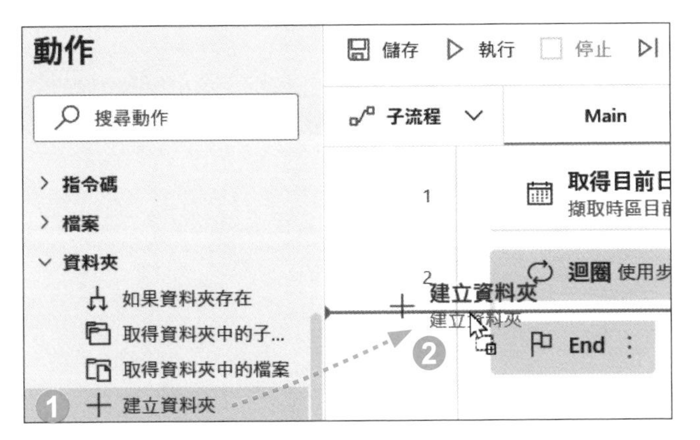

1. **動作** 窗格選按 **資料夾 \ 建立資料夾**。
2. 拖曳至工作區 **迴圈** 與 **End** 區塊之間。

Step 3 重新命名變數 RenamedFiles 中的資料清單

1. **建立新資料夾於** 按 🗁，指定要新增資料夾的路徑。
2. **新資料夾名稱**：按 {x}，變數 CurrentDateTime 左側選按 ⌄ 展開屬性清單，選按 **.Year** 屬性，按 **選取** 鈕。

   再按 {x}，變數 CurrentDateTime 左側選按 ⌄ 展開屬性清單，選按 **.Month** 屬性，按 **選取** 鈕，接著輸入「_」。

   再按 {x} \ 變數 LoopIndex，按 **選取** 鈕加入，最後輸入「明細資料」。
3. 按 **儲存** 鈕。

選按工具列的 ▷ 執行流程，最後記得儲存。

Tip

4 批次解壓縮檔案至各別資料夾

運用 **For each** 迴圈動作，取得指定路徑下所有壓縮檔，逐一解壓縮並將檔案分別放入各自資料夾。

流程說明與規劃

此範例自動化流程：取得指定資料夾中所有 ZIP 壓縮檔，逐一解壓縮，並依 ZIP 壓縮檔名稱命名解壓縮資料夾。

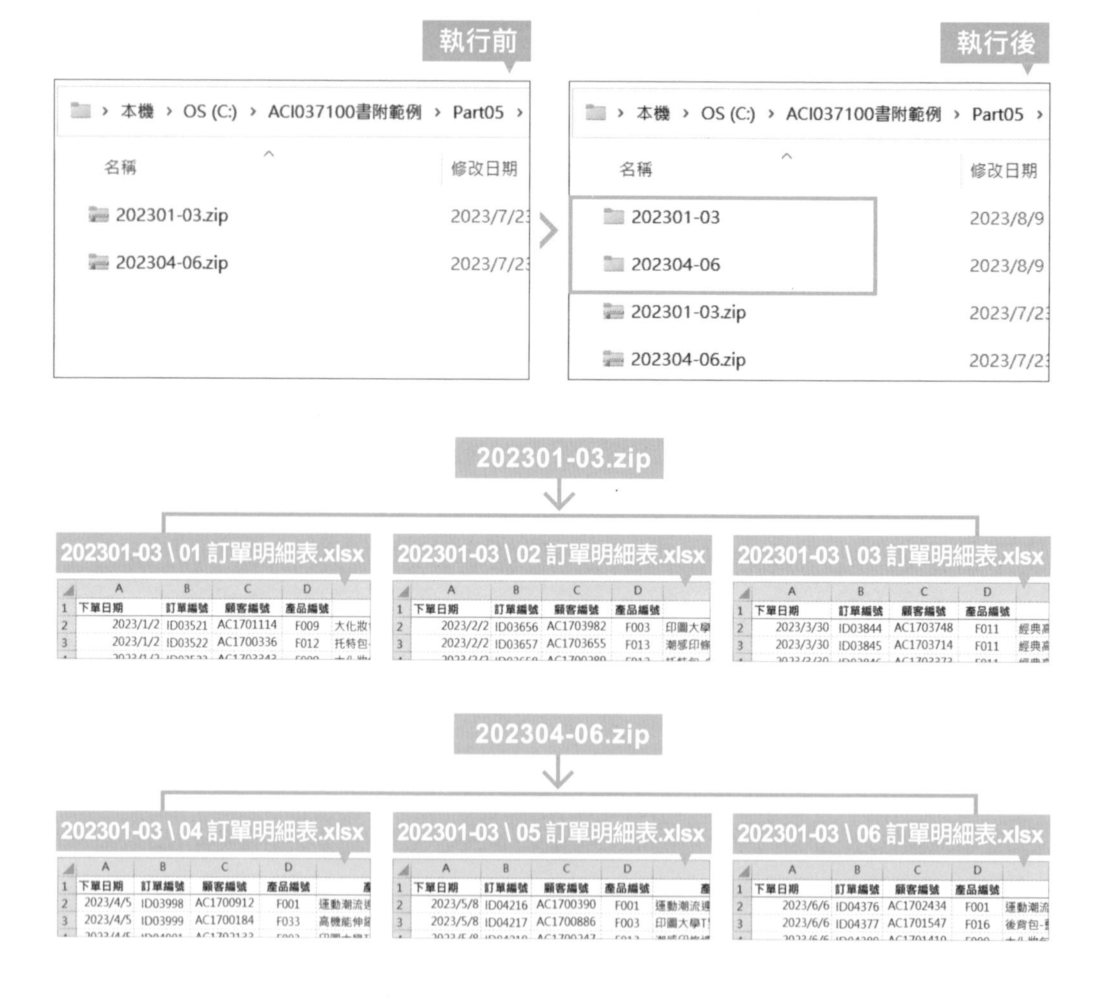

此範例自動化流程，相關動作規劃：

1	取得 <05-04> 資料夾中，所有 ZIP 壓縮檔。
2	加入 **For each** 迴圈，逐一查看取得的檔案 (若有十個檔案則會執行十次迴圈)，並於每次迴圈執行以下動作。
3	迴圈內的動作：解壓縮取得的 ZIP 檔案，存放到同層路徑，並依 ZIP 壓縮檔名稱命名解壓縮資料夾。

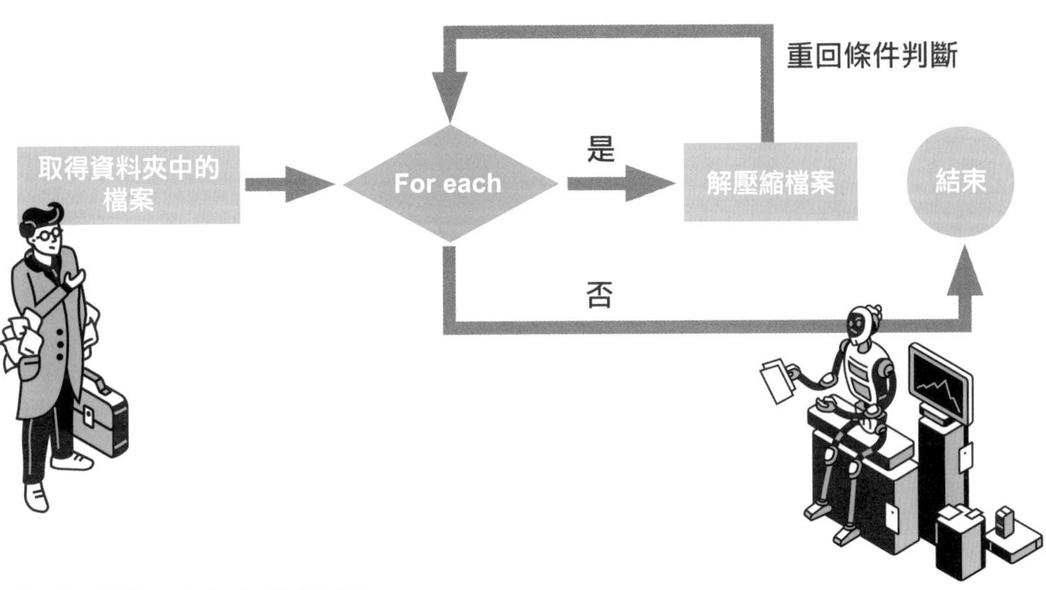

取得資料夾中的檔案

取得資料夾中的檔案 動作：取得指定資料夾中的 ZIP 壓縮檔檔案清單，並將取得的檔案清單存放於變數 **Files**。

Step 1 建立新流程

開啟 Power Automate Desktop，選按 **+ 新流程**，命名後進入設計畫面。

Step 2 加入動作 "取得資料夾中的檔案"

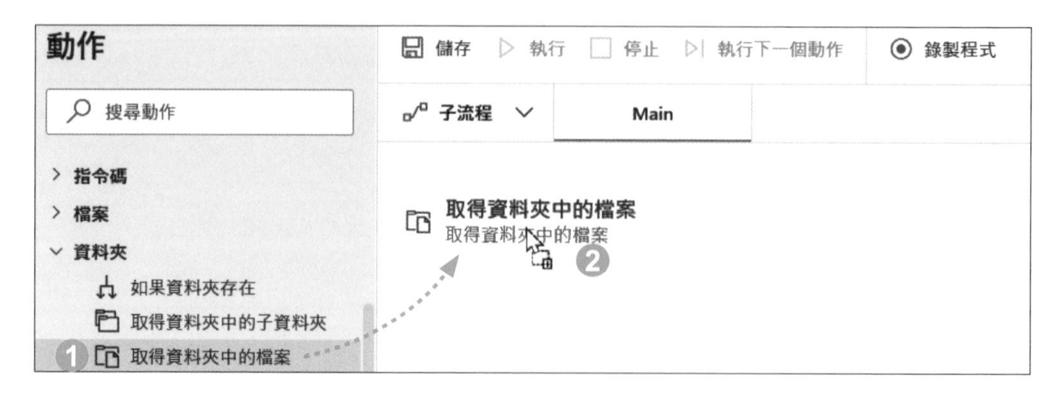

❶ **動作** 窗格選按 **資料夾 \ 取得資料夾中的檔案**。

❷ 拖曳至工作區。

Step 3 取得檔案清單

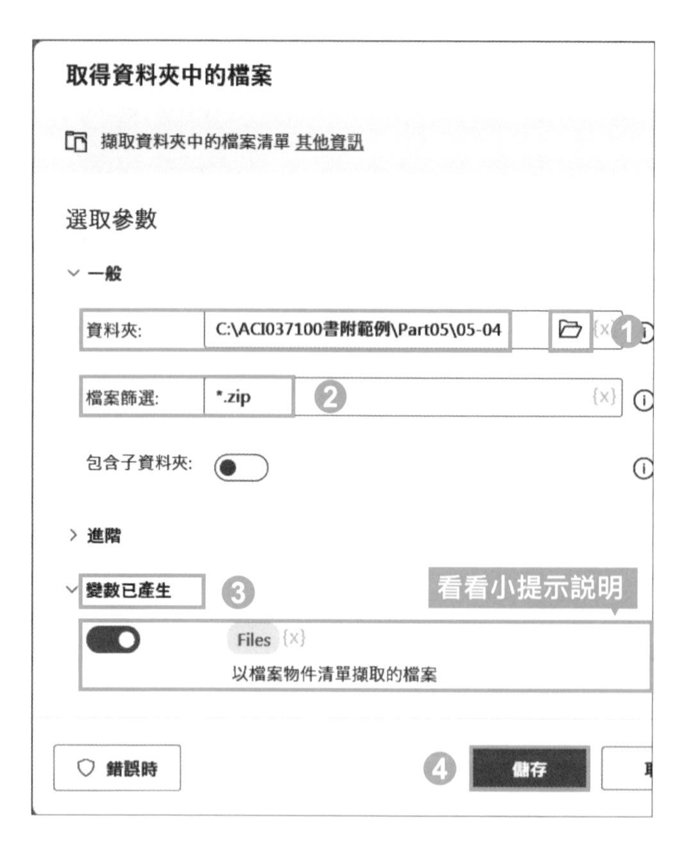

❶ **資料夾** 按 ，指定存放檔案的資料夾路徑。

❷ **檔案篩選** 輸入：「*.zip」。

❸ 選按 **變數已產生** 可查看變數相關說明。

❹ 按 **儲存** 鈕。

產生變數

取得資料夾中的檔案 動作，將取得的檔案清單存放於變數 Files。

變數	資料類型	描述
Files	檔案清單	存放取得的檔案清單。

用 For each 迴圈逐一查看取得的檔案

For each 迴圈：逐一查看變數 Files 中的檔案清單，當清單中的檔案均已查看即結束迴圈；每次查看的檔案資訊存放在變數 CurrentItem。

Step 1 加入動作 "For each"

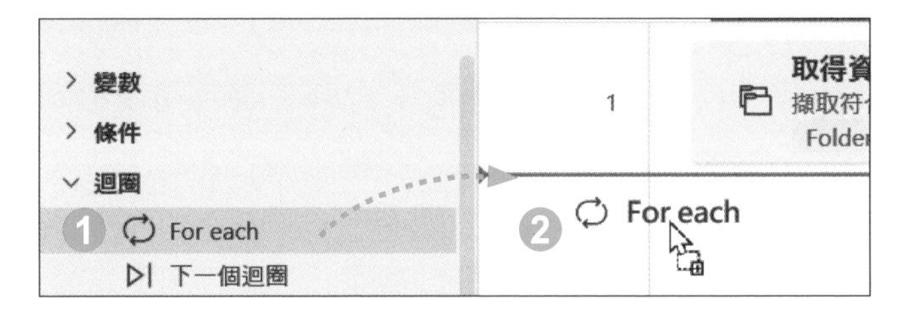

1. **動作** 窗格選按 **迴圈 \ For each**。
2. 拖曳至工作區最後一個動作下方。

Step 2 指定逐一查看取得的子資料夾

1. **要逐一查看的值** 按 {x} \ 變數 Files，按 **選取** 鈕加入。
2. 按 **儲存** 鈕。

小提示

關於 <05-04> 資料夾內的子資料夾

此範例指定的<05-04> 資料夾內有二個 ZIP 壓縮檔，所以後續 **For each** 迴圈會執行二次。

小提示

產生變數

For each 迴圈產生一個變數：**CurrentItem**。

變數	資料類型	描述
CurrentItem	檔案	存放逐一查看的檔案資訊。

解壓縮檔案並依指定路徑與名稱存放

迴圈內的動作：解壓縮目前變數 **Files** 的 ZIP 壓縮檔，解壓縮後存放至同層路徑，並依 ZIP 壓縮檔名稱命名解壓縮資料夾。

Step 1 加入動作 "解壓縮檔案"

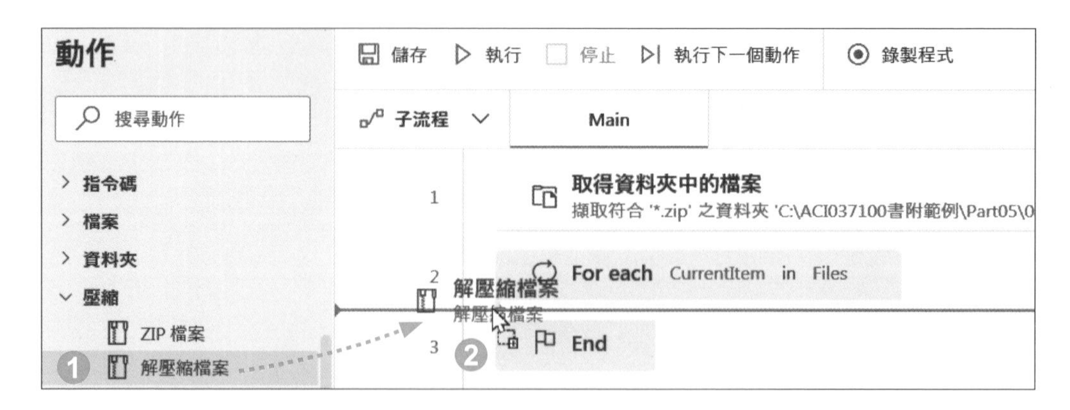

1. **動作** 窗格選按 **壓縮 \ 解壓縮檔案**。
2. 拖曳至 **End** 上方。

Step 2 指定要解壓縮的檔案與解壓縮後存放的路徑與命名

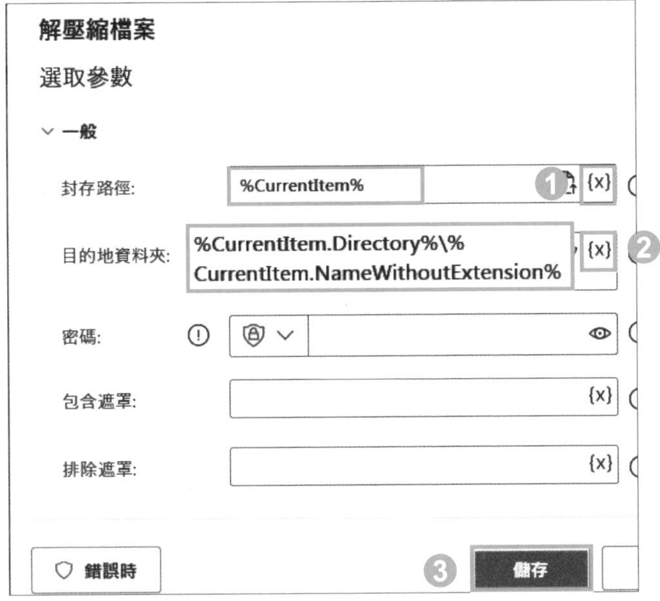

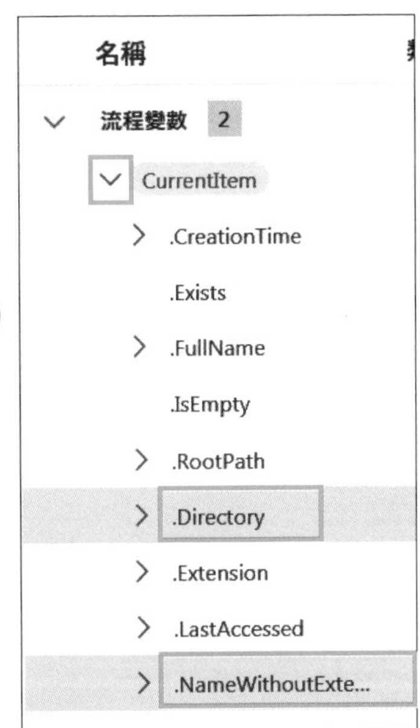

① **封存路徑** (要執行解壓縮的 ZIP 檔案完整路徑)：按 {x} \ 變數 **CurrentItem**，按 **選取** 鈕加入。(此範例第一次迴圈，檔案為 <C:\ACI037100書附範例\Part05\05-04\202301-03.zip>；第二次迴圈，檔案為 <C:\ACI037100書附範例\Part05\05-04\202304-06.zip>)

② **目的地資料夾** (解壓縮資料夾完整路徑與名稱)：

- 按 {x}，變數 **CurrentItem** 左側選按 ⌄ 展開屬性清單，選按 **.Directory** 屬性 (儲存檔案所在的目錄)，按 **選取** 鈕加入。
- 輸入：「\」，再按 {x}，變數 **CurrentItem** 左側選按 ⌄ 展開屬性清單，選按 **.NameWithoutExtension** 屬性 (檔案名稱但不含副檔名；第一次迴圈即為 "202301-03"、第二次迴圈即為 "202304-06")，按 **選取** 鈕加入。

③ 按 **儲存** 鈕。

選按工具列的 ▷ 執行流程，最後記得儲存。

(**檔案** 變數資料類型屬性描述，可參考官方說明：https://learn.microsoft.com/zh-tw/power-automate/desktop-flows/datatype-properties#files)

Tip

5 批次壓縮各資料夾中的 Excel 檔案

運用 **For each** 迴圈動作，取得指定資料夾與檔案，逐一設定壓縮動作與封存路徑，即可壓縮各資料夾中的檔案。

流程說明與規劃

此範例自動化流程：取得指定資料夾中名稱 "2023" 開頭的子資料夾，依續取得各個子資料夾中 Excel 檔案並壓縮，並以子資料夾名稱命名 ZIP 壓縮檔。

此範例自動化流程，相關動作規劃：

1	取得 <05-05> 資料夾中，資料夾名稱 "2023" 開頭的子資料夾。
2	加入 For each 迴圈，逐一查看取得的子資料夾並於每次迴圈執行以下 (1)、(2) 二項動作。
3	迴圈內的動作 (1)：取得子資料夾中 Excel 檔案。
4	迴圈內的動作 (2)：壓縮取得的 Excel 檔案，存放到與子資料夾同層路徑，ZIP 檔以子資料夾名稱命名。

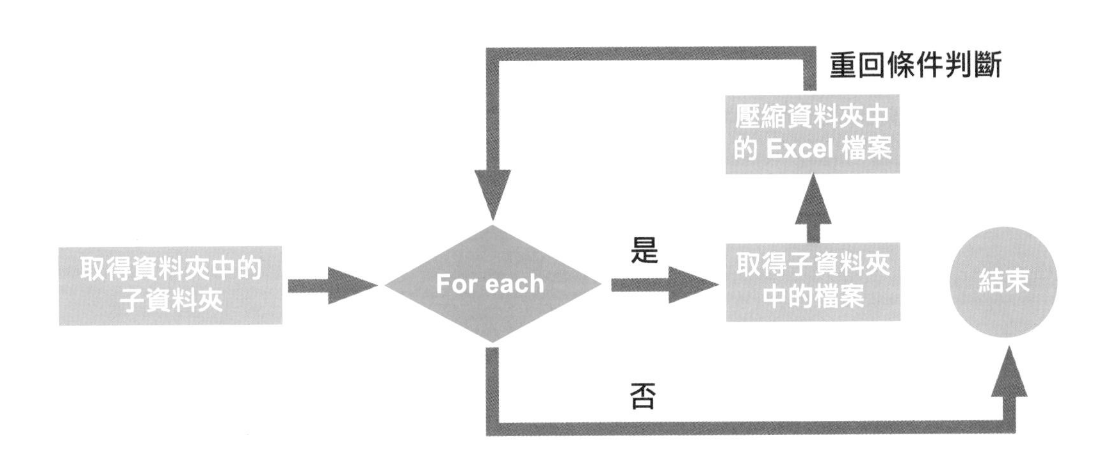

取得資料夾中的子資料夾

Step 1 **建立新流程**

開啟 Power Automate Desktop，選按 **+ 新流程**，命名後進入設計畫面。

Step 2 **加入動作 "取得資料夾中的子資料夾"**

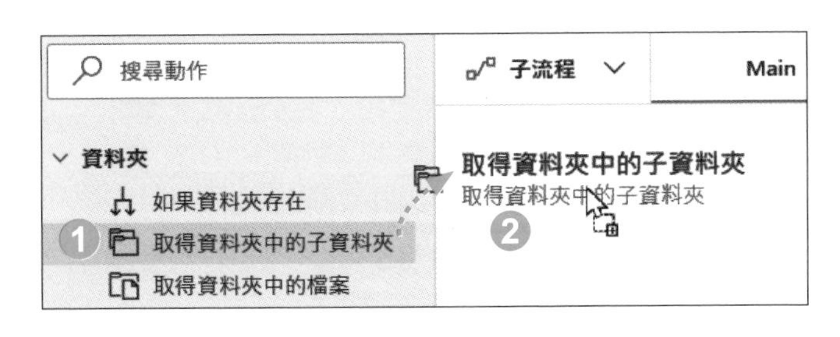

1 **動作** 窗格按 **資料夾 \ 取得資料夾中的子資料夾**。

2 拖曳至工作區。

Step 3 取得指定資料夾，完整路徑存放於資料夾清單

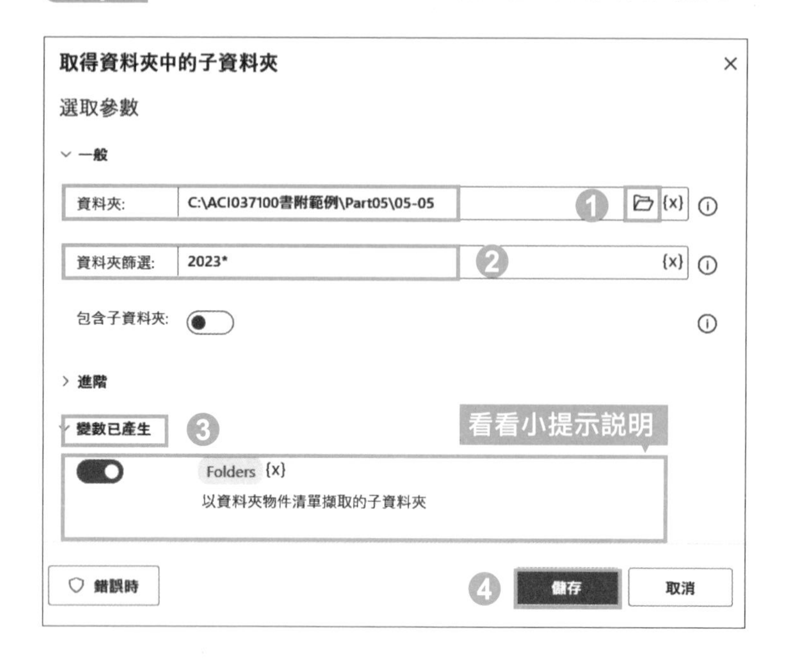

1. **資料夾** 選按右側 🗁 指定資料夾路徑 (在此指定 <C:\ACI037100書附範例\Part05\05-05> 資料夾)。
2. **資料夾篩選** 輸入「2023*」(僅取得名稱為 "2023" 開頭的子資料夾)。
3. 選按 **變數已產生** 可查看產生的變數相關說明。
4. 按 **儲存** 鈕。

小提示

產生變數

取得資料夾中的子資料夾 動作，將取得的子資料夾完整路徑存放於變數：**Folders**。

變數	資料類型	描述
Folders	資料夾清單	將子資料夾完整路徑存放於此變數。(若有二個子資料夾，則清單中會有二筆資料夾完整路徑)

用 For each 迴圈逐一查看取得的子資料夾

For each 迴圈：逐一查看變數 Folders 中的資料夾清單，當清單中的資料夾均已查看即結束迴圈；每次查看的資料夾資訊存放在變數 CurrentItem。

Step 1 加入動作 "For each"

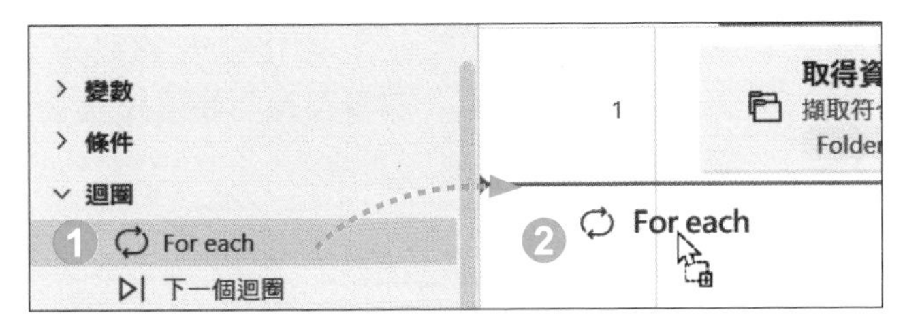

1. **動作** 窗格選按 **迴圈** \ **For each**。
2. 拖曳至工作區最後一個動作下方。

Step 2 指定逐一查看取得的子資料夾

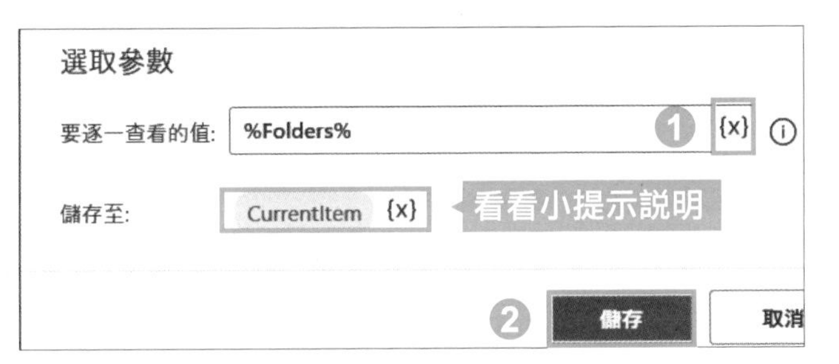

1. **要逐一查看的值** 按 {x} \ 變數 Folders，按 **選取** 鈕加入。
2. 按 **儲存** 鈕。

小提示

關於 <05-05> 資料夾內的子資料夾

此範例指定的<05-05> 資料夾內有二個名稱為 "2023" 開頭的子資料夾，所以後續 **For each** 迴圈會執行二次。

小提示

產生變數

For each 迴圈產生一個變數：CurrentItem。

變數	資料類型	描述
CurrentItem	資料夾	存放逐一查看的資料夾資訊。

取得資料夾中的檔案

迴圈內第一個動作：取得變數 CurrentItem 目前資料夾內所有 Excel 檔案，並將取得的檔案清單存放於變數 Files。

Step 1 加入動作 "取得資料夾中的檔案 "

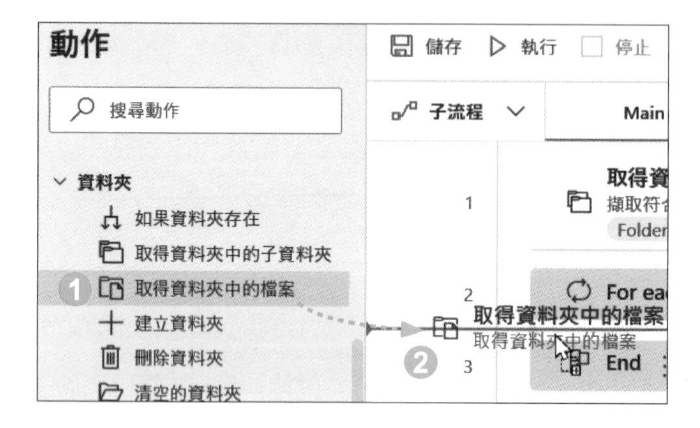

1. **動作** 窗格選按 **資料夾 \ 取得資料夾中的檔案**。
2. 拖曳至 **For each** 與 **End** 區塊中間。

Step 2 取得檔案清單

1. **資料夾** 按 {x} \ 變數 CurrentItem，按 **選取** 鈕加入。
2. **檔案篩選** 輸入：「*.xlsx」。
3. 選按 **變數已產生** 可查看變數相關說明。
4. 按 **儲存** 鈕。

產生變數

取得資料夾中的檔案 動作，將取得的檔案清單存放於變數 Files。

變數	資料類型	描述
Files	檔案清單	存放取得的檔案清單。

壓縮檔案並依指定路徑與名稱存放

迴圈內第二個動作：壓縮變數 Files 中的所有檔案，壓縮後存放至子資料夾同層 (即目前檔案的上一層路徑)，並以子資料夾名稱命名。

Step 1 加入動作 "ZIP 檔案"

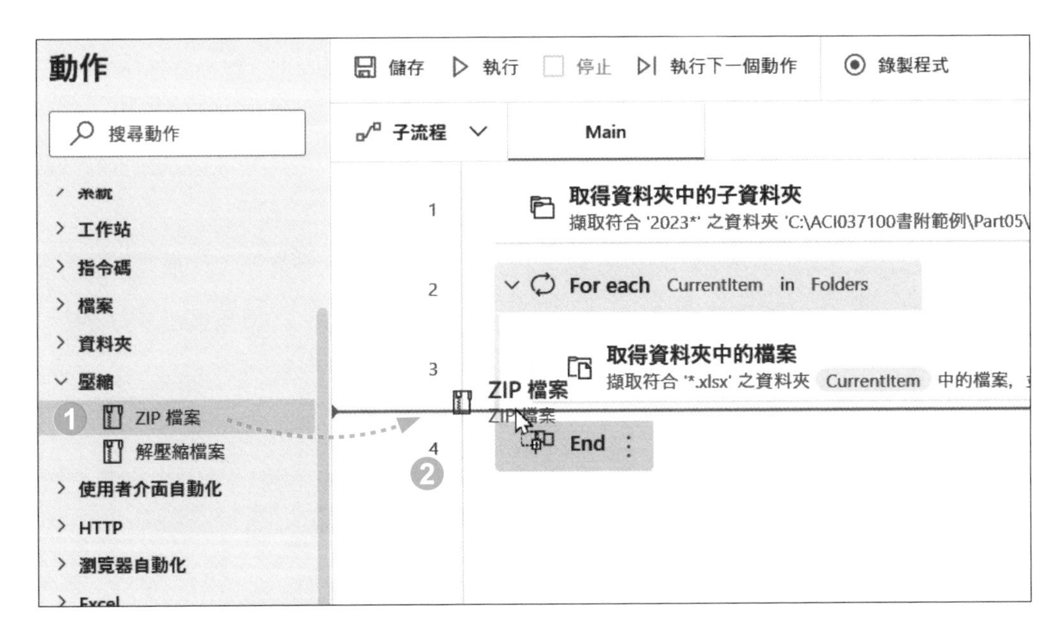

❶ **動作** 窗格選按 **壓縮 \ ZIP 檔案**。

❷ 拖曳至 **End** 上方。

Step 2 指定要壓縮的檔案與壓縮後存放的路徑與命名

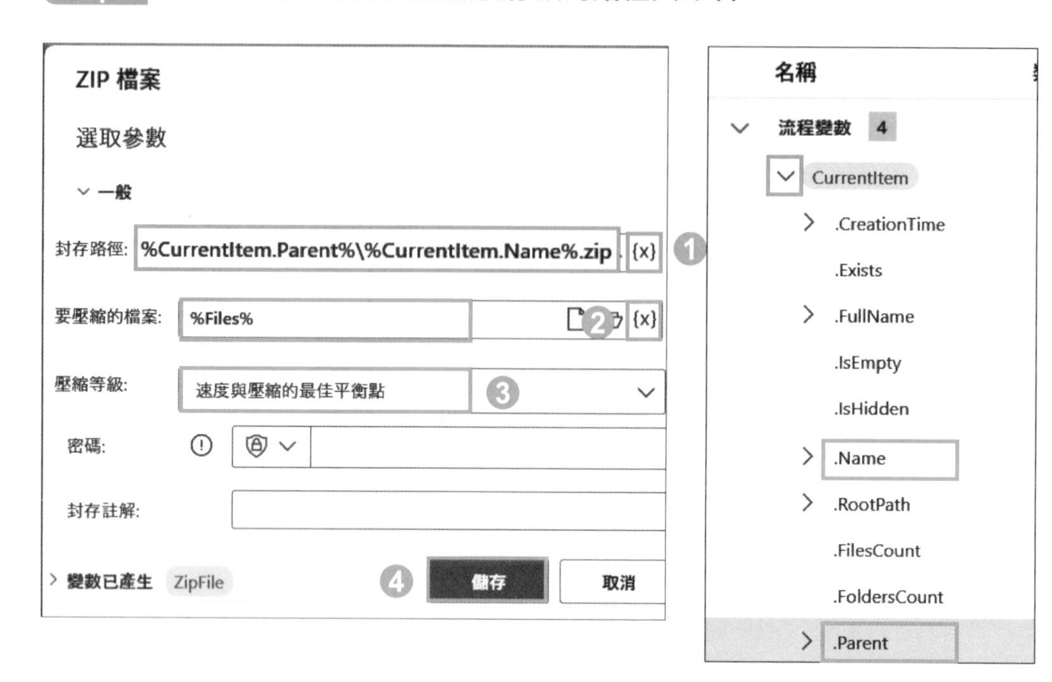

❶ **封存路徑** (壓縮後 ZIP 檔案存放路徑，包含檔案名稱)：

- 按 {x}，變數 **CurrentItem** 左側選按 ⌄ 展開屬性清單，選按 **.Parent** 屬性 (目前子資料夾的上一層；即為 <C:\ACI037100書附範例\Part05\05-05>)，按 **選取** 鈕加入。
- 輸入：「\」，再按 {x}，變數 **CurrentItem** 左側選按 ⌄ 展開屬性清單，選按 **.Name** 屬性 (子資料夾名稱；第一次迴圈即為 "202301-03"、第二次迴圈即為 "202304-06")，按 **選取** 鈕加入。
- 最後輸入：「.zip」。

❷ **要壓縮的檔案**：按 {x} \ 變數 **Files**，按 **選取** 鈕加入。(第一次迴圈，變數 **Files** 為 <202301-03> 資料夾內的檔案；第二次迴圈，變數 **Files** 為 <202304-06> 資料夾內的檔案)

❸ **壓縮等級** 設定為：**速度與壓縮的最佳平衡點**。

❹ 按 **儲存** 鈕。

選按工具列的 ▷ 執行流程，最後記得儲存。

6 檔案文件快速分類整理

老是找不到檔案嗎？如果平時養成整理檔案的良好習慣，可以節省大量尋找的時間，提高工作效率。

流程說明與規劃

此範例自動化流程：先取得指定資料夾中所有檔案，並將副檔名為 *.pdf 的檔案整理至 <PDF 文件> 資料夾；副檔名為 *.xlsx、*.docx 的檔案，整理至 <Office 文件> 資料夾。

執行前

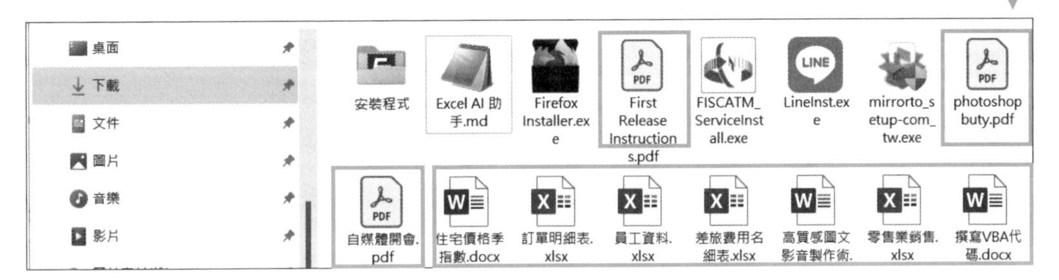

執行後

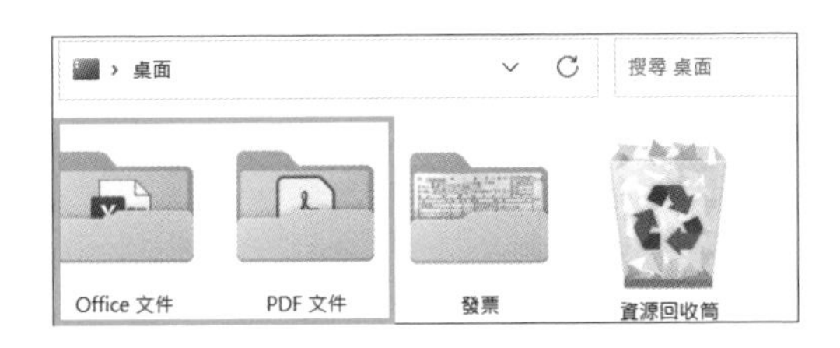

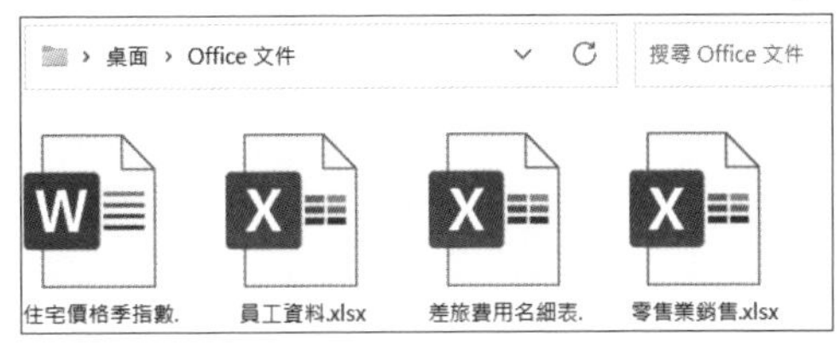

此範例自動化流程，相關動作規劃：

1	取得 <Downloads> 資料夾中，副檔案名稱為 *.pdf 的所有檔案。
2	將符合條件的檔案移動至桌面的 <PDF 文件> 資料夾。
3	取得 <Downloads> 資料夾中，副檔案名稱為 *.xlsx、*.docx 的所有檔案。
4	將符合條件的檔案移動至桌面的 <Office 文件> 資料夾。

取得資料夾中的檔案

取得資料夾中的檔案 動作：取得指定資料夾中的檔案清單，並將取得的檔案清單存放於變數 **Files**。

Step 1 建立新流程

開啟 Power Automate Desktop，選按 **+ 新流程**，命名後進入設計畫面。

Step 2 加入動作 "取得資料夾中的檔案"

1. **動作** 窗格選按 **資料夾 \ 取得資料夾中的檔案**。
2. 拖曳至工作區。

Step 3 取得檔案清單

取得資料夾中的檔案

擷取資料夾中的檔案清單 其他資訊

一般

資料夾: C:\Users\Hsiung\Downloads

檔案篩選: *.pdf

包含子資料夾:

進階

1. **資料夾** 按 ，指定存放檔案的資料夾路徑；在此以 Downloads 資料 (即 **下載** 資料夾) 示範操作。
2. **檔案篩選** 輸入：「*.pdf」。

❸ 選按 **變數已產生** 可查看變數相關說明。

❹ 按 **儲存** 鈕。

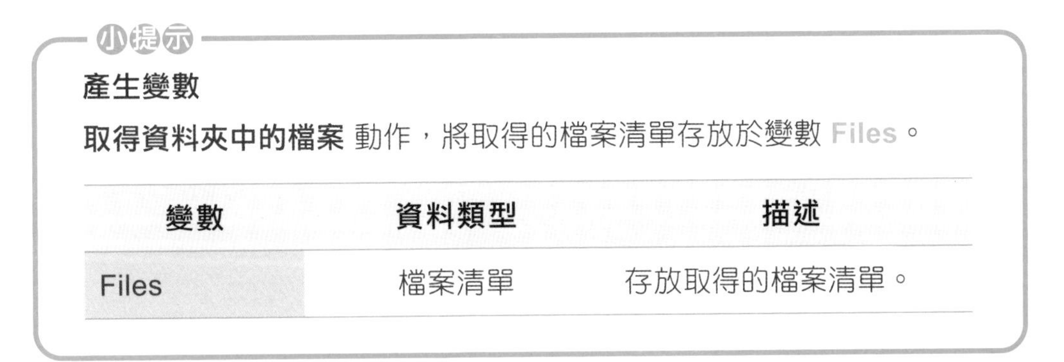

小提示

產生變數

取得資料夾中的檔案 動作，將取得的檔案清單存放於變數 **Files**。

變數	資料類型	描述
Files	檔案清單	存放取得的檔案清單。

將檔案移動至指定資料夾

移動檔案 動作：依變數 **Files** 內的檔案清單，移動至指定資料夾路徑。

Step 1 加入動作 "移動檔案"

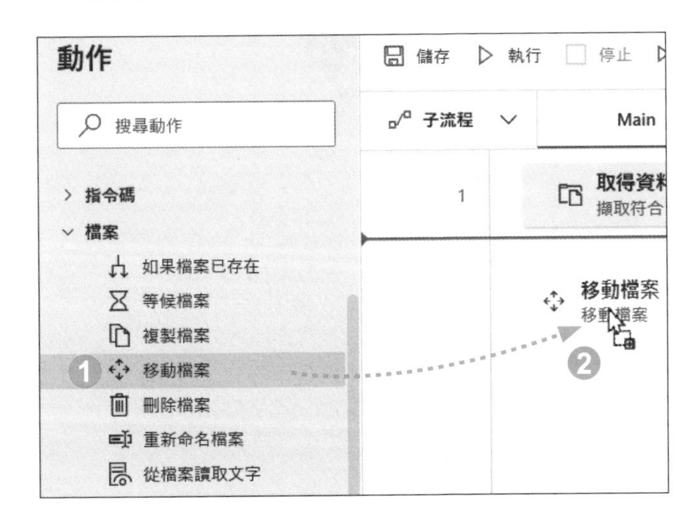

❶ **動作** 窗格選按 **檔案 \ 移動檔案**。

❷ 拖曳至工作區最後一個動作下方。

Step 2 指定檔案移動路徑

1. **要移動的檔案** 按 {x} \ 變數 **Files**，選按 **選取** 鈕加入。
2. **目的地資料夾** 按 📂，指定存放檔案的資料夾路徑。(在此指定於桌面建立好的 <PDF 文件> 資料夾；讀者需自行建立)
3. 選按 **變數已產生** 可查看變數相關說明。
4. 按 **儲存** 鈕。

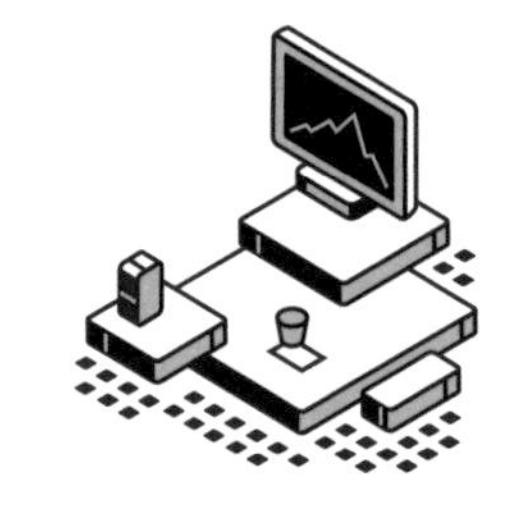

小提示

產生變數

移動檔案 動作，將取得的檔案清單存放於變數 **MovedFiles**。

變數	資料類型	描述
MovedFiles	檔案清單	取得移動的檔案清單。

移動多個不同格式的檔案

複製前面已完成的流程，並為 **取得資料夾中的檔案** 動作變更篩選條件，需同時取得 Excel 與 Word 格式檔案，再移動至指定的資料夾。

Step 1 複製流程

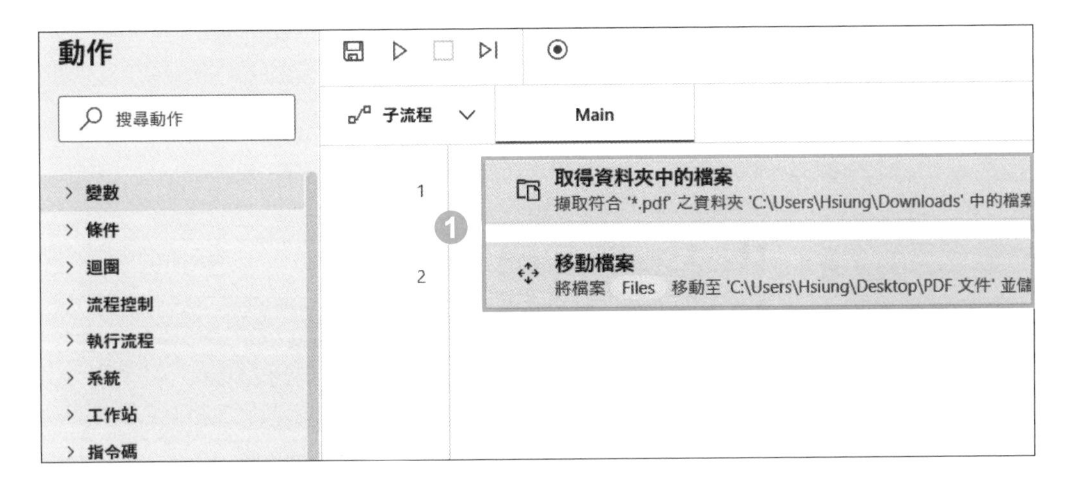

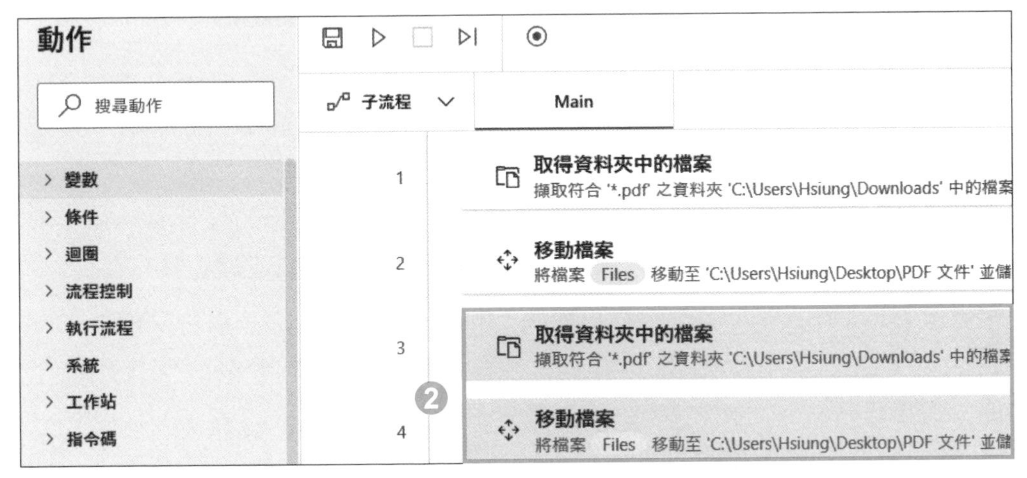

1. 按 Shift 鍵，選取流程列 1、2 動作，按 Ctrl + C 鍵複製。
2. 於工作區空白處按一下，再按 Ctrl + V 鍵貼上。

Step 2 調整檔案篩選條件及資料夾路徑

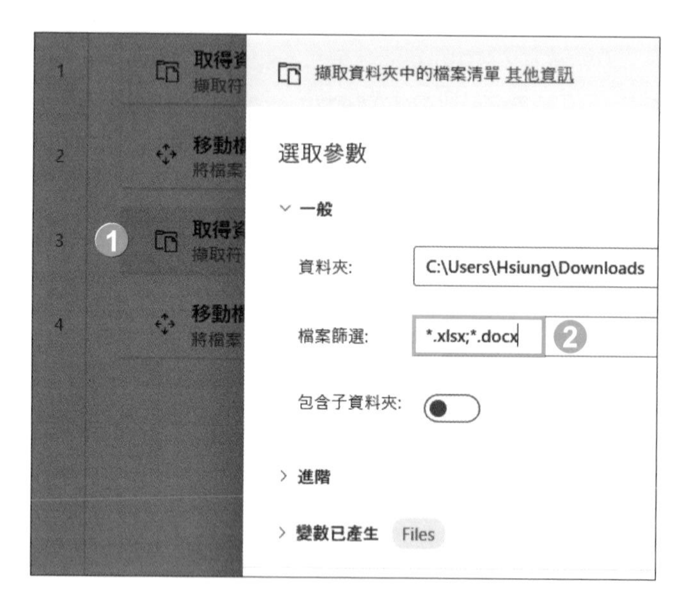

1. 連按二下流程列 3 **取得資料夾中的檔案** 動作，開啟設定。
2. 將 **檔案篩選** 中 *.pdf 改成 *.xlsx;*.docx，再按 **儲存** 鈕。

   (在此利用 ";" 建立多重篩選條件。)

3. 連按二下流程列 4 **移動檔案** 動作，**目的地資料夾** 按 🗁，指定新的存放檔案資料夾路徑。(在此指定於桌面建立好的 <Office 文件> 資料夾；讀者需自行建立)
4. 選按 **變數已產生** 可查看變數相關說明。
5. 按 **儲存** 鈕。

選按工具列的 ▷ 執行流程，最後記得儲存。

PART

06

PDF 文件操作自動化

1 擷取 PDF 文字

運用 **從 PDF 擷取文字** 動作可將 PDF 轉換為純文字格式，更容易地搜索、分析和使用其中資訊。

流程說明與規劃

此範例自動化流程：取得指定資料夾中的 PDF 檔案，接著擷取所有文字，並寫入文字檔中。

執行前

執行後

工程預算.txt
檔案 編輯 檢視
設計師資訊
承包商 幸福家園設計公司
連絡人姓名 林慶尤
網站 http://www.houseapp.com/
電話 037-4675312
傳真 037-4675123
電子郵件 houseapp@gmail.com
地址 苗栗縣中正街 789 號
項目 金額 占比
預算金額 1,000,000
第 1 行，第 1 欄 100% Windows (CRLF)

此範例自動化流程，相關動作規劃：

1	取得 <06-01> 資料夾中 <工程記錄預算表.pdf> 檔案，擷取所有文字。
2	將擷取的文字， 寫入 <工程預算.txt> 文字檔中。

小提示

哪些 PDF 文件無法執行自動化流程？

請先確認手邊 PDF 文件是否能選取部分文字，若無法選取代表該 PDF 文件為圖像格式，通常掃描後取得的 PDF 文件會是圖像格式。在這種情況下，需要使用 OCR (光學字符識別) 軟體將 PDF 由圖像轉換為文件格式，才能執行此單元四個主題範例的自動化流程設計。

取得資料夾中的 PDF 檔案並擷取文字

Step 1 建立新流程

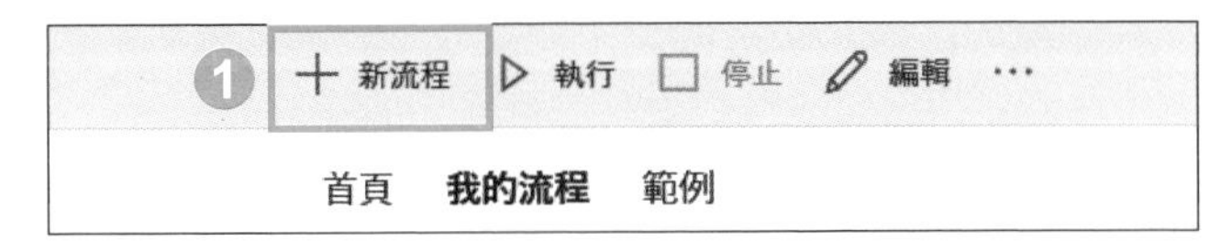

1. 選按 **+ 新流程**。

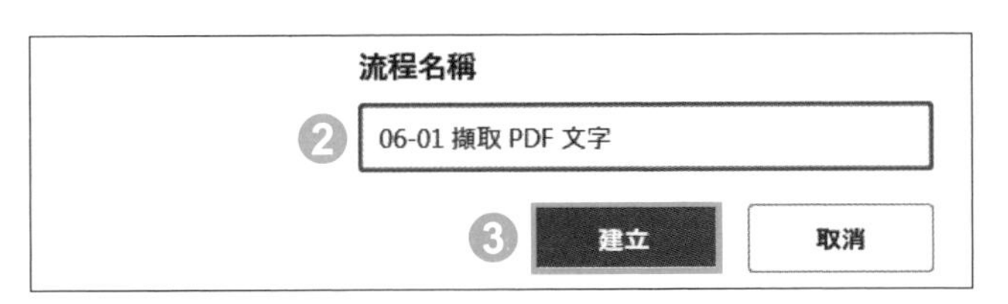

2. 輸入流程名稱。
3. 按 **建立** 鈕。

Step 2 加入動作 "從 PDF 擷取文字"

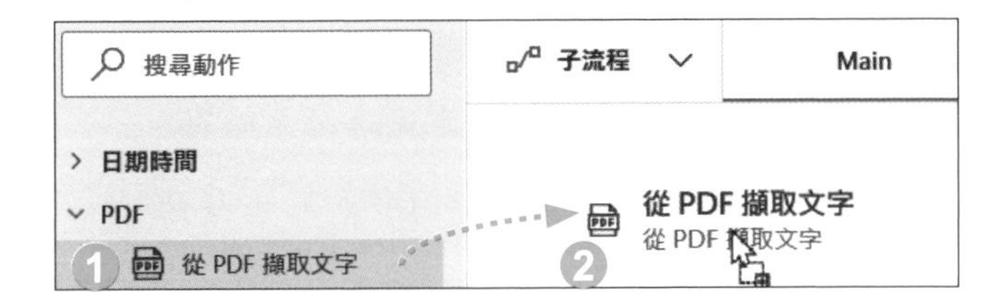

1. **動作** 窗格選按 **PDF \ 從 PDF 擷取文字**。
2. 拖曳至工作區。

Step 3 擷取 PDF 檔案全部文字

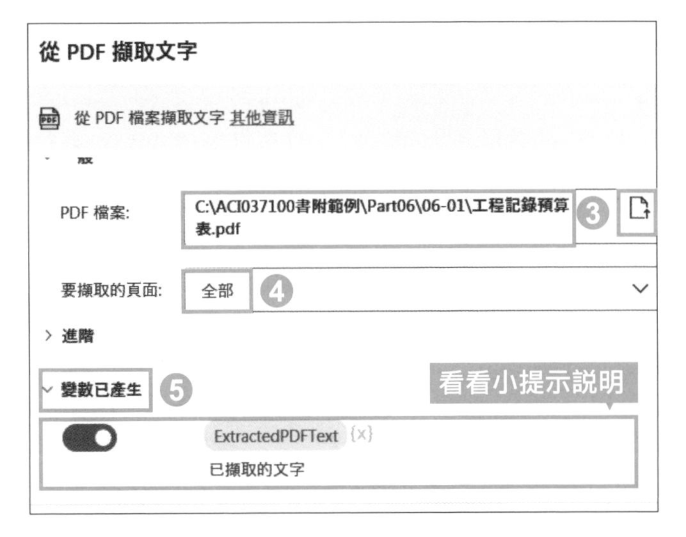

3. **PDF 檔案** 按右側 ，指定要開啟的檔案完整路徑。
4. **要擷取的頁面** 選擇：**全部**。
5. 選按 **變數已產生** 可查看變數相關說明，按 **儲存** 鈕。

小提示

產生變數

從 PDF 擷取文字 動作，從 PDF 擷取的文字存放於變數：**ExtractedPDFtxt**。

變數	資料類型	描述
ExtractedPDFtxt	文字值	已擷取的文字。

將擷取的文字寫入文字檔案

Step 1 加入動作 "將文字寫入檔案"

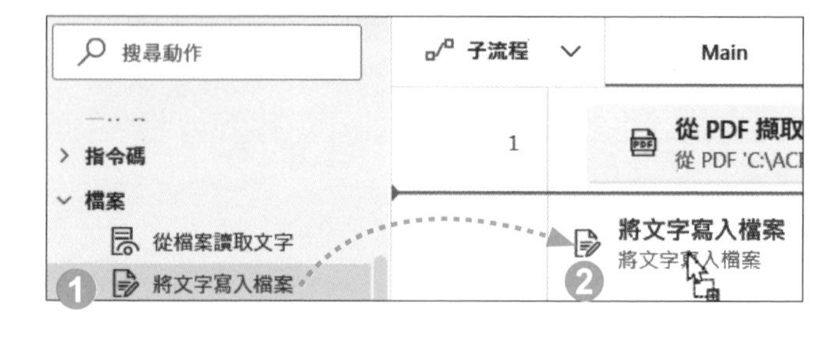

❶ **動作** 窗格選按 **檔案 \ 將文字寫入檔案**。

❷ 拖曳至工作區最後一個動作下方。

Step 2 擷取的 PDF 文字寫入指定文字檔案

❶ **檔案路徑** 右側 🗋，指定要開啟的檔案完整路徑。

❷ **要寫入的文字**：按 {x} \ 變數 **ExtractedPDFText**，按 **選取** 鈕加入，再按 **儲存** 鈕。

選按工具列的 ▷ 執行流程，最後記得儲存。

2 擷取 PDF 表格並寫入 Excel

PDF 內除了文字，表格也是常見的資料呈現方式，運用 **從 PDF 擷取資料表** 動作，可擷取需要的表格內容到 Excel。

流程說明與規劃

此範例自動化流程：取得指定資料夾中的 PDF 檔案，接著擷取指定的表格資料，再將資料寫入 Excel 中。

執行前

中正街 789 號
360, 苗栗縣
電話:037-4675312

報價項目:

專員	員工編號	出貨日其
王小明	ABC009876	2023/8/

類別	描述	單價
統包工程	拆除清運工程	
統包工程	系統櫃工程	16
統包工程	衛浴設備工程	
統包工程	五金工程	

執行後

	A	B	C	D	E	F
1	類別	描述	單價	數量	金額	
2	統包工程	拆除清運	7,000	1	7,000	
3	統包工程	系統櫃工	160,000	1	160,000	
4	統包工程	衛浴設備	74,000	1	74,000	
5	統包工程	五金工程	6,250	1	6,250	
6	材料	地磚地板	35,000	1	35,000	
7	材料	泥作工程	80000	1	80,000	
8	統包工程	鋁窗/大門	37000	1	37,000	
9	統包工程	木作/隔間	135,700	1	135,700	
10	小計 稅率 營業稅 其他 總計				534,950	
11					5.00%	
12					26,748	
13					0	
14					561,698	

此範例自動化流程，相關動作規劃：

1	取得 <06-02> 資料夾中 <報價單.pdf> 檔案，擷取所有表格。
2	啟動 Excel 並開啟一個空白檔案。
3	將 <報價單.pdf> 擷取的第 3 個表格，寫入 Excel 指定儲存格中。

取得資料夾中的 PDF 檔案並擷取表格內容

Step 1 建立新流程

開啟 Power Automate Desktop，選按 **+ 新流程**，命名後進入設計畫面。

Step 2 加入動作 "從 PDF 擷取資料表"

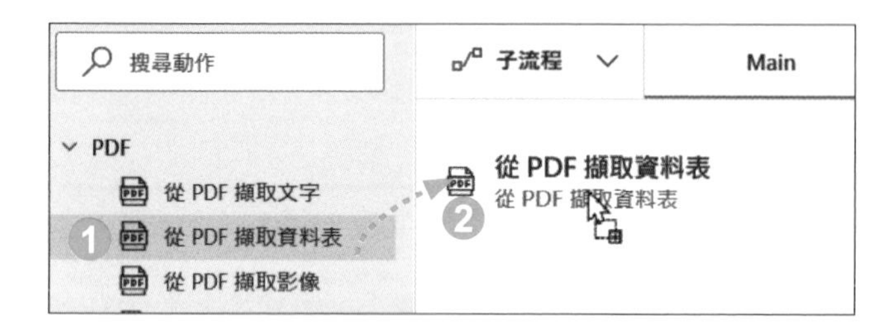

1. **動作** 窗格按 **PDF \ 從 PDF 擷取資料表**。
2. 拖曳至工作區。

Step 3 擷取 PDF 檔案全部資料表

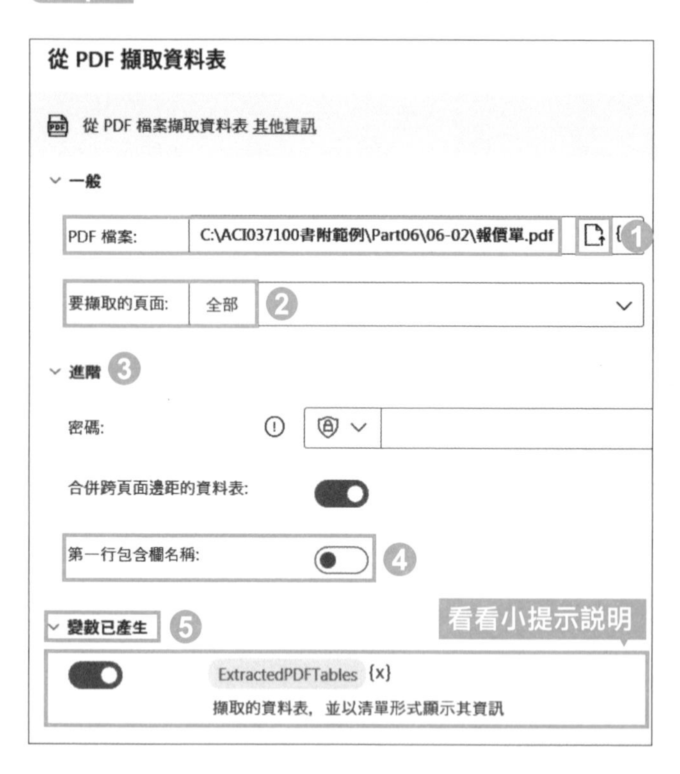

1. **PDF 檔案** 按右側 ，指定要開啟的檔案完整路徑。
2. **要擷取的頁面** 選擇：**全部**。
3. 選按 **進階**。
4. 設定 **第一行包含欄名稱** 右側呈 (關閉)。
5. 選按 **變數已產生** 可查看變數相關說明，按 **儲存** 鈕。

(關閉設定 **第一行包含欄名稱**，會將表格的 "類別"、"描述"...等欄位名稱，以資料型式一同擷取，如此後續才能寫入 Excel 的資料表中。)

產生變數

從 PDF 擷取資料表 動作，從 PDF 擷取資料表，以清單形式存放於變數：ExtractedPDFTables。

變數	資料類型	描述
ExtractedPDFTables	PDF 資料表資訊的清單	擷取的資料表，以清單形式顯示其資訊。

執行流程，瀏覽擷取資料表的變數結構

從 PDF 擷取的資料表，可以透過執行，先了解產生的變數其結構內容，以取得指定資料表描述，方便後續指定相關內容寫入 Excel。

1. 選按工具列的 ▷ 執行流程。
2. 右側 **變數 \ 流程變數** 窗格，連按二下變數 ExtractedPDFTables。

3 可以看到該變數已存放取得的資料表清單，於最後一個資料表項目右側選按 **其他** (此為後續指定寫入 Excel 的資料表)。

4 選按 **.DataTable** 屬性右側 **其他**。

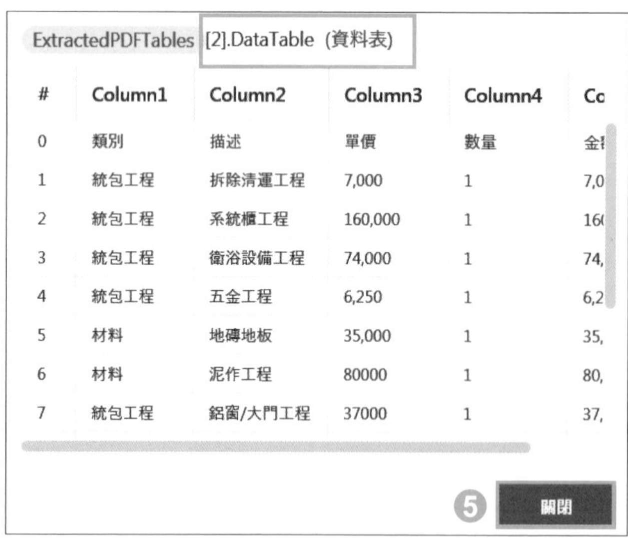

#	Column1	Column2	Column3	Column4	Co
0	類別	描述	單價	數量	金
1	統包工程	拆除清運工程	7,000	1	7,0
2	統包工程	系統櫃工程	160,000	1	16
3	統包工程	衛浴設備工程	74,000	1	74,
4	統包工程	五金工程	6,250	1	6,2
5	材料	地磚地板	35,000	1	35,
6	材料	泥作工程	80000	1	80,
7	統包工程	鋁窗/大門工程	37000	1	37,

5 上方會顯示該資料表的相關描述，也是接下來寫入 Excel 需記錄的資訊 (記錄下此描述名稱)；下方即是 <報價單.pdf> 文件最下方的表格資料，最後按 **關閉** 鈕。

啟動 Excel 開啟空白檔案

Step 1 加入動作 "啟動 Excel"

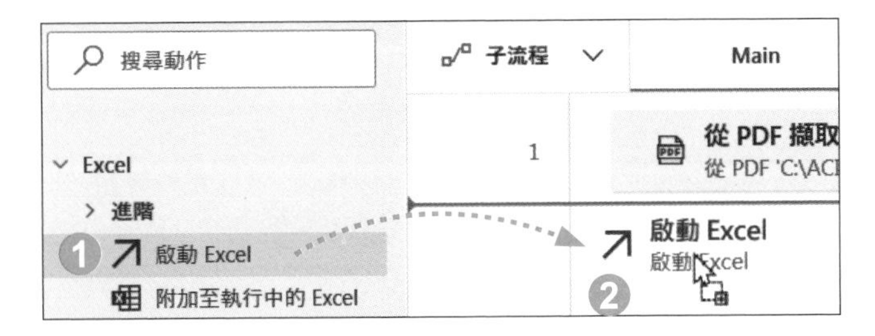

1. **動作** 窗格選按 **Excel \ 啟動 Excel**。
2. 拖曳至工作區最後一個動作下方。

Step 2 開啟 Excel 空白檔案

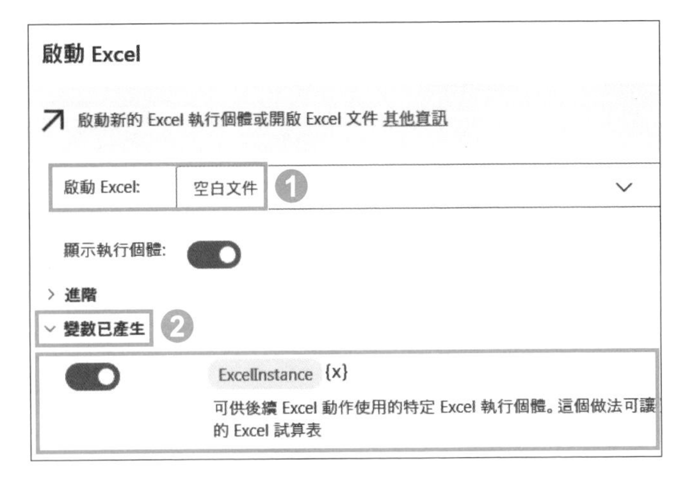

1. **啟動 Excel** 選擇：**空白文件**。
2. 選按 **變數已產生** 可查看變數相關說明，按 **儲存** 鈕。

小提示

產生變數

啟動 Excel 動作產生變數：**ExcelInstance**。

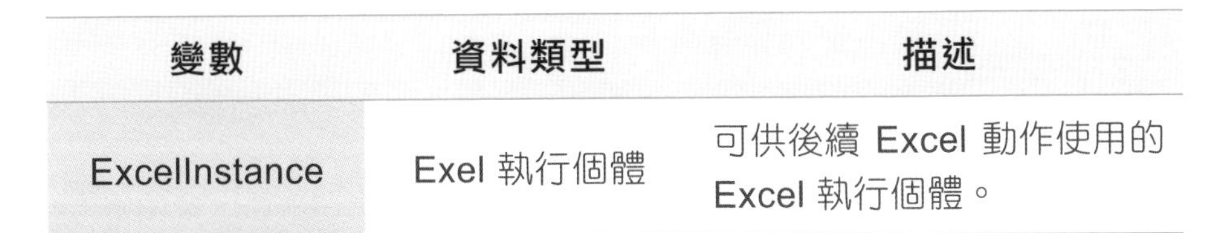

變數	資料類型	描述
ExcelInstance	Exel 執行個體	可供後續 Excel 動作使用的 Excel 執行個體。

取得指定資料表內容並寫入 Excel 檔案

Step 1 加入動作 "寫入 Excel 工作表"

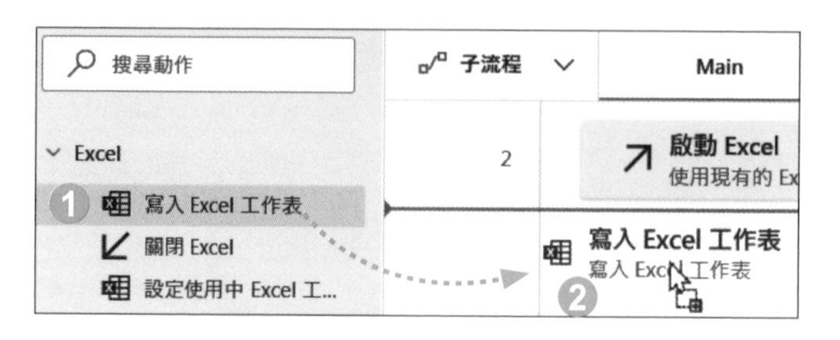

❶ **動作** 窗格選按 **Excel \ 寫入 Excel 工作表**。

❷ 拖曳至工作區最後一個動作下方。

Step 2 將資料表內容寫入 Excel 檔案

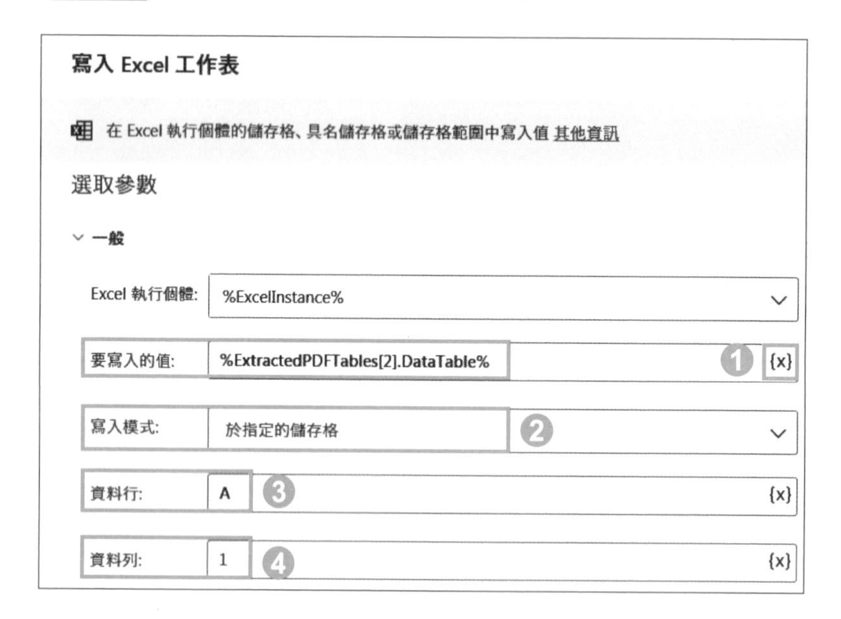

❶ **要寫入的值**：按 {x} \ 變數 ExtractedPDFTables，按 **選取** 鈕加入，調整為：「%ExtractedPDFTables[2].DataTable%」("[2].DataTable" 即是指定資料表，可參考 P6-7~P6-8 說明。)。

❷ **寫入模式** 選擇：**於指定的儲存格**。

❸ **資料行** 輸入：「A」。 ❹ **資料列** 輸入：「1」，按 **儲存** 鈕。

選按工具列的 ▷ 執行流程，最後記得儲存。(寫入 Excel 的資料內容可適當的調整欄位寬度並套用格式呈現)

3 擷取多個 PDF 表格並依序寫入 Excel

運用 **For each** 迴圈動作，逐一查看的特性，擷取多個 PDF 的表格資料，自動化寫入 Excel 檔案，以便輕鬆編輯或匯總數字。

流程說明與規劃

此範例自動化流程：取得指定資料夾中，三個 PDF 檔案的資料表內容，接著再依序寫入 <零用金收支表.xlsx> 檔案。

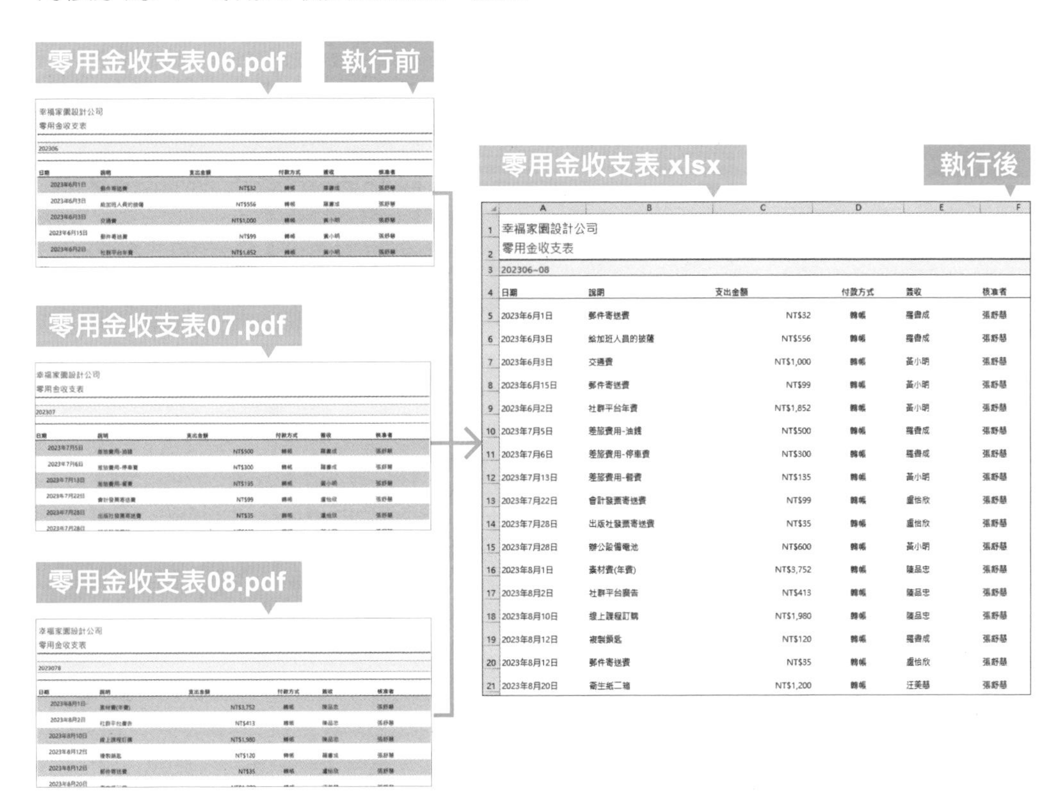

	A	B	C	D	E	F
1	幸福家園設計公司					
2	零用金收支表					
3	202306~08					
4	日期	說明	支出金額	付款方式	簽收	核准者
5	2023年6月1日	郵件寄送費	NT$32	轉帳	羅書成	張舒慧
6	2023年6月3日	給加班人員的披薩	NT$556	轉帳	羅書成	張舒慧
7	2023年6月3日	交通費	NT$1,000	轉帳	黃小明	張舒慧
8	2023年6月15日	郵件寄送費	NT$99	轉帳	黃小明	張舒慧
9	2023年6月2日	社群平台年費	NT$1,852	轉帳	黃小明	張舒慧
10	2023年7月5日	差旅費用-油錢	NT$500	轉帳	羅書成	張舒慧
11	2023年7月6日	差旅費用-停車費	NT$300	轉帳	羅書成	張舒慧
12	2023年7月13日	差旅費用-餐費	NT$135	轉帳	黃小明	張舒慧
13	2023年7月22日	會計發票寄送費	NT$99	轉帳	盧怡欣	張舒慧
14	2023年7月28日	出版社發票寄送費	NT$35	轉帳	盧怡欣	張舒慧
15	2023年7月28日	辦公設備電池	NT$600	轉帳	黃小明	張舒慧
16	2023年8月1日	素材費(年費)	NT$3,752	轉帳	陳品忠	張舒慧
17	2023年8月2日	社群平台廣告	NT$413	轉帳	陳品忠	張舒慧
18	2023年8月10日	線上課程訂購	NT$1,980	轉帳	陳品忠	張舒慧
19	2023年8月12日	複製鑰匙	NT$120	轉帳	羅書成	張舒慧
20	2023年8月12日	郵件寄送費	NT$35	轉帳	盧怡欣	張舒慧
21	2023年8月20日	衛生紙二箱	NT$1,200	轉帳	汪美慧	張舒慧

此範例自動化流程，相關動作規劃：

1	取得 <06-03> 資料夾中，符合 "*.PDF" 的檔案。
2	啟動 Excel 並開啟指定的 Excel 檔。
3	加入 **For each** 迴圈，逐一查看 **1** 三個 PDF 檔案，並於每次迴圈執行以下 (1)、(2)、(3) 三項動作。
4	迴圈內的動作 (1)：擷取 PDF 檔案內的表格內容。
5	迴圈內的動作 (2)：從 **2** 指定的 Excel 檔取得工作表中的第一個空白欄列。
6	迴圈內的動作 (3)：將 PDF 檔案擷取的表格內容，寫入 Excel 工作表中的第一個空白欄列中。

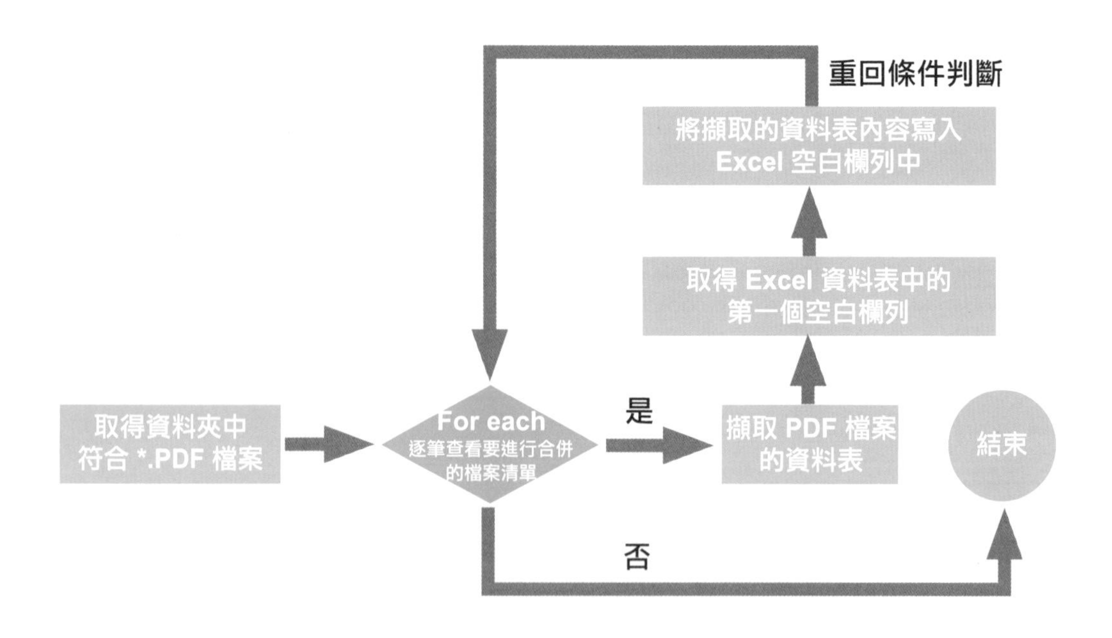

取得資料夾中的 PDF 檔案

Step 1 建立新流程

開啟 Power Automate Desktop，選按 **+ 新流程**，命名後進入設計畫面。

Step 2 加入動作 "取得資料夾中的檔案"

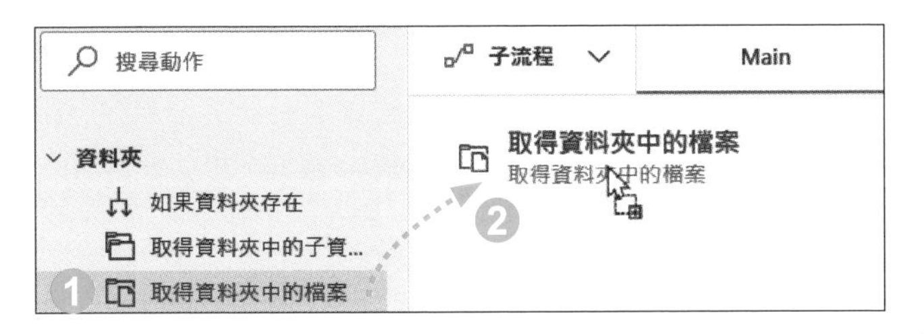

① **動作** 窗格按 **資料夾 \ 取得資料夾中的檔案**。

② 拖曳至工作區。

Step 3 取得檔案，完整路徑存放於檔案清單

① **資料夾** 選按右側 指定資料夾路徑 (在此指定 <C:\ACI037100書附範例\Part06\06-03> 資料夾)。

② **檔案篩選** 輸入：「*.PDF」(僅取得附檔名 "PDF" 的檔案)。

③ 選按 **變數已產生** 可查看變數相關說明，按 **儲存** 鈕。

小提示

產生變數

取得資料夾中的檔案 動作，將取得的檔案清單完整路徑存放於變數：Files。

變數	資料類型	描述
Files	檔案的清單	以檔案物件清單擷取的檔案。

啟動 Excel 並開啟欲存放擷取資料表的檔案

Step 1 加入動作 "啟動 Excel"

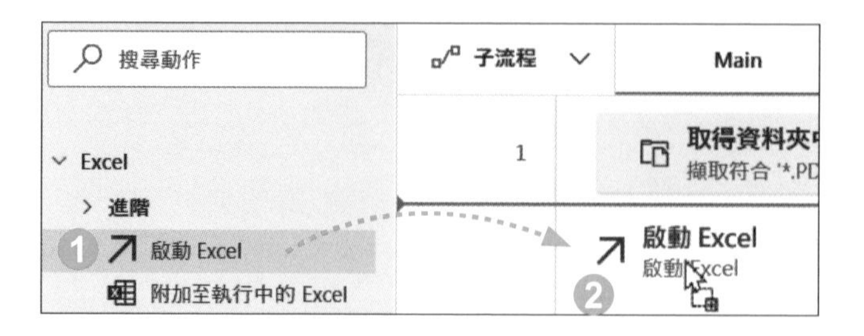

1. **動作** 窗格選按 **Excel \ 啟動 Excel**。
2. 拖曳至工作區最後一個動作下方。

Step 2 指定要開啟的檔案

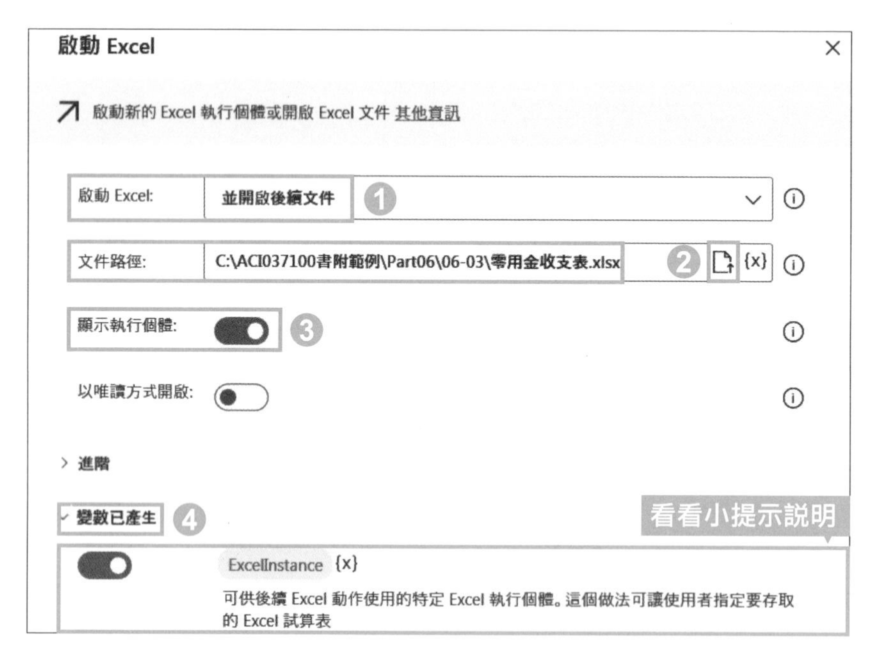

1. **啟動 Excel** 選擇：**並開啟後續文件**。
2. **文件路徑** 按右側 ，指定要開啟的 Excel 檔完整路徑。
3. **顯示執行個體** 設定為 ；即指定要顯示 Excel 視窗。
4. 選按 **變數已產生** 可查看該變數說明 (變數名稱右側需設定為 ；即指定要產生)，按 **儲存** 鈕。

小提示

產生變數

啟動 Excel 動作產生變數：ExcelInstance。

變數	資料類型	描述
ExcelInstance	Exel 執行個體	可供後續 Excel 動作使用的 Excel 執行個體。

用 For each 迴圈逐一查看取得的檔案

For each 迴圈：逐一查看變數 Files 中的檔案清單，當清單中的檔案均已查看即結束迴圈；每次查看的檔案資訊存放在變數 CurrentItem。

Step 1 加入動作 "For each"

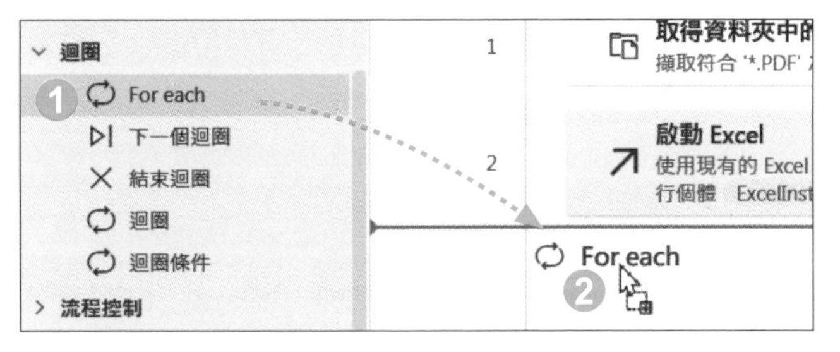

1. **動作** 窗格選按 **迴圈 \ For each**。
2. 拖曳至工作區最後一個動作下方。

Step 2 指定逐一查看取得的檔案

◀ **要逐一查看的值** 按 {x} \ 變數 Files，按 **選取** 鈕加入，按 **儲存** 鈕。

小提示

關於 <06-03> 資料夾內的檔案

此範例指定的<06-03> 資料夾內有三個 <*.PDF> 的檔案，所以 **For each** 迴圈會執行三次。

小提示

產生變數

For each 迴圈產生一個變數：CurrentItem。

變數	資料類型	描述
CurrentItem	檔案	存放逐一查看的檔案資訊。

從 PDF 檔案擷取資料表

迴圈內第一個動作：擷取變數 CurrentItem 目前 PDF 檔案中的資料表，再存放於變數 ExtractedPDFTables。

Step 1 加入動作 "從 PDF 擷取資料表"

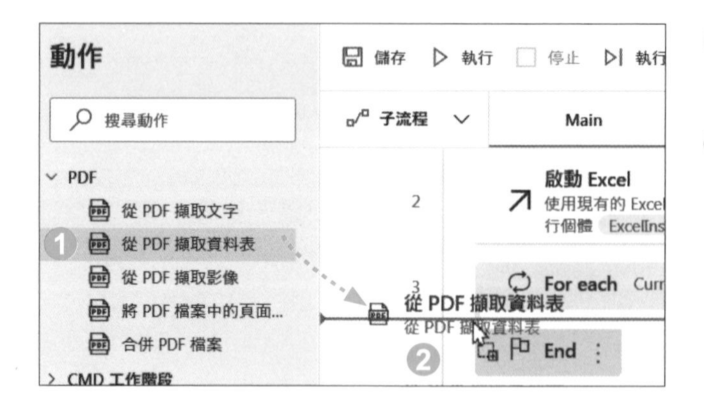

❶ **動作** 窗格選按 **PDF \ 從 PDF 擷取資料表**。

❷ 拖曳至 **For each** 與 **End** 區塊中間。

Step 2 擷取 PDF 檔案的資料表

1. **PDF 檔案** (指定目前存放 PDF 檔案的變數)：按 {x} \ 展開變數 CurrentItem，選按 **.FullName** 屬性 (檔案完整路徑)，按 **選取** 鈕加入。
2. **要擷取的頁面** 選擇：**全部**。
3. 選按 **變數已產生** 可查看產生的變數相關說明，此動作將所有 PDF 檔案擷取的資料表以清單形式存放於 ExtractedPDFTables 變數。
4. 按 **儲存** 鈕。

小提示

產生變數

從 PDF 擷取資料表 動作，從 PDF 擷取的資料表，以清單形式存放於變數：ExtractedPDFTables。

變數	資料類型	描述
ExtractedPDFTables	PDF 資料表資訊的清單	擷取的資料表，以清單形式顯示其資訊。

取得工作表中的第一個空白欄列

迴圈內第二個動作：辨識 <零用金收支表.xlsx> 第一個完整的空白欄 (又稱資料行)，和第一個完整的空白列 (又稱 "資料列")，存放於變數 **FirstFreeColumn**、**FirstFreeRow**。

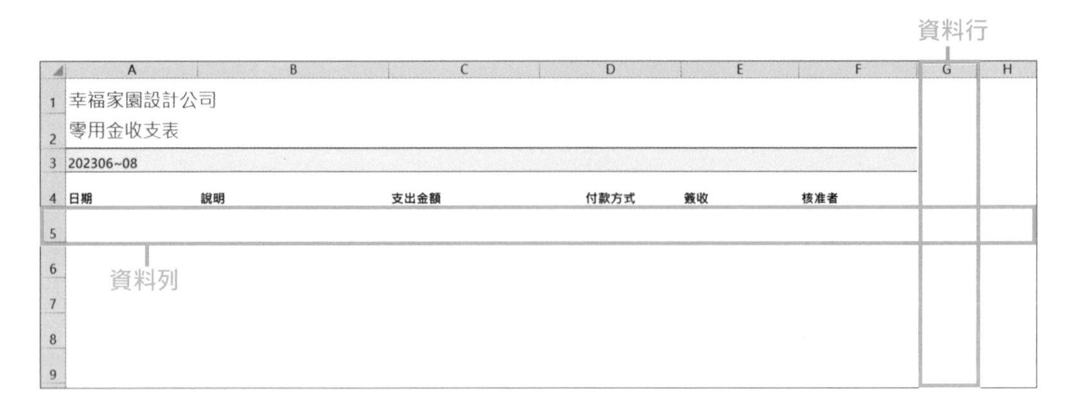

Step 1 加入動作 "從 Excel 工作表中取得第一個可用資料行 / 資料列"

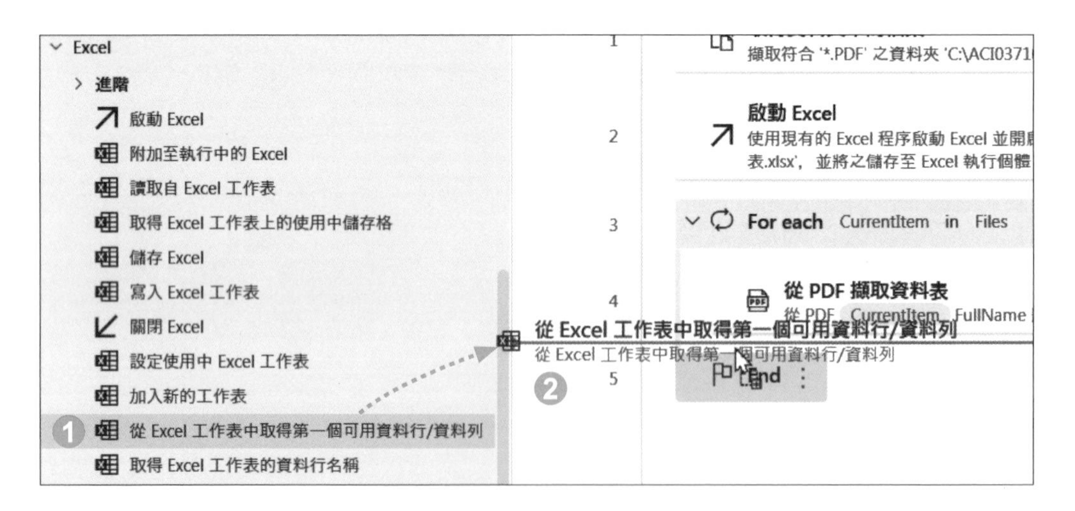

1. **動作** 窗格選按 **Excel \ 從 Excel 工作表中取得第一個可用資料行 / 資料列**。
2. 拖曳至 **End** 上方。

Step 2 產生存放第一個完整空白的欄與列的變數

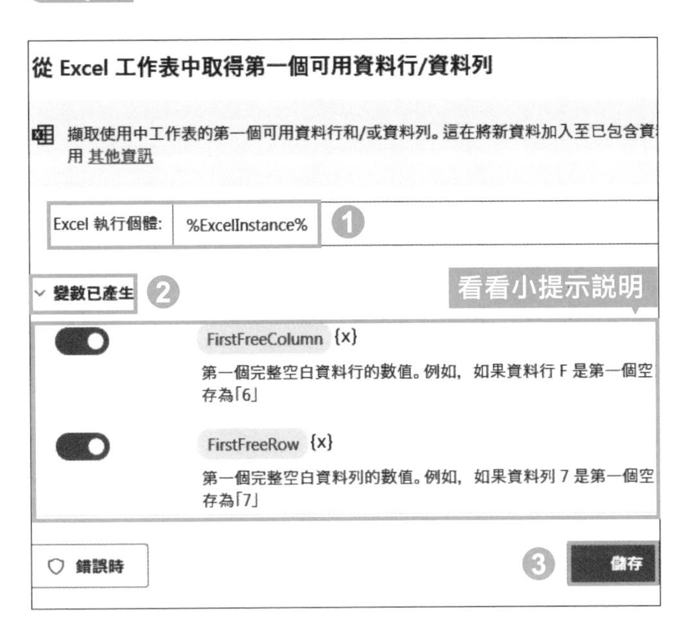

1. **Excel 執行個體** 選擇：**%ExcelInstance%**。
2. 選按 **變數已產生** 可查看產生的二個變數的說明 (變數名稱右側需設定為 ●；即指定要產生)。
3. 按 **儲存** 鈕。

小提示

產生變數

從 Excel 工作表中取得第一個可用資料行 / 資料列 動作，產生二個變數：**FirstFreeColumn** 與 **FirstFreeRow**。

變數	資料類型	描述
FirstFreeColumn	數值	存放第一個完全空白欄的數值。例如，欄 G 是第一個空白欄，則變數中會儲存數值 7。
FirstFreeRow	數值	存放第一個完全空白列的數值。例如，列 52 是第一個空白列，則變數中會儲存數值 52。

執行流程，瀏覽擷取資料表的變數結構

從 PDF 擷取的資料表，可以透過執行，先了解產生的變數其結構內容，以取得指定資料表描述，方便後續將相關內容寫入 Excel。

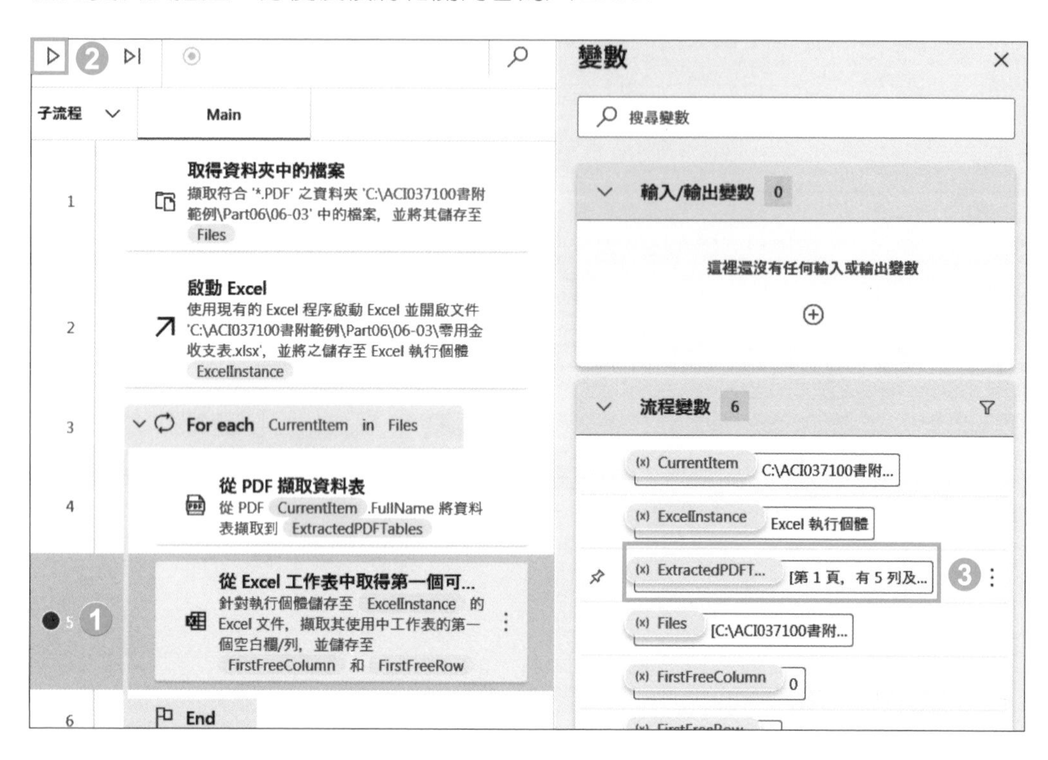

1. 流程列 5 左側按一下，設定一個中斷點。
2. 選按工具列的 ▷ 執行流程。
3. 待執行到流程列 5 等待，於右側 **變數 \ 流程變數** 窗格，連按二下變數 **ExtractedPDFTables**。

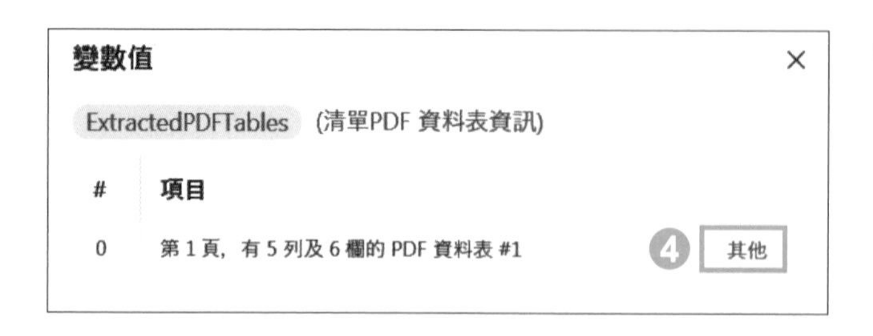

4. 可以看到該變數已存放取得的資料表清單，於資料表項目右側選按 **其他** (此為後續指定寫入 Excel 的資料表)。

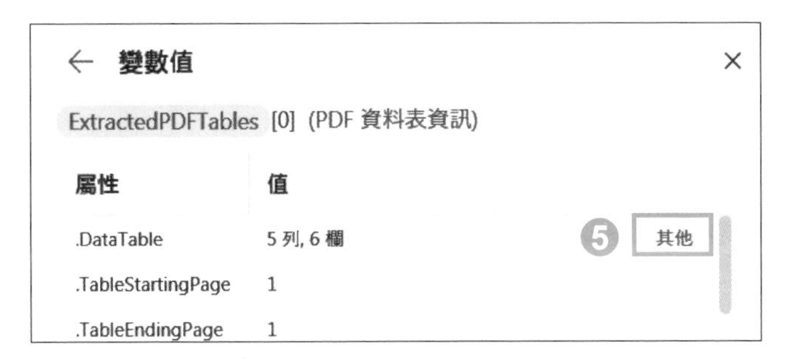

5 選按 **.DataTable** 屬性右側 **其他**。

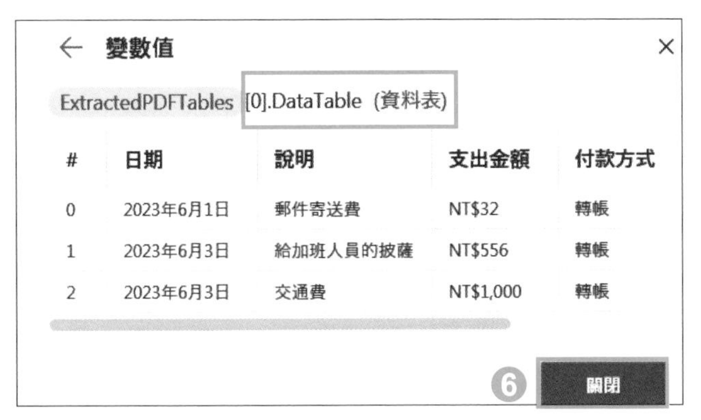

6 上方會顯示該資料表的相關描述，也是接下來寫入 Excel 需記錄的資訊 (記錄下此描述名稱)；下方即是 <零用金收支表06.pdf> 文件的表格資料，最後按 **關閉** 鈕。

選按工具列的 □ **停止流程**，再於流程列 5 左側按一下，取消中斷點。

取得資料表內容並寫入 Excel 檔案

迴圈內第三個動作：從 <零用金收支表.xlsx> A 欄開始，將 PDF 擷取的資料表內容依序填入空白的資料列。

Step 1 加入動作 "寫入 Excel 工作表"

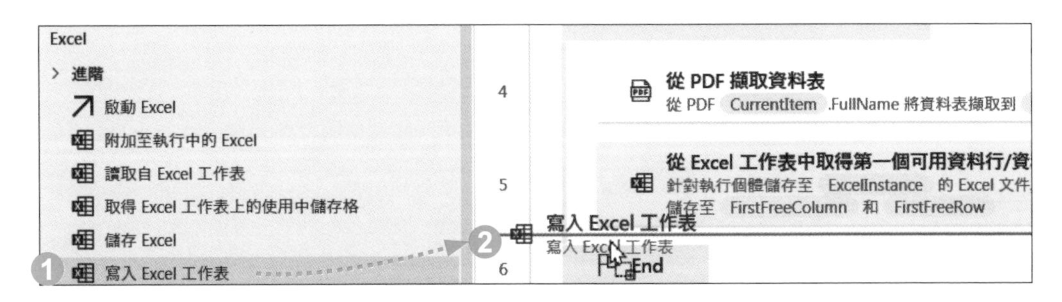

1 **動作** 窗格選按 **Excel \ 寫入 Excel 工作表**。

2 拖曳至工作區 **End** 上方。

Step 2 將擷取的資料表寫入 Excel 檔案的指定欄、列位置

1. **要寫入的值**：按 {x} \ 變數 **ExtractedPDFTables**，按 **選取** 鈕加入，調整為：「%ExtractedPDFTables[0].DataTable%」("[0].DataTable" 即是指定資料表，可參考 P6-20~P6-21 說明。)。
2. **寫入模式** 選擇：**於指定的儲存格**。
3. **資料行** 輸入：「A」。
4. **資料列**：按 {x} \ 變數 **FirstFreeRow** (存放第一個完整空白列的數值)，按 **選取** 鈕加入。
5. 按 **儲存** 鈕。

選按工具列的 ▷ 執行流程，最後記得儲存。

4 依序合併指定資料夾中的 PDF 檔案

運用 **For each** 迴圈動作，逐一查看的特性，依月份編號自動化合併各資料夾中的 PDF 檔案。

流程說明與規劃

此範例自動化流程：取得指定資料夾中名稱 "2023" 開頭的子資料夾，接著分別取得子資料夾中 PDF 檔案並合併，再儲存至 "合併" 資料夾。

<202301-03>、<202304-06> 資料夾內各有三個 PDF 檔案 執行前

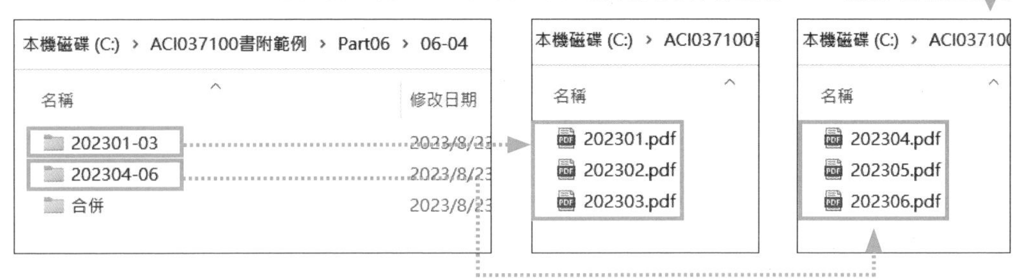

分別取得子資料夾內的 PDF 檔並合併，再儲存於 <合併> 資料夾 執行後

此範例自動化流程，相關動作規劃：

1	取得 <06-04> 資料夾中，名稱 "2023" 開頭的子資料夾。
2	加入 **For each** 迴圈，逐一查看取得的子資料夾並於每次迴圈執行以下 (1)、(2) 二項動作。
3	迴圈內的動作 (1)：取得子資料夾中的 PDF 檔案。
4	迴圈內的動作 (2)：合併取得的 PDF 檔案，並儲存到與子資料夾同層路徑的 <合併> 資料夾。

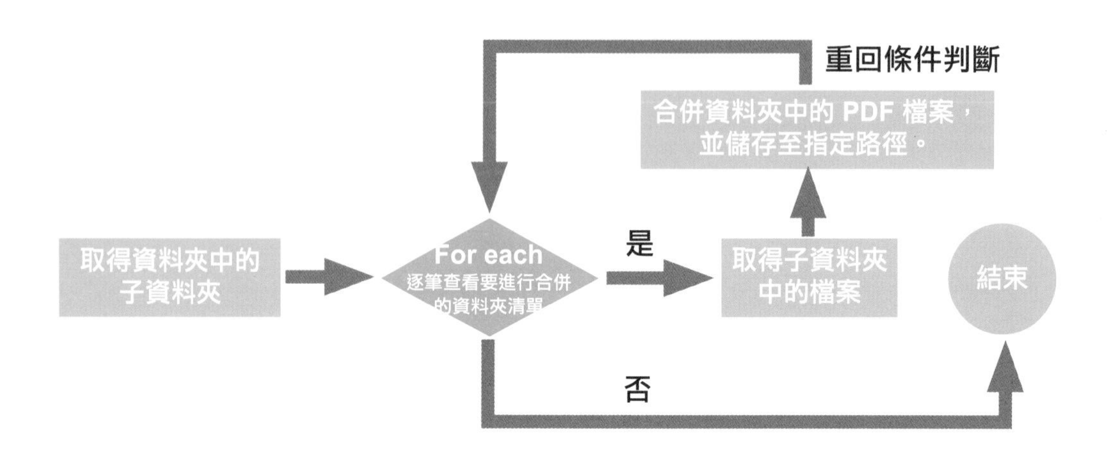

取得資料夾中的子資料夾

Step 1 建立新流程

開啟 Power Automate Desktop，選按 **+ 新流程**，命名後進入設計畫面。

Step 2 加入動作 "取得資料夾中的子資料夾"

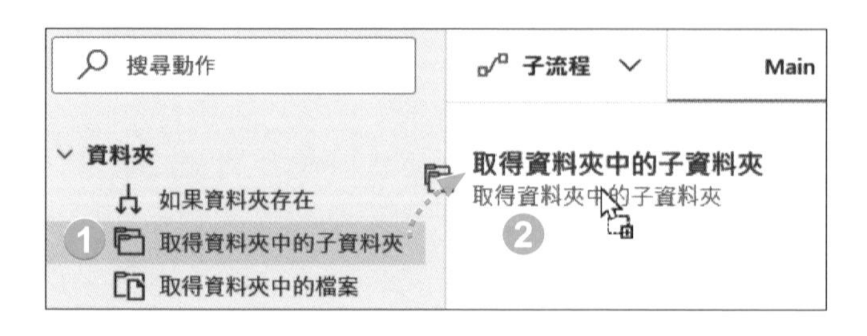

1 **動作** 窗格選按 **資料夾 \ 取得資料夾中的子資料夾**。

2 拖曳至工作區。

Step 3 取得指定資料夾，完整路徑存放於資料夾清單

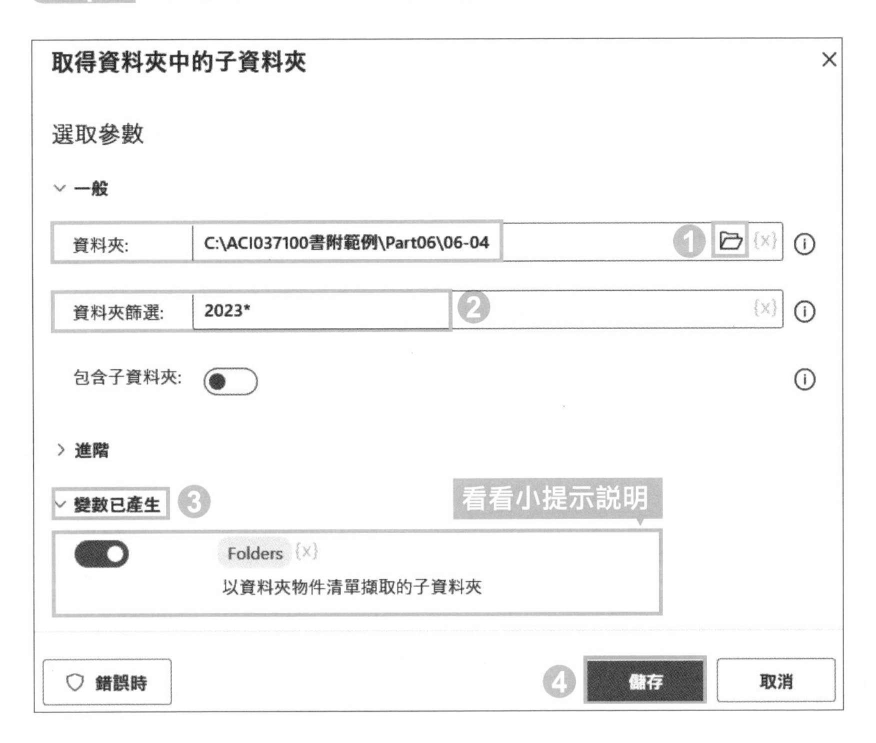

1. **資料夾** 按右側 ，指定要開啟的資料夾完整路徑。
2. **資料夾篩選** 輸入「2023*」(僅取得名稱為 "2023" 開頭的子資料夾)。
3. 選按 **變數已產生** 可查看變數相關說明。
4. 按 **儲存** 鈕。

小提示

產生變數

取得資料夾中的子資料夾 動作，將取得的子資料夾完整路徑存放於變數：Folders。

變數	資料類型	描述
Folders	資料夾清單	將子資料夾完整路徑存放於此變數。(若有二個子資料夾，則清單中會有二筆資料夾完整路徑)

用 For each 迴圈逐一查看取得的子資料夾

For each 迴圈：逐一查看變數 **Folders** 中的資料夾清單，當清單中的資料夾均已查看即結束迴圈；每次查看的資料夾資訊存放在變數 **CurrentItem**。

Step 1 加入動作 "For each"

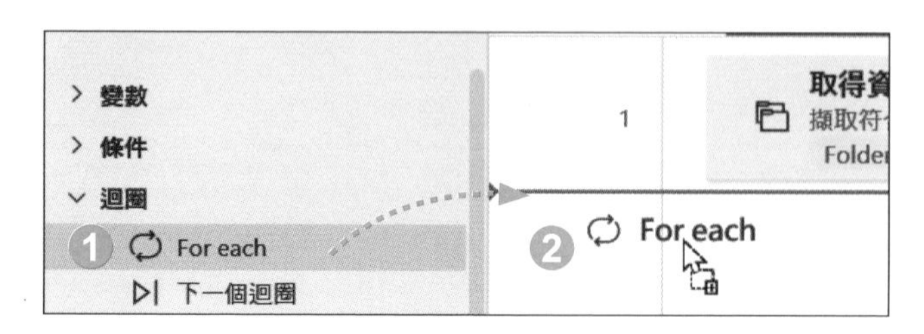

1. **動作** 窗格選按 **迴圈** \ **For each**。
2. 拖曳至工作區最後一個動作下方。

Step 2 指定逐一查看取得的子資料夾

1. **要逐一查看的值** 按 {x} \ 變數 **Folders**，按 **選取** 鈕加入。
2. 按 **儲存** 鈕。

> **小提示**
>
> **關於 <06-04> 資料夾內的子資料夾**
>
> 此範例指定的<06-04> 資料夾內有二個名稱為 "2023" 開頭的子資料夾，所以 **For each** 迴圈會執行二次。

> **小提示**
>
> **產生變數**
>
> **For each** 迴圈產生一個變數：**CurrentItem**。

變數	資料類型	描述
CurrentItem	資料夾	存放逐一查看的資料夾資訊。

取得資料夾中的檔案

迴圈內第一個動作：於變數 CurrentItem 目前的資料夾取得所有 PDF 檔案，並將取得的檔案清單依檔名 **遞減** 排序，再存放於變數 Files。(因為下一個 **合併 PDF 檔案** 動作會於取得的檔案上方合併下一份檔案，檔名遞減排序，合併後的文件才會分別是 1 與 4 月份開始。)

Step 1 加入動作 "取得資料夾中的檔案 "

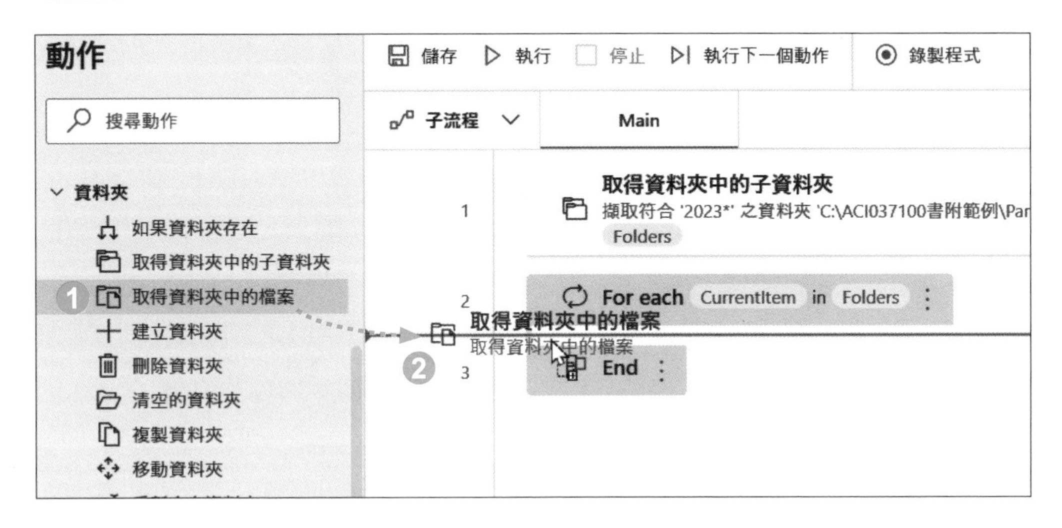

1. **動作** 窗格選按 **資料夾 \ 取得資料夾中的檔案**。
2. 拖曳至 **For each** 與 **End** 區塊中間。

Step 2 取得 PDF 檔案，完整路徑存放於檔案清單

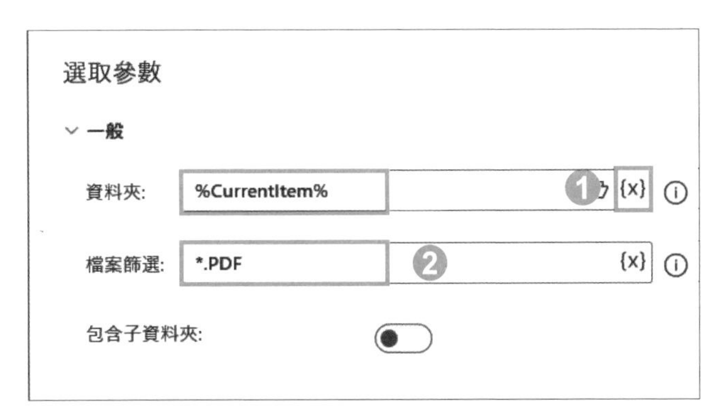

1. **資料夾** 按 {x} \ 變數 CurrentItem，按 **選取** 鈕加入。
2. **檔案篩選** 輸入：「*.PDF」。

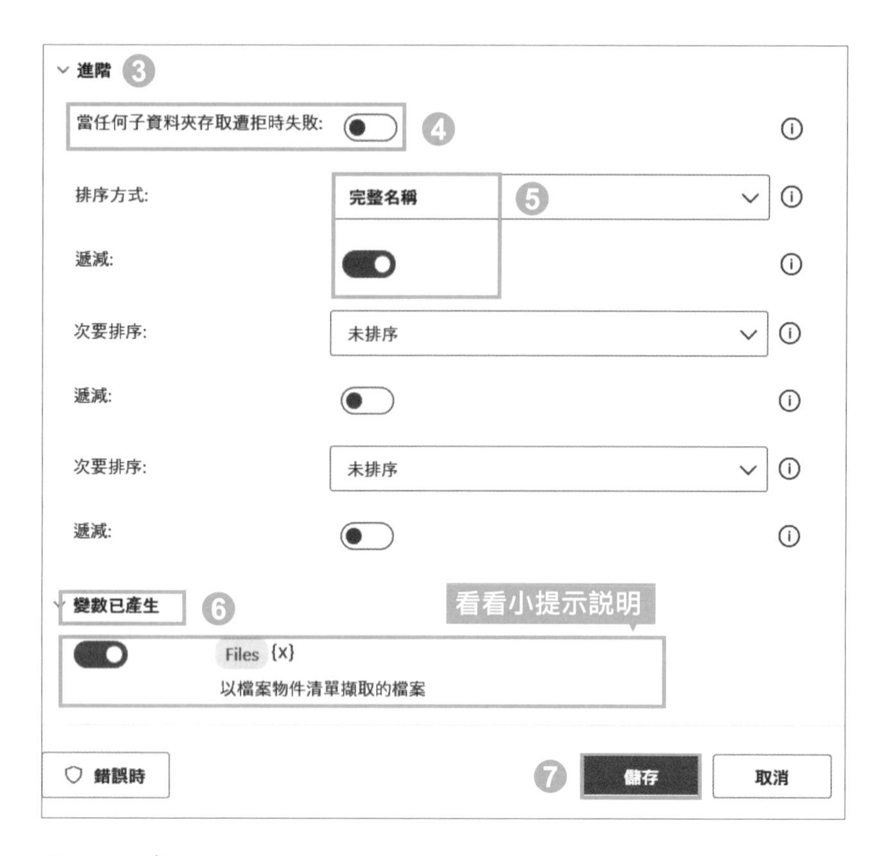

③ 選按 **進階**。

④ 設定 **當任何子資料夾存取遭拒時失敗** 右側呈 (關閉)。

⑤ 設定 **排序方式**：**完整名稱**，**遞減** 右側呈 (開啟)。

⑥ 選按 **變數已產生** 可查看變數相關說明。

⑦ 按 **儲存** 鈕。

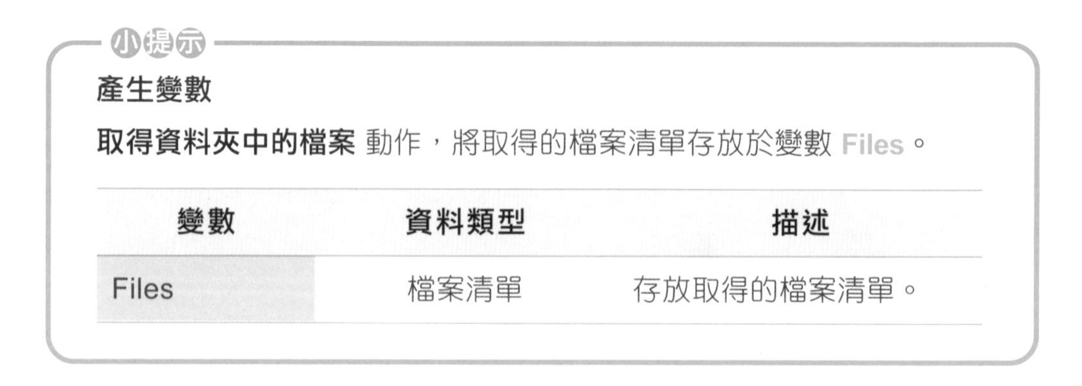

小提示

產生變數

取得資料夾中的檔案 動作，將取得的檔案清單存放於變數 Files。

變數	資料類型	描述
Files	檔案清單	存放取得的檔案清單。

合併 PDF 檔案並依指定路徑與檔名儲存

迴圈內第二個動作：合併變數 **Files** 中的 PDF 檔案，合併後儲存至 PDF 檔案上一層的 <合併> 資料夾中，並以該 PDF 檔案資料夾名稱命名。

Step 1 加入動作 "合併 PDF 檔案"

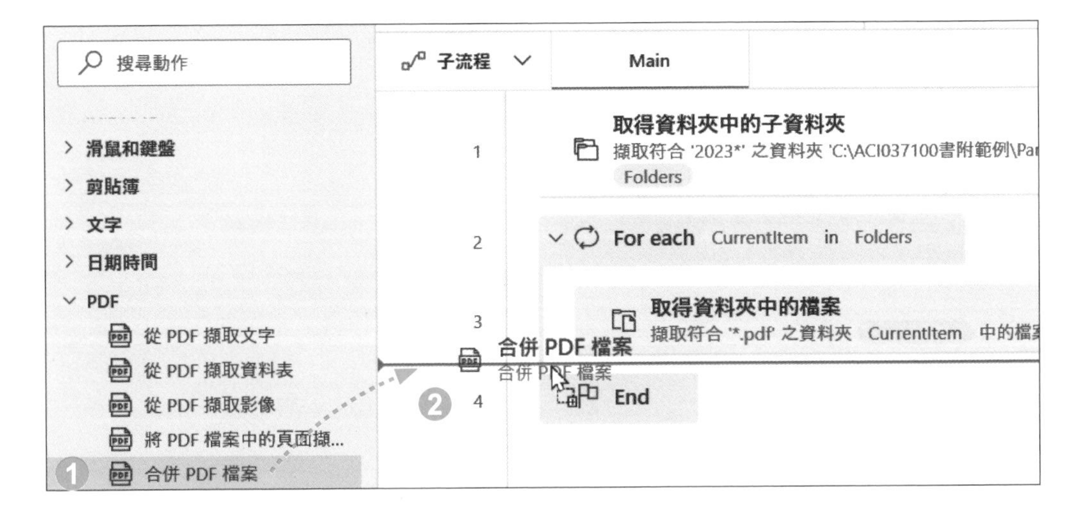

1. **動作** 窗格選按 **PDF \ 合併 PDF 檔案**。
2. 拖曳至 **End** 上方。

Step 2 指定要合併的檔案與合併後存放的路徑

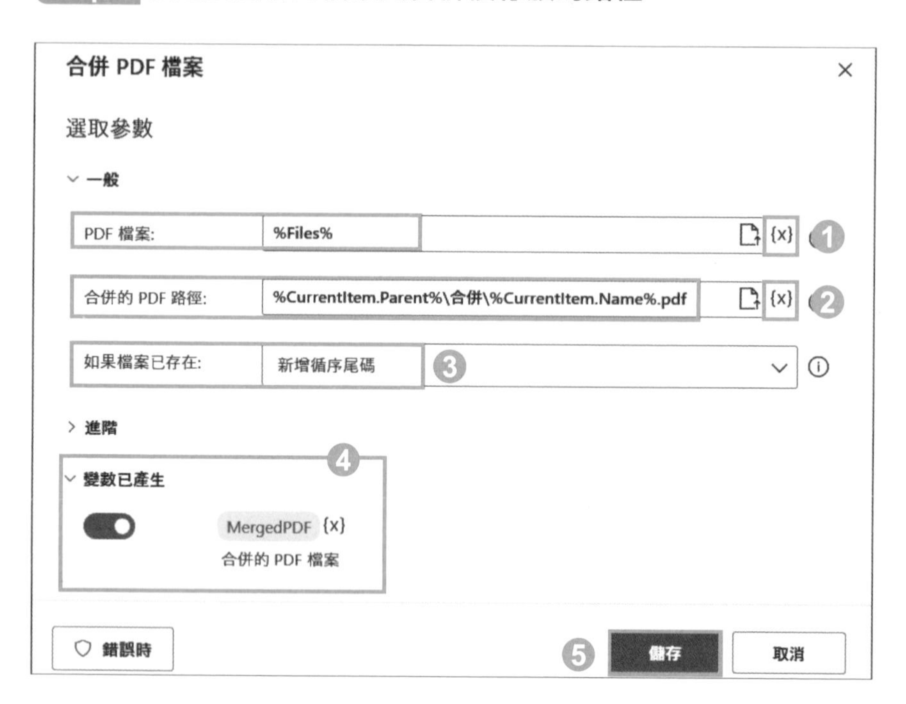

1. **PDF 檔案** (指定目前存放 PDF 檔案資料的變數)：按 {x} \ 變數 **Files**，按 **選取** 鈕加入。
2. **合併的 PDF 路徑** (指定合併後 PDF 檔案存放路徑)：按 {x}，展開變數 **CurrentItem**，選按 **.Parent** 屬性，按 **選取** 鈕加入。(變數屬性可參考 P3-23 說明)

   接著輸入：「\合併\」，再按 {x}，展開變數 **CurrentItem**，選按 **.Name** 屬性，按 **選取** 鈕加入；最後輸入：「.pdf」。
3. **如果檔案已存在** 設定為：**新增循序尾碼**。
4. 選按 **變數已產生** 可查看變數相關說明，此動作將合併的 PDF 檔相關資料存放於 **MergedPDF** 變數。
5. 按 **儲存** 鈕。

選按工具列的 ▷ 執行流程，最後記得儲存。

PART

07

Excel 工作自動化

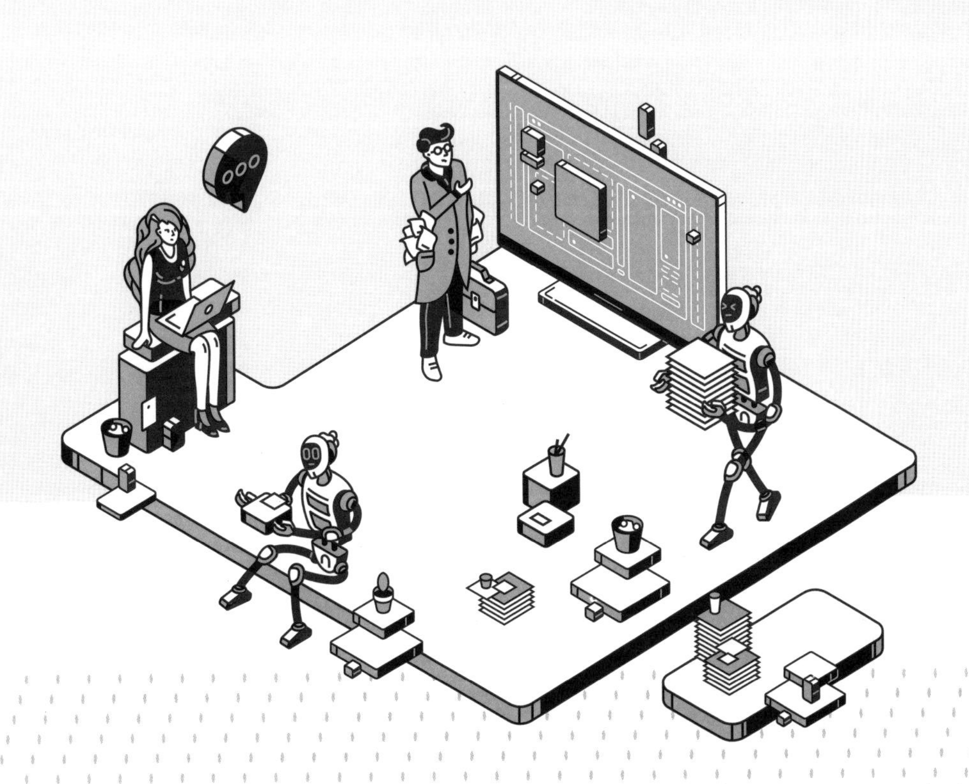

1 跨 Excel 工作表取得符合條件的資料

第一個 Excel 自動化流程的設計，以取得同一檔案中指定工作表內符合條件的資料示範。

流程說明與規劃

此範例自動化流程：開啟 Excel 檔案 <零售業銷售.xlsx>，讀取 **產品資料** 工作表內建置的資料，逐一查看每筆資料，當資料符合條件："產品類別" 為 "女裝" 時，複製並寫入指定的 **女裝_ 產品資料** 工作表。

零售業銷售.xlsx 的 "產品資料" 工作表 **執行前**

	A	B	C	D	E	F	G	H
1	產品編號	產品類別	產品名稱	單價	成本	刊登日		
2	F001	女裝	運動潮流連帽外套女裝-白	1450	210	2015/12/8		
3	F002	童裝	運動潮流直筒棉褲男童-白	930	115	2015/12/8		
4	F003	男裝	印圖大學T男裝-藍	750	126	2015/12/12		
5	F004	配件	大化妝包-桃粉	1600	243	2015/12/12		
6	F005	男裝	連帽外套男裝-灰	1450	244	2015/12/25		
7	F006	童裝	運動潮流直筒棉褲男童-黑	750	93	2015/12/25		
8	F007	男裝	連帽外套男裝-灰	1450	244	2016/1/10		
9	F008	女裝	法蘭絨格紋襯衫-黑	1800	261	2016/1/10		
10	F009	配件	大化妝包-深藍	2100	319	2016/1/10		
11	F010	皮件	中夾-紅	2610	658	2016/1/10		

訂單明細 | 顧客資料 | 產品資料 | 女裝_產品資料 | 購物平台

取得符合條件的資料並複製到 "女裝_產品資料" 工作表 **執行後**

	A	B	C	D	E	F
1	女裝_產品資料明細表					
2						
3	產品編號	產品類別	產品名稱	單價	成本	刊登日
4	F001	女裝	運動潮流連帽外套女裝-白	1450	210.25	2015/12/8 上午
5	F008	女裝	法蘭絨格紋襯衫-黑	1800	261	2016/1/10 上午
6	F015	女裝	法蘭絨格紋襯衫-紅	1740	252.3	2016/3/5 上午
7	F019	女裝	法蘭絨格紋襯衫-綠	1800	261	2016/3/15 上午
8	F021	女裝	法蘭絨格紋襯衫-灰	1800	261	2016/3/19 上午

訂單明細 | 顧客資料 | 產品資料 | 女裝_產品資料 | 購物平台

此範例自動化流程，相關動作規劃：

1	啟動 Excel，並開啟指定檔案：<零售業銷售.xlsx>。
2	切換到指定工作表："產品資料" 工作表。
3	讀取 "產品資料" 工作表指定範圍內的資料。
4	切換到指定工作表："女裝_ 產品資料" 工作表。
5	加入 **For each** 迴圈、**If** 動作，逐筆查看並判斷 "產品資料" 工作表中是否有符合條件的資料："產品類別" = "女裝"。
6	將符合條件的資料依指定的資料行、列，一筆筆寫入 "女裝_ 產品資料" 工作表。
7	待 **For each** 迴圈結束，另存新檔。
8	跳出 "已完成自動化流程" 訊息通知。

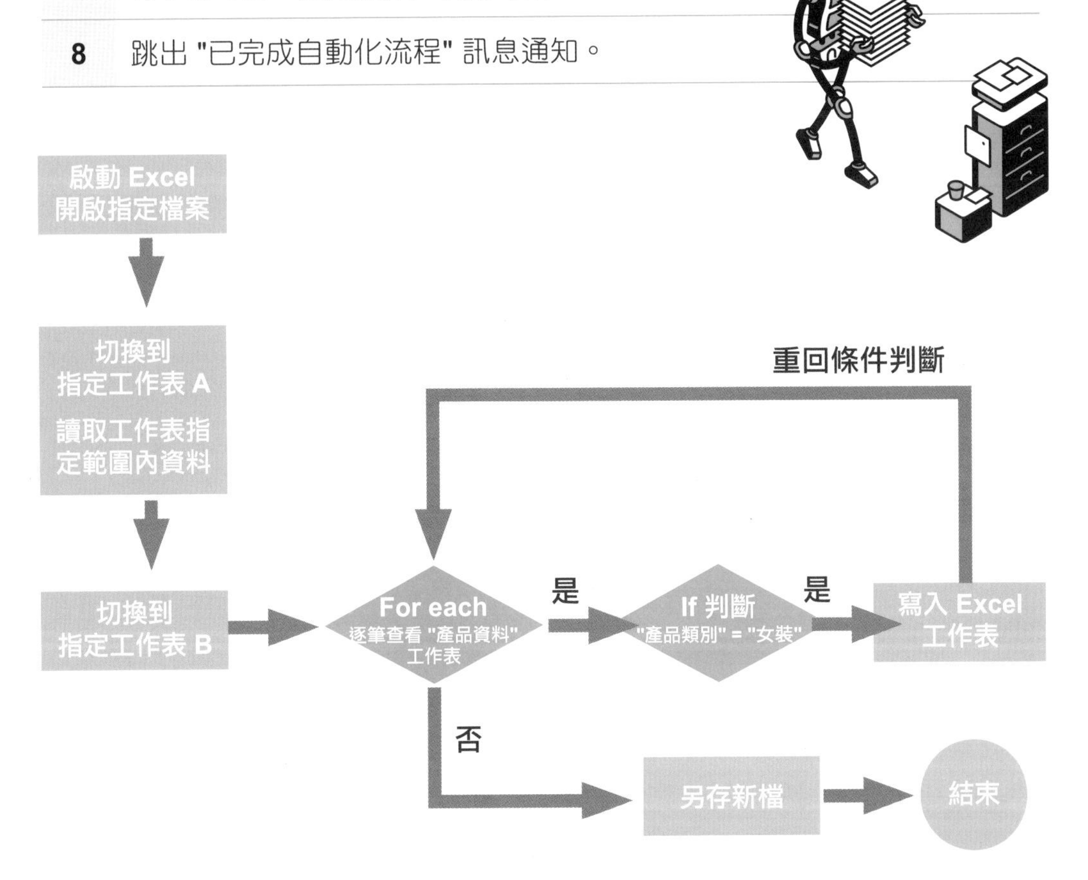

啟動 Excel 並開啟指定檔案

Step 1 建立新流程

開啟 Power Automate Desktop，選按 **+ 新流程**，命名後進入設計畫面。

Step 2 加入動作 "啟動 Excel"

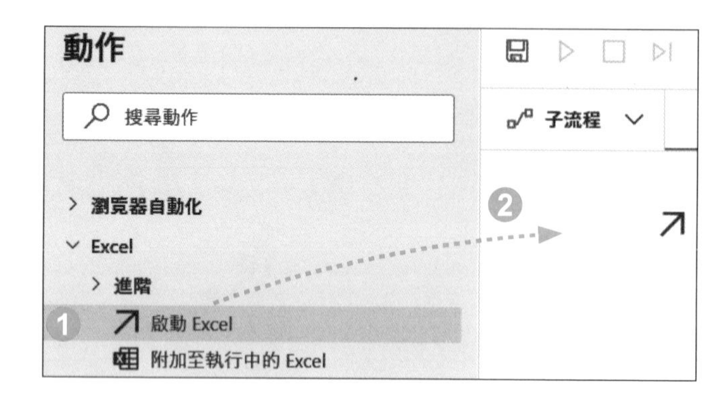

1 **動作** 窗格選按 **Excel \ 啟動 Excel**。

2 拖曳至工作區。

Step 3 指定要開啟的檔案

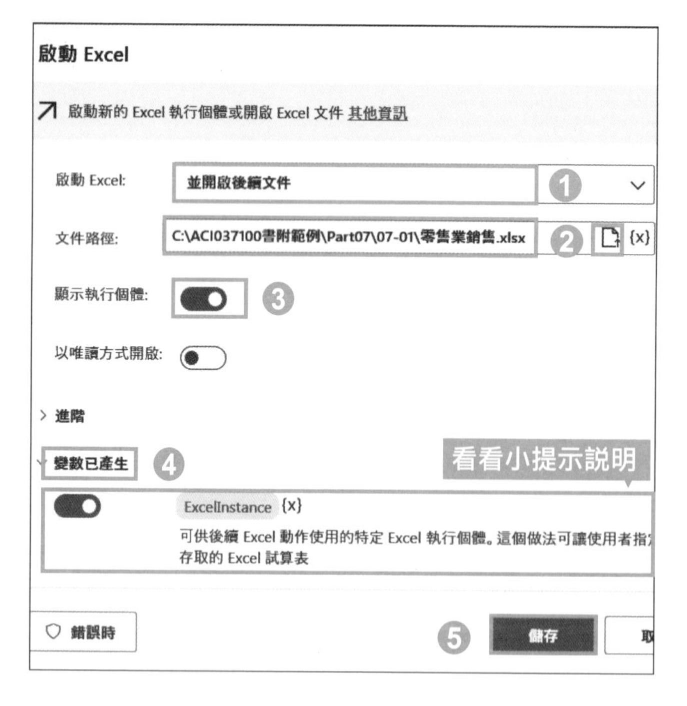

1 **啟動 Excel** 選擇：**並開啟後續文件**。

2 **文件路徑** 按 ，指定要開啟的 Excel 檔完整路徑。

3 **顯示執行個體** 設定為 ；即指定要顯示 Excel 視窗。

4 選按 **變數已產生** 可查看該變數說明 (變數名稱左側需設定為 ；即指定要產生)。

5 按 **儲存** 鈕。

產生變數

啟動 Excel 動作產生變數：ExcelInstance，是供後續 Excel 動作使用的 Excel 執行個體，若流程中需啟動多個 Excel 檔案，則會產生變數 ExcelInstance2、ExcelInstance3...，自動以流水號命名。

每個執行個體會於流程執行時產生專屬編號，藉由編號可於後續動作辨識要操作的執行個體。

變數	資料類型	描述
ExcelInstance	Excel 執行個體	可供後續 Excel 動作使用的 Excel 執行個體。

指定切換到工作表 A

Step 1 加入動作 "設定使用中 Excel 工作表"

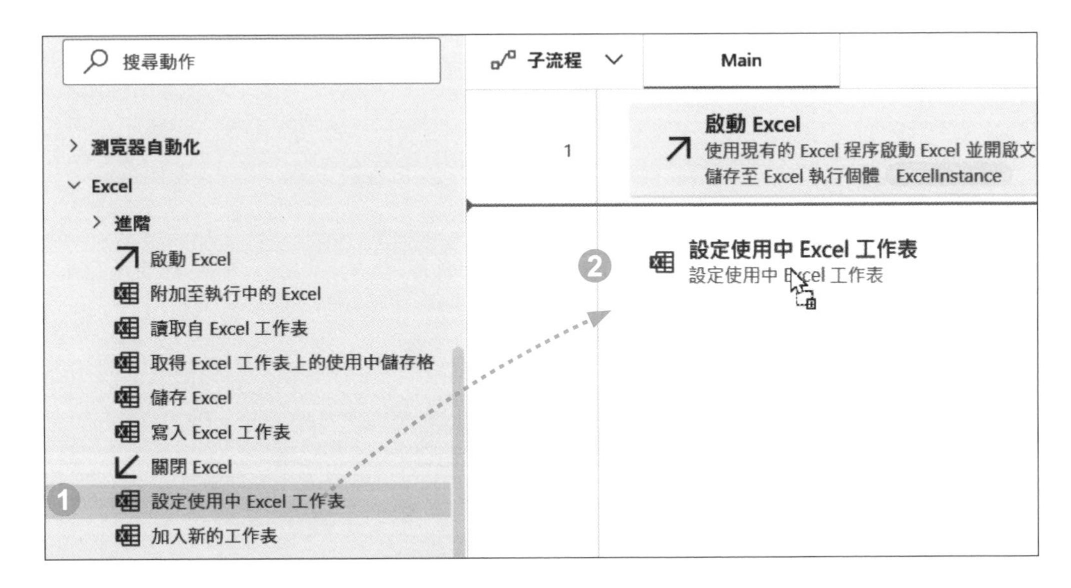

❶ **動作** 窗格選按 **Excel \ 設定使用中 Excel 工作表**。

❷ 拖曳至工作區最後一個動作下方。

Step 2 指定要使用的工作表

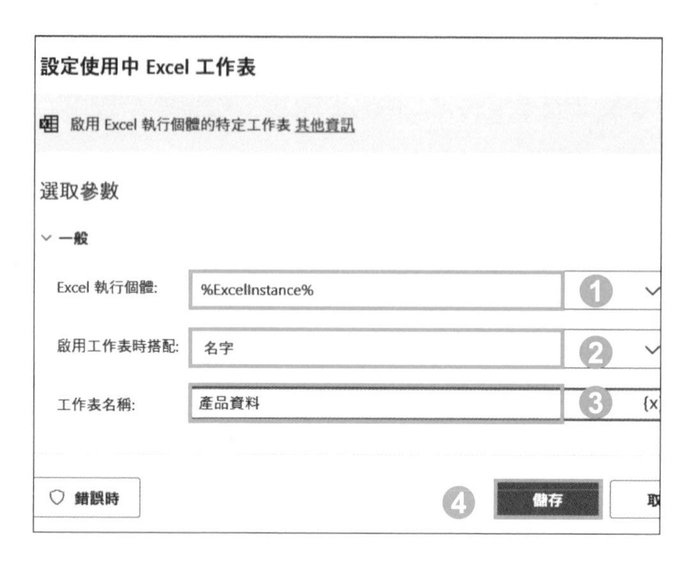

1. **Excel 執行個體** 選擇：**%ExcelInstance%**。
2. **啟用工作表時搭配**：選擇 **名字**。
3. **工作表名稱** 輸入：「產品資料」。
4. 按 **儲存** 鈕。

讀取工作表中指定範圍內的資料

此範例需取得 "產品資料" 工作表內的資料，扣除表頭，資料範圍為 A2：F51。流程中需先辨識出該工作表第一個完整空白的欄 (又稱 "資料行")，以及第一個完整空白的列 (又稱 "資料列")，再推算資料的範圍並讀取。

資料行

	A	B	C	D	E	F	G
1	產品編號	產品類別	產品名稱	單價	成本	刊登日	
2	F001	女裝	運動潮流連帽外套女裝-白	1450	210	2015/12/8	
3	F002	童裝	運動潮流直筒棉褲男童-白	930	115	2015/12/8	
4	F003	男裝	印圖大學T男裝-藍	750	126	2015/12/12	
5	F004	配件	大化妝包-桃粉	1600	243	2015/12/12	
6	F005	男裝	連帽外套男裝-灰	1450	244	2015/12/25	
7	F006	童裝	運動潮流直筒棉褲男童-黑	750	93	2015/12/25	
8	F007	男裝	連帽外套男裝-灰	1450	244	2016/1/10	
9	F008	女裝	法蘭絨格紋襯衫-黑	1800	261	2016/1/10	
10	[illegible]		[illegible]妝包-深藍	2100	319	2016/1/10	
[illegible]		女裝	刷毛[illegible]	2610	658	2016/1/10	
49	F048	皮件	壓扣式翻蓋長夾-[illegible]	[illegible]	[illegible]	[illegible]	
50	F049	女裝	經典美式純色POLO-白	[illegible]	[illegible]	[illegible]	
51	F050	皮件	2WAY肩背包列-黑	3190	804	2016/7/26	
52							
53							

資料列

訂單明細 | 顧客資料 | 產品資料 | 女裝_產品資料 | 購物平台

Step 1 加入動作 "從 Excel 工作表中取得第一個可用資料行 / 資料列"

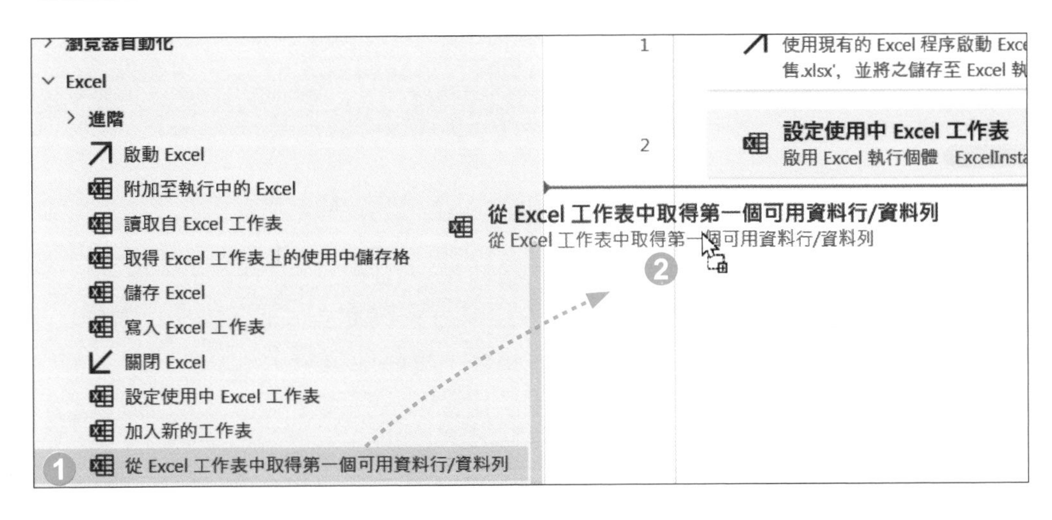

1. **動作** 窗格選按 **Excel \ 從 Excel 工作表中取得第一個可用資料行 / 資料列**。
2. 拖曳至工作區最後一個動作下方。

Step 2 產生存放第一個完整空白的欄與列的變數

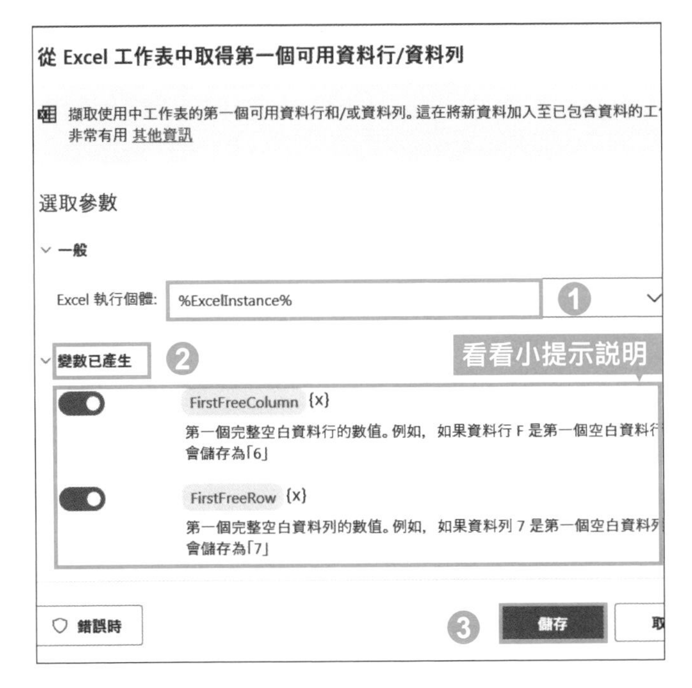

1. **Excel 執行個體** 選擇：**%ExcelInstance%**。
2. 選按 **變數已產生** 可查看二個變數說明。(變數名稱左側需設定為 ；即指定要產生)。
3. 按 **儲存** 鈕。

小提示

產生變數

從 Excel 工作表中取得第一個可用資料行 / 資料列 動作，產生二個變數：**FirstFreeColumn** 與 **FirstFreeRow**。

變數	資料類型	描述
FirstFreeColumn	數值	存放第一個完全空白欄的數值。例如，欄 G 是第一個空白欄，則變數中會儲存數值 7。
FirstFreeRow	數值	存放第一個完全空白列的數值。例如，列 52 是第一個空白列，則變數中會儲存數值 52。

Step 3 加入動作 "讀取自 Excel 工作表"

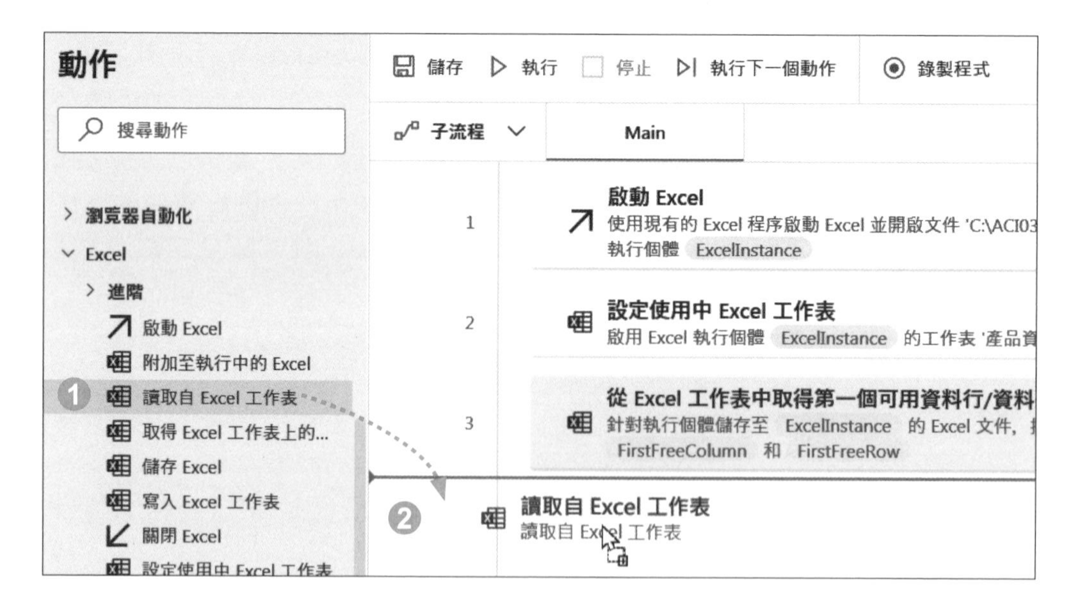

❶ **動作** 窗格選按 **Excel \ 讀取自 Excel 工作表**。

❷ 拖曳至工作區最後一個動作下方。

Step 4 讀取指定的 "開始欄、列" 與 "結尾欄、列" 內儲存格範圍資料

此動作需指定要讀取的儲存格範圍，開始欄、列為 A2 儲存格，結尾欄、列以變數 FirstFreeColumn 與 FirstFreeRow 中存放的值各自減 1 (扣除空白列)，推算出有資料的儲存格範圍。

讀取自 Excel 工作表

讀取 Excel 執行個體之使用中工作表的儲存格或儲存格範圍的值 其他資訊

選取參數

一般

Excel 執行個體: %ExcelInstance% ①

擷取: 儲存格範圍中的值 ②

開始欄: A ③ {x}

開始列: 2 ④ {x}

結尾欄: %FirstFreeColumn% ⑤ {x}

結尾欄: %FirstFreeColumn-1% ⑥ {x}

結尾列: %FirstFreeRow-1% ⑦ {x}

進階

變數已產生 ExcelData ⑧ 看看小提示說明

錯誤時 ⑨ 儲存 取

① **Excel 執行個體** 選擇：**%ExcelInstance%**。

② **擷取** 選擇 **儲存格範圍中的值**。

③ **開始欄** 輸入：「A」。

④ **開始列** 輸入：「2」。

⑤ **結尾欄** 按 {x} \ 變數 FirstFreeColumn，按 **選取** 鈕加入。

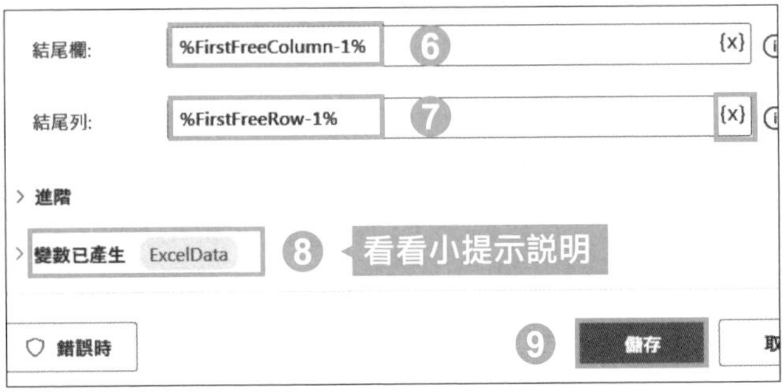

⑥ **結尾欄** 變數 %FirstFreeColumn% 調整為：%FirstFreeColumn-1%。

⑦ 依相同方法，為 **結尾列** 指定變數並調整為：%FirstFreeRow-1%。

⑧ 選按 **變數已產生** 可查看該變數說明。

⑨ 按 **儲存** 鈕。

小提示

產生變數

讀取自 Excel 工作表 動作，將取得的資料存放於變數：**ExcelData**。

變數	資料類型	描述
ExcelData	資料表	指定儲存格範圍中的資料。

指定切換到工作表 B

前面的動作已讀取 "產品資料" 工作表內的所有資料，並存放在 **ExcelData** 變數，接著需要先切換到 "女裝_產品資料" 工作表。

Step 1 加入動作 "設定使用中 Excel 工作表"

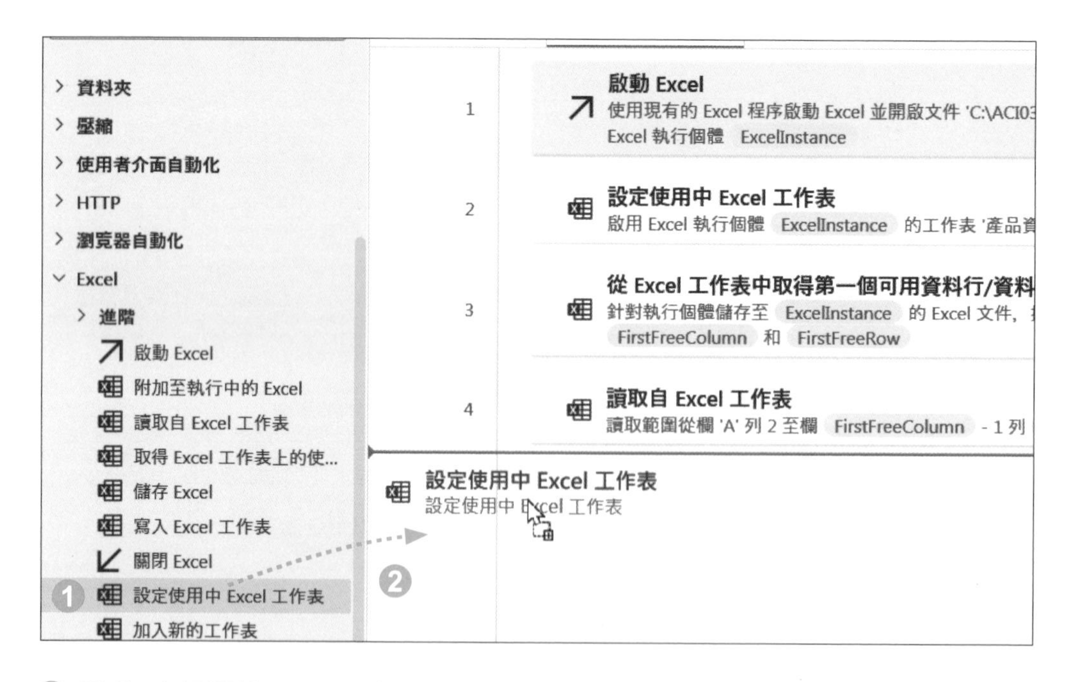

① **動作** 窗格選按 **Excel \ 設定使用中 Excel 工作表**。

② 拖曳至工作區最後一個動作下方。

Step 2 指定要使用的工作表

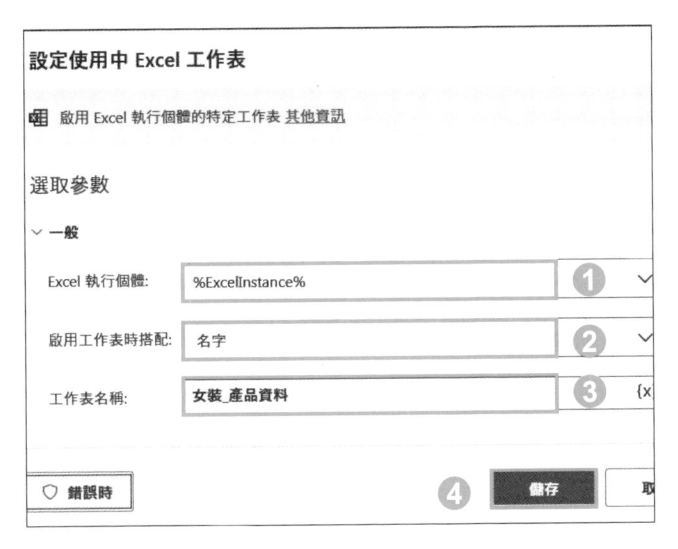

1. **Excel 執行個體** 選擇：**%ExcelInstance%**。
2. **啟用工作表時搭配**：選擇 **名字**。
3. **工作表名稱** 輸入：「女裝_產品資料」。
4. 按 **儲存** 鈕。

篩選符合條件的資料

藉由 **For each**、**If** 二個動作，逐一查看存放在變數 **ExcelData** 的所有資料，當符合 "產品類別" 為 "女裝" 的條件才會進行後續動作。

Step 1 加入動作 "For each"

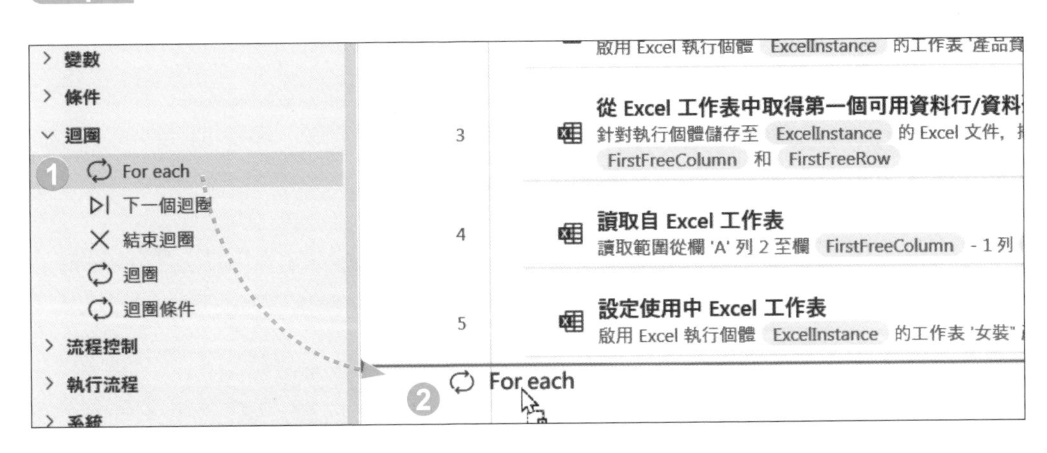

1. **動作** 窗格選按 **迴圈 \ For each**。
2. 拖曳至工作區最後一個動作下方。

Step 2 逐一查看變數 ExcelData 中的資料

1. **要逐一查看的值** 按 {x} \ 變數 ExcelData，按 **選取** 鈕加入。
2. 按 **儲存** 鈕。

小提示

產生變數

For each 動作產生變數：CurrentItem，存放逐一查看時的該筆資料列，後續的 **If** 動作就要逐一為該資料列進行條件判斷。

變數	資料類型	描述
CurrentItem	資料列	存放逐一查看的每筆資料列。

Step 3 加入動作 "If"

If 動作，需要包含在 **For each** 動作中，如此才能藉由變數 CurrentItem，執行逐一查看的同時進行條件判斷，例如：查看第一筆資料 ➔ 判斷第一筆資料 ➔ 查看第二筆資料 ➔ 判斷第二筆資料...以此類推。

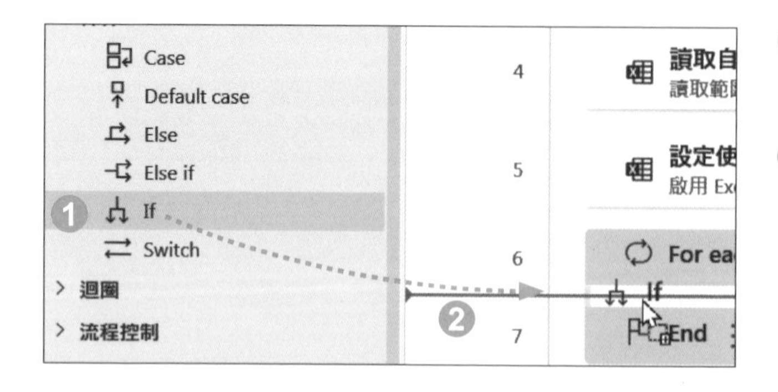

1. **動作** 窗格選按 **條件** \ **If**。
2. 拖曳至工作區 **For each** 與 **End** 區塊之間。

Step 4 判斷變數 CurrentItem 每筆資料列的 "產品類別" 是否為 "女裝"

藉由 **If** 動作依條件："產品類別" 是否為 "女裝"，逐一判斷每筆資料列是否符合此條件。

	A	B	C	D	E	F	G
1	產品編號	產品類別	產品名稱	單價	成本	刊登日	
2	F001	女裝	運動潮流連帽外套女裝-白	1450	210	2015/12/8	
3	F002	童裝	運動潮流直筒棉褲男童-白	930	115	2015/12/8	
4	F003	男裝	印圖大學T男裝-藍	750	126	2015/12/12	
5	F004	配件	大化妝包-桃粉	1600	243	2015/12/12	
6	F005	男裝	連帽外套男裝-灰	1450	244	2015/12/25	
7	F006	童裝	運動潮流直筒棉褲男童-黑	750	93	2015/12/25	
8	F007	男裝	連帽外套男裝-灰	1450	244	2016/1/10	

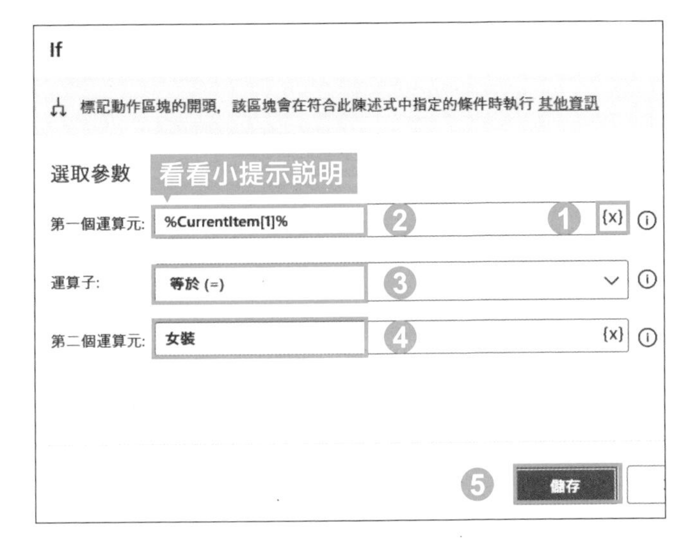

1. **第一個運算元** 按 {x} \ 變數 CurrentItem，按 **選取** 鈕加入。
2. **第一個運算元** 變數 %CurrentItem% 調整為：%CurrentItem[1]%。
3. **運算子** 選擇：**等於(=)**。
4. **第二個運算元** 輸入：「女裝」。
5. 按 **儲存** 鈕。

小提示

為什麼是 %CurrentItem[1]%

If 動作 **第一個運算元** 欄位將變數 %CurrentItem% 調整為：%CurrentItem[1]%。

是因為此範例 **If** 動作需要判斷每筆資料列 "產品類別" 欄的內容是否為 "女裝"，然而在 Power Aultomate Desktop 動作設定時，資料行、列順序編號是由 "0" 開始，範例中 "產品類別" 雖為第 2 欄，但 **If** 動作設定時 "產品類別" 欄的順序編號則為 "1"，因此將變數調整為：%CurrentItem[1]%。

跨工作表的資料寫入

Step 1 加入動作 "寫入 Excel 工作表"

寫入 Excel 工作表 動作，需要包含在 **If** 動作中，如此才能執行逐一查看的同時，將符合條件的資料列一一寫入 Excel 工作表。例如：查看第一筆資料 ➔ 判斷第一筆資料 ➔ 若符合條件寫入 Excel 工作表 ➔ 查看第二筆資料 ➔ 判斷第二筆資料 ➔ 若符合條件寫入 Excel 工作表...以此類推。

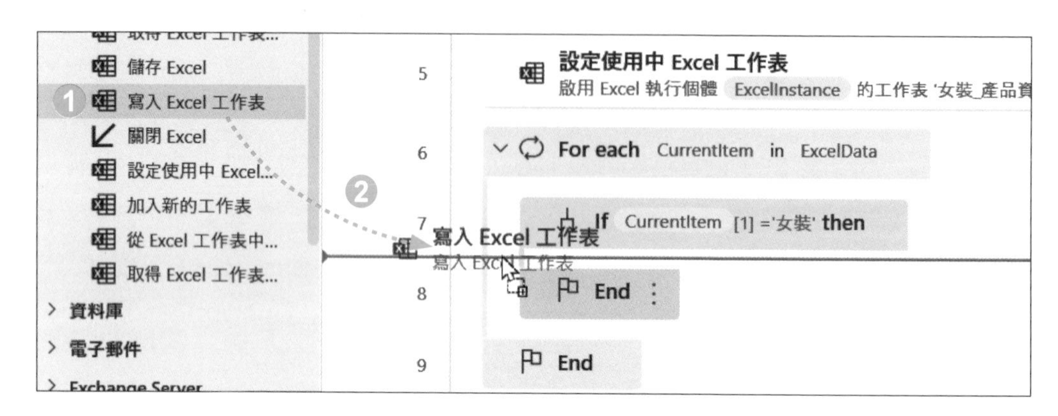

1. **動作** 窗格選按 **Excel \ 寫入 Excel 工作表**。
2. 拖曳至工作區 **If** 與 **End** 區塊之間。

Step 2 將符合條件的資料列寫入目前工作表指定欄、列位置

將變數 **CurrentItem** 中符合 **If** 條件："產品類別" 為 "女裝" 的資料列，逐一寫入 P7-10 已指定切換的 **工作表 B**。而寫入的起始位置為 A4 儲存格，因此後續 **寫入 Excel 工作表** 動作需設定為：資料行 A、資料列 4。

	A	B	C	D	E	F	G	H
1	女裝_產品資料明細表							
2								
3	產品編號	產品類別	產品名稱	單價	成本	刊登日		
4								
5								
6								

1. **Excel 執行個體** 選擇：**%ExcelInstance%**。
2. **要寫入的值** 按 {x} \ 變數 **CurrentItem**，按 **選取** 鈕。
3. **寫入模式** 選擇：**於指定的儲存格**。
4. **資料行** 輸入：「A」。
5. **資料列** 輸入：「4」。
6. 按 **儲存** 鈕。

另存新檔

流程最後，設計另存檔案並跳出訊息告知使用者已完成此流程。

Step 1 加入動作 "儲存 Excel"

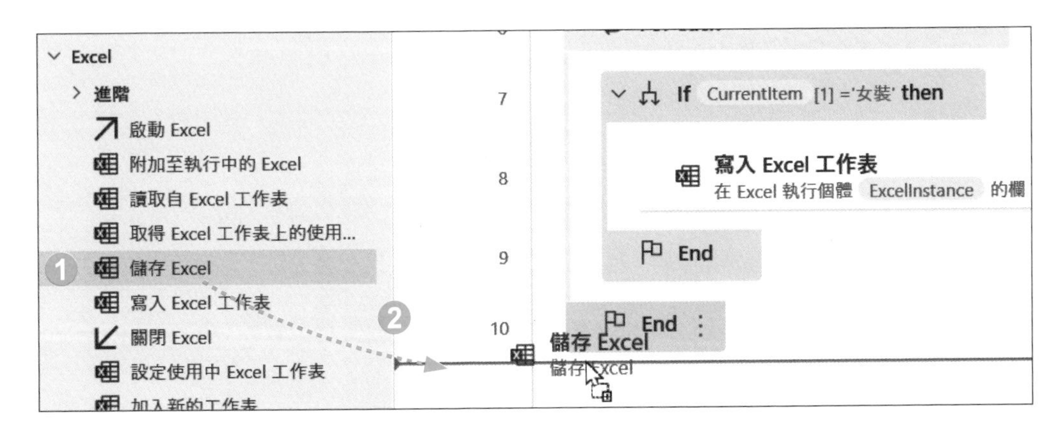

1. **動作** 窗格選按 **Excel \ 儲存 Excel**。
2. 拖曳至工作區最後一個動作下方。

Step 2 指定另存檔案的格式、路徑與檔名

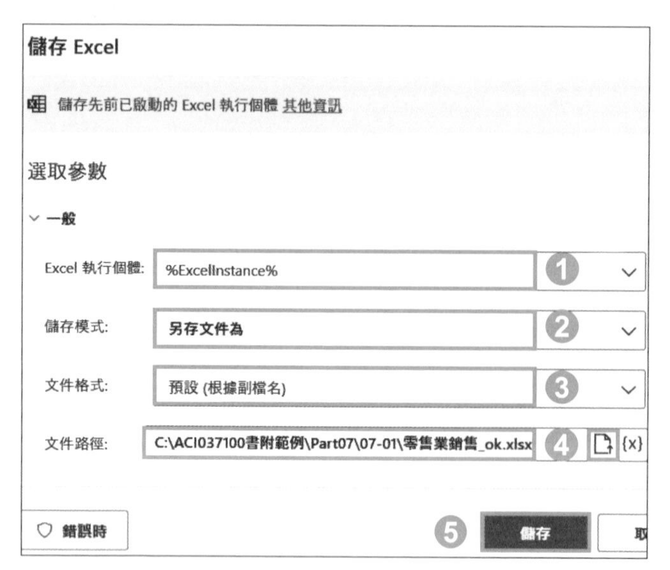

1. **Excel 執行個體** 選擇：**%ExcelInstance%**。
2. **儲存模式** 選擇：**另存文件為**。
3. **文件格式** 選擇：**預設 (根據副檔名)**。
4. **文件路徑** 按 ，指定要儲存的路徑與檔案名稱。
5. 按 **儲存** 鈕。

Step 3 加入動作 "顯示訊息"

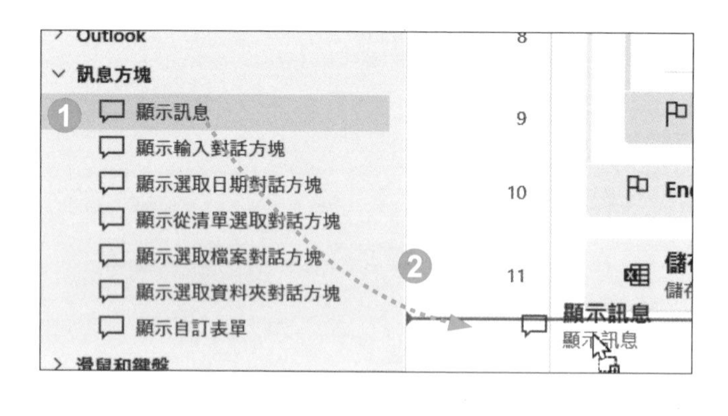

1. **動作** 窗格選按 **訊息方塊 \ 顯示訊息**。
2. 拖曳至工作區最後一個動作下方。

Step 4 設定訊息方塊的內容

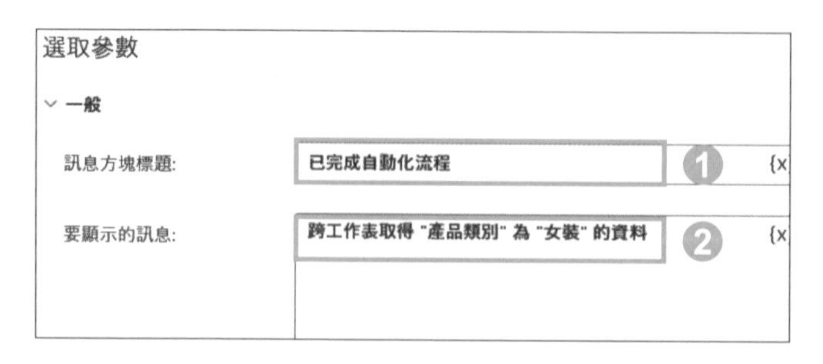

1. 如圖於 **訊息方塊標題** 輸入標題。
2. 如圖於 **要顯示的訊息** 輸入訊息，再按 **儲存** 鈕。

執行流程並確認結果

流程設計至目前階段，看似已加入需要執行的動作，執行此流程，看看是否能順利完成指定的自動化操作。

1. 選按工具列的 ▷ 執行 流程。
2. 過程中沒有出現錯誤訊息，最後出現訊息對話方塊，表示流程順利執行，按 **確定** 鈕完成。

雖然已順利完成指定的自動化操作，但瀏覽執行相關動作後的 Excel 檔案，會發現 "女裝_產品資料" 工作表只有一筆資料，這與原資料內容有符合條件的資料筆數不相同。

此處問題是出在 P7-15 **寫入 Excel 工作表** 動作，此動作中有指定寫入的起始位置：**資料行** A、**資料列** 4，但固定的寫入位置會造成後續貼上的資料會蓋掉前面貼上的，因此最後只會剩下最後貼上的該筆資料。

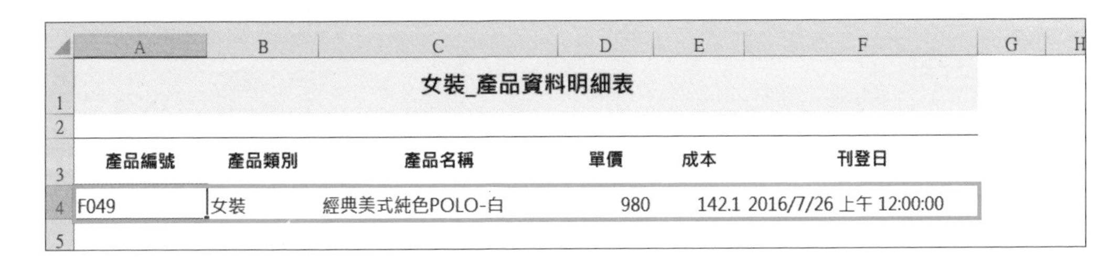

	A	B	C	D	E	F
1	女裝_產品資料明細表					
2						
3	產品編號	產品類別	產品名稱	單價	成本	刊登日
4	F049	女裝	經典美式純色POLO-白	980	142.1	2016/7/26 上午 12:00:00
5						

修正流程 / 寫入工作表的資料列需依序往下一列貼上

修正寫入工作表的資料列被下一筆資料覆蓋掉的問題，調整為寫入工作表的資料列可依序往下一列貼上。

要做到這樣的效果，需要在迴圈動作之前產生一個存放列號的變數 (在此命名為 PastRow)，設定變數起始值為 4，**寫入 Excel 工作表** 動作中的 **資料列** 則指定為變數 PastRow，為了讓每次迴圈執行資料寫入時，可依序往下一列貼上，還需加入 **增加變數** 動作，讓每次迴圈執行完寫入動作後變數 PastRow 的值加1。

Step 1 加入動作 "設定變數"

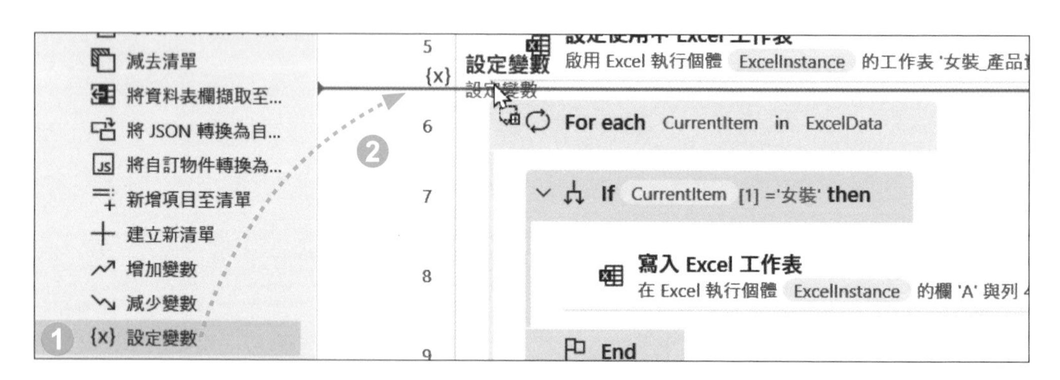

1. **動作** 窗格選按 **變數 \ 設定變數**。
2. 拖曳至工作區 **設定使用中 Excel 工作表** 與 **For each** 動作之間。

Step 2 設定變數名稱與值

設定變數

變數: PastRow

值: 4

儲存

1. 選按 **變數** 右側欄位，輸入變數名稱：「PastRow」。
2. **值** 輸入：「4」。
3. 按 **儲存** 鈕。

Step 3 調整 "寫入 Excel 工作表" 動作的資料列值為變數 PastRow

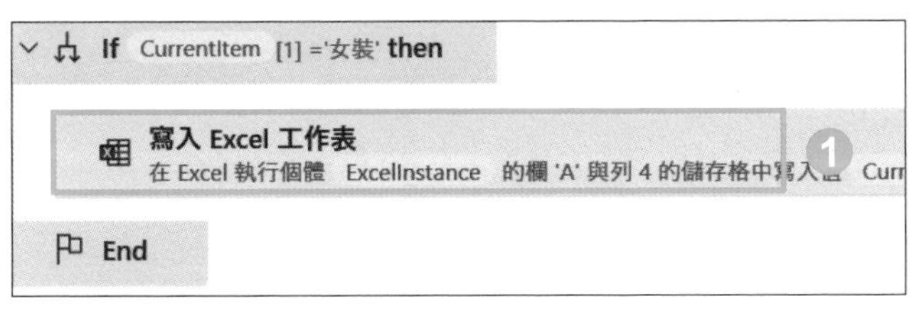

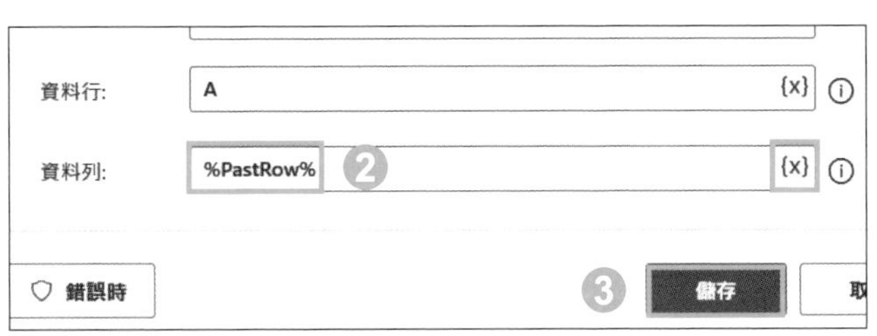

1. 於工作區 **寫入 Excel 工作表** 動作項目上連按二下滑鼠左鍵。
2. **資料列** 刪除 4，按 {x} \ 變數 PastRow，按 **選取** 鈕加入。
3. 按 **儲存** 鈕。

Step 4 加入動作 "增加變數"

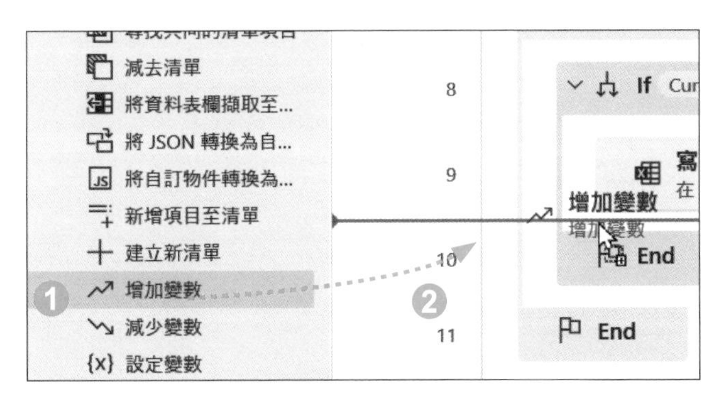

1. **動作** 窗格選按 **變數** \ **增加變數**。
2. 拖曳至工作區 **寫入 Excel 工作表** 下方。

Step 5 設定變數 PastRow 每次迴圈執行完寫入動作後，增加 1

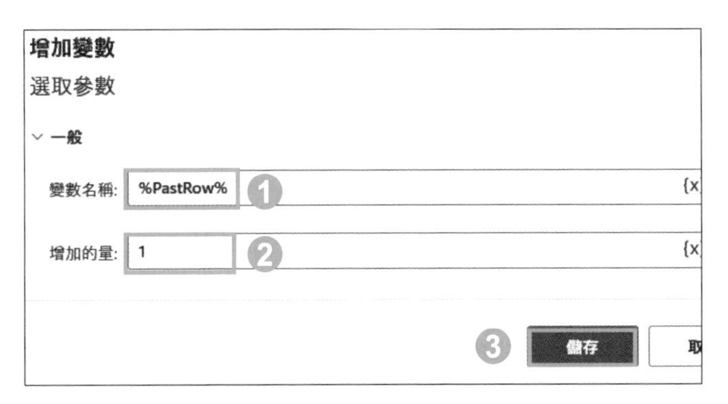

1. **變數名稱** 按 {x} \ PastRow 按 **選取** 鈕。
2. **增加的量** 輸入：「1」。
3. 按 **儲存** 鈕。

完成問題修正，需再次執行流程檢示自動作化操作結果，如果已正確完成，記得儲存。

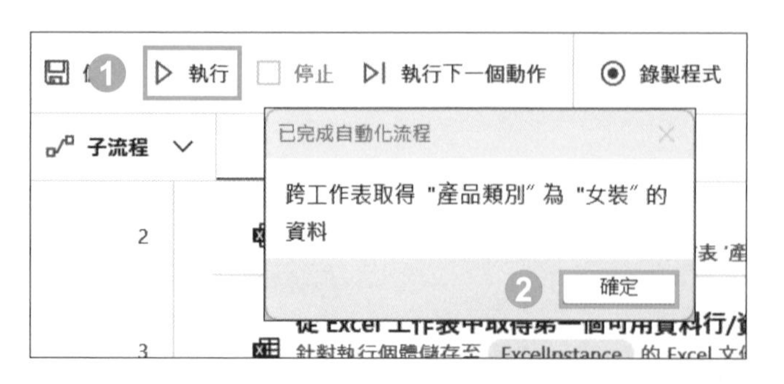

❶ 選按工具列的 ▷ 執行 流程。

❷ 出現訊息對話方塊，且 Excel 檔結果正確，按 **確定** 鈕完成。

女裝_產品資料明細表

產品編號	產品類別	產品名稱	單價	成本	刊登日
F001	女裝	運動潮流連帽外套女裝-白	1450	210.25	2015/12/8 上午 12:00:00
F008	女裝	法蘭絨格紋襯衫-黑	1800	261	2016/1/10 上午 12:00:00
F015	女裝	法蘭絨格紋襯衫-紅	1740	252.3	2016/3/5 上午 12:00:00
F019	女裝	法蘭絨格紋襯衫-綠	1800	261	2016/3/15 上午 12:00:00
F021	女裝	法蘭絨格紋襯衫-灰	1800	261	2016/3/19 上午 12:00:00
F036	女裝	經典美式純POLO-藍	980	142.1	2016/5/24 上午 12:00:00
F038	女裝	經典美式純POLO-黑	980	142.1	2016/5/30 上午 12:00:00
F043	女裝	超輕羽絨外套女裝-粉紅	3900	565.5	2016/7/9 上午 12:00:00
F045	女裝	經典美式純POLO-灰	980	142.1	2016/7/15 上午 12:00:00
F047	女裝	刷毛長版T恤女裝-粉紅	2610	378.45	2016/7/22 上午 12:00:00
F049	女裝	經典美式純色POLO-白	980	142.1	2016/7/26 上午 12:00:00

❸ 選按工具列的 🖫 儲存流程。

❹ 選按視窗右上角的 ✕ 關閉視窗。

2 依序合併多個 Excel 報表

將各月份的明細表整合至單一的 Excel 報表中，有助於數據分析人員更便捷地進行數據比對，進而得出更具價值的結論。

流程説明與規劃

此範例自動化流程：<各月份明細表> 資料夾中存放著 1 至 6 月份的明細報表，每個月份各自以 Excel 檔儲存。透過自動化流程逐一取得這六個 Excel 檔內的明細資料，並依月份順序將資料合併在一個新的工作表中。

<C:\ACI037100書附範例\Part07\07-02\各月份明細表> 執行前

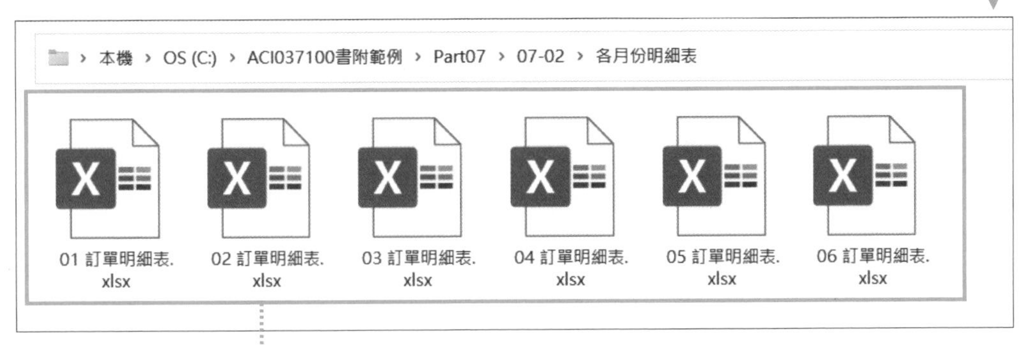

<01-06 月明細表.xlsx> 執行後

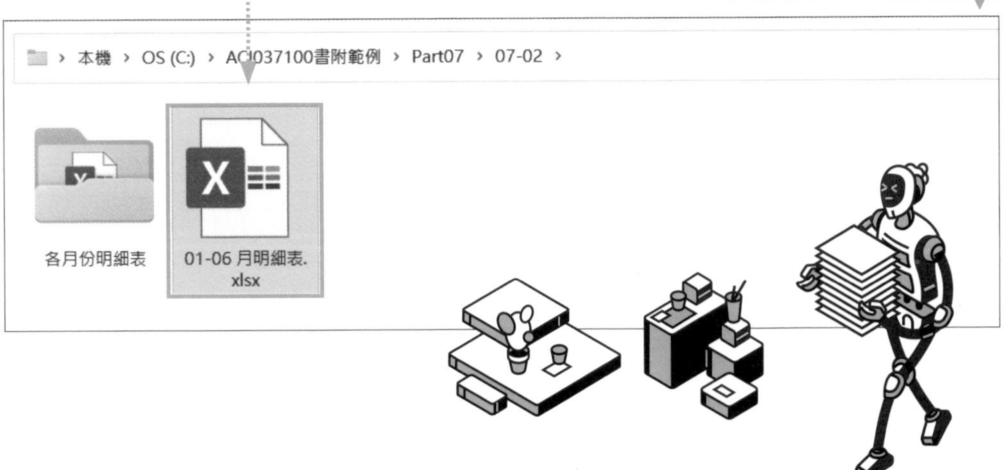

此範例自動化流程，相關動作規劃：

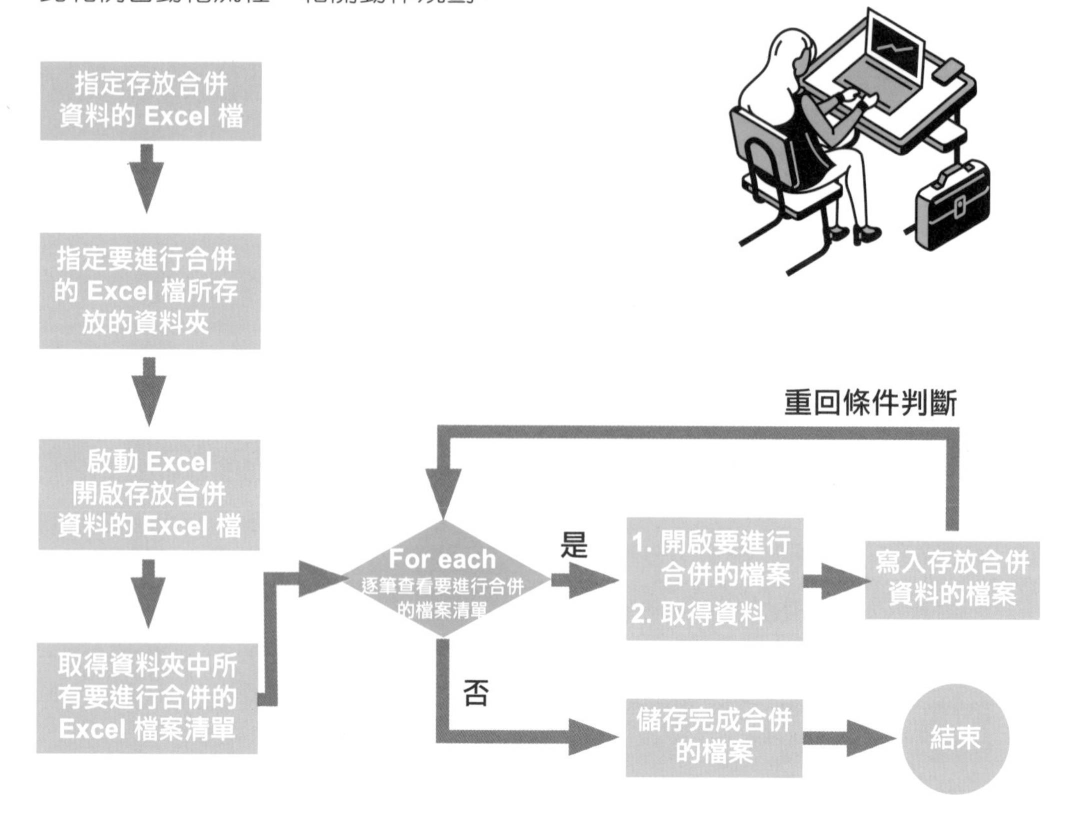

1	以對話方塊的方式，指定存放合併結果的 Excel 檔。
2	以對話方塊的方式，指定要合併的 Excel 檔所存放的資料夾。
3	啟動 Excel 並開啟 **1** 中指定的 Excel 檔。
4	取得 **2** 資料夾中所有要合併的 Excel 檔案清單。
5	加入 **For each** 迴圈，逐一查看 **2** 檔案清單並於每次迴圈執行以下 (1)、(2)、(3)、(4) 動作。
6	迴圈內的動作 (1)：啟動 Excel 並開啟 **2** 檔案清單 Excel 檔。
7	迴圈內的動作 (2)：讀取 **2** 目前的 Excel 檔指定範圍內的資料。

8	迴圈內的動作 (3)：將讀取的資料依指定的資料行、資料列寫入 **1** 指定的 Excel 檔。
9	迴圈內的動作 (4)：關閉目前 **2** 開啟的 Excel 檔。
10	待 **For each** 迴圈結束，儲存完成合併的 Excel 檔。
11	跳出 "已完成自動化流程" 訊息通知。

合併前的檢查

要合併多個 Excel 報表前，需檢查每個要合併的工作表與合併後要存放的工作表：資料結構相同 (欄位標題與資料屬性)，才能正確的合併資料內容。

	A	B	C	D	E	F	G	H
1	下單日期	訂單編號	顧客編號	產品編號	產品名稱	產品類別	單價	數量
2	2023/1/2	ID03521	AC1701114	F009	大化妝包-深藍	配件	2100	1
3	2023/1/2	ID03522	AC1700336	F012	托特包-白	配件	1740	1

▲ 要合併的工作表資料結構

	A	B	C	D	E	F	G	H
1	下單日期	訂單編號	顧客編號	產品編號	產品名稱	產品類別	單價	數量
2								
3								

▲ 合併後要存放的工作表

用訊息方塊指定檔案與資料夾

流程一開始，使用訊息方塊，由使用者自行指定存放合併結果的 Excel 檔案，以及指定要進行合併的 Excel 檔所存放的資料夾；這樣的設計可以讓流程以更靈活的方式執行。

Step 1 建立新流程

開啟 Power Automate Desktop，選按 **+ 新流程**，命名後進入設計畫面。

Step 2 加入動作 "顯示選取檔案對話方塊"

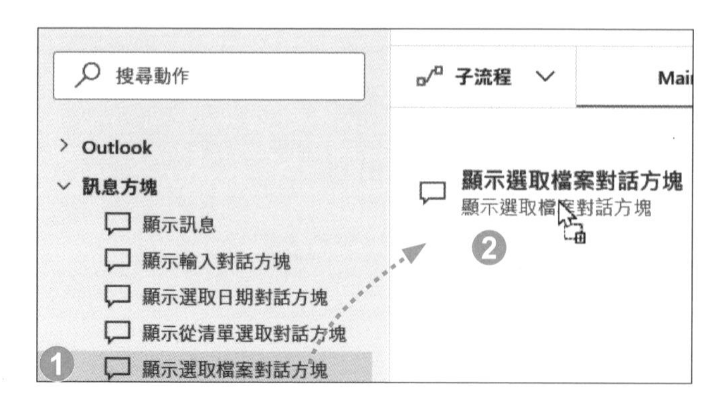

1. **動作** 窗格選按 **訊息方塊 \ 顯示選取檔案對話方塊**。
2. 拖曳至工作區。

Step 3 指定對話方塊標題

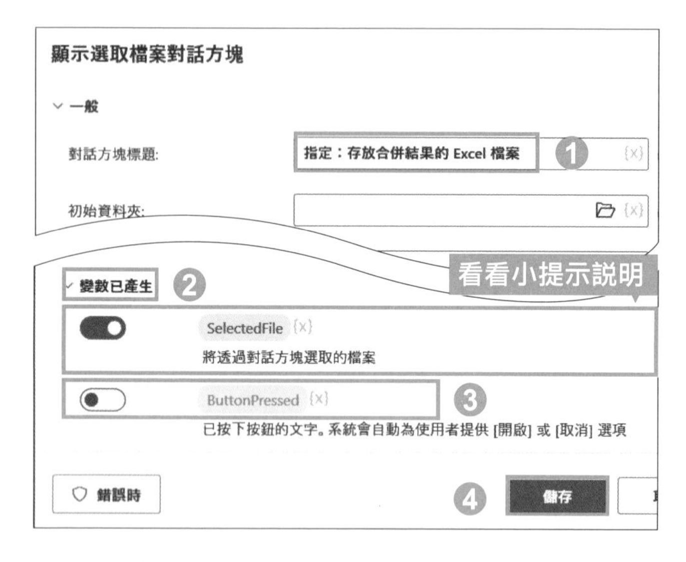

1. **對話方塊標題** 輸入：「指定：存放合併結果的 Excel 檔案」。
2. 選按 **變數已產生** 可查看該變數說明。
3. 變數 **ButtonPressed** 左側設定為 (不產生該變數)。
4. 按 **儲存** 鈕。

小提示

產生變數

顯示選取檔案對話方塊 動作，使用者可選取一個或多個檔案，檔案資訊存於變數 **SelectedFile**。

變數	資料類型	描述
SelectedFile	檔案	於對話方塊選取的檔案。

Step 4 加入動作 "顯示選取資料夾對話方塊"

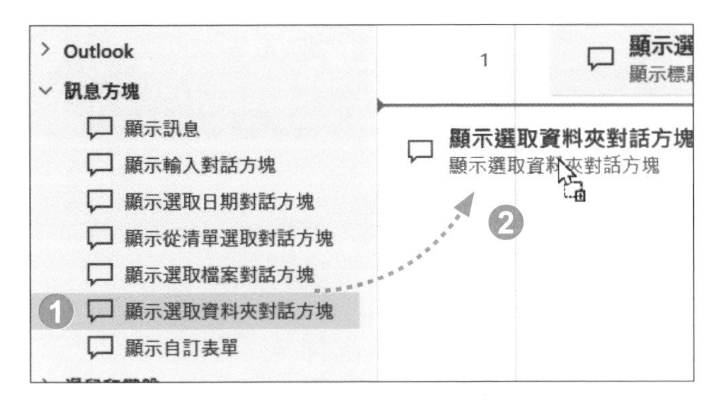

1. **動作** 窗格選按 **訊息方塊 \ 顯示選取資料夾對話方塊**。
2. 拖曳至工作區最後一個動作下方。

Step 5 指定對話方塊標題

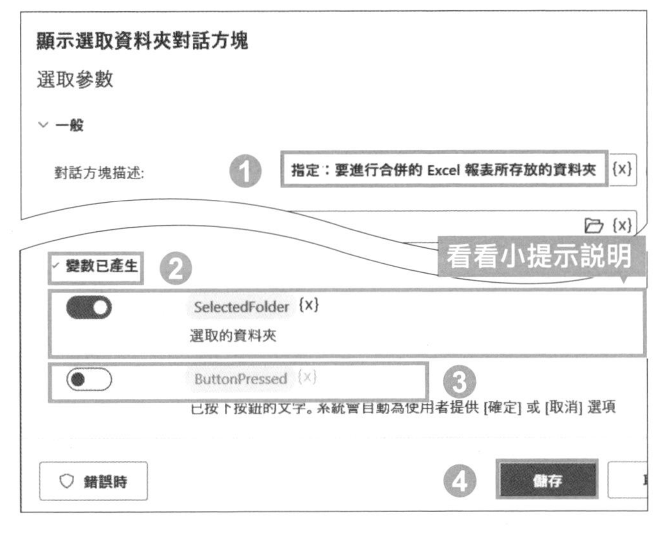

1. **對話方塊描述** 輸入：「指定：要進行合併的 Excel 報表所存放的資料夾」。
2. 選按 **變數已產生** 可查看該變數說明。
3. 變數 **ButtonPressed** 左側設定為 (不產生該變數)。
4. 按 **儲存** 鈕。

小提示

產生變數

顯示選取檔案對話方塊 動作，使用者可選取一個資料夾，資料夾資訊存於變數 **SelectedFolder**。

變數	資料類型	描述
SelectedFolder	資料夾	於對話方塊選取的資料夾。

啟動 Excel 並開啟存放合併結果的檔案

藉由 **啟動 Excel** 動作：開啟存放於變數 SelectedFile 中的檔案。

Step 1 加入動作 "啟動 Excel"

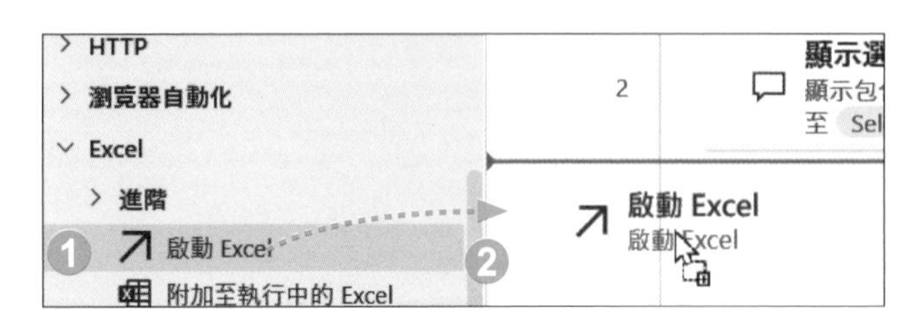

① **動作** 窗格選按 **Excel \ 啟動 Excel**。

② 拖曳至工作區最後一個動作下方。

Step 2 指定要開啟的檔案

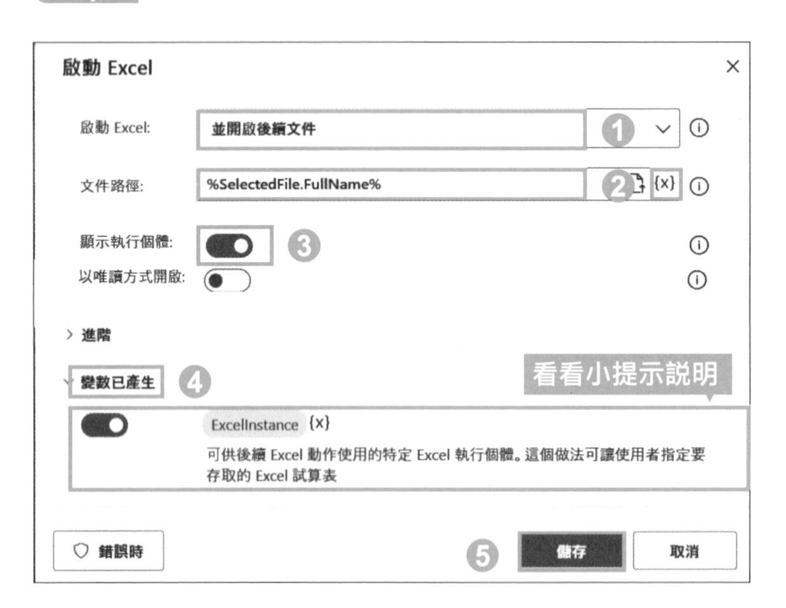

① **啟動 Excel** 選擇：**並開啟後續文件**。

② **文件路徑** 按 {x}，展開變數 SelectedFile，選按 **.FullName** 屬性 (檔案完整路徑)，按 **選取** 鈕加入。

③ **顯示執行個體** 設定為 開啟。

④ 選按 **變數已產生** 可查看該變數說明。

⑤ 按 **儲存** 鈕。

小提示

產生變數

啟動 Excel 動作產生變數：ExcelInstance，是供後續 Excel 動作使用的 Excel 執行個體，若流程中需啟動多個 Excel 檔案，則會產生變數 ExcelInstance2、ExcelInstance3...，自動以流水號命名。

每個執行個體會於流程執行時產生專屬編號，藉由編號可於後續動作辨識要操作的執行個體。

變數	資料類型	描述
ExcelInstance	Excel 執行個體	可供後續 Excel 動作使用的 Excel 執行個體。

取得資料夾中的檔案

藉由 **取得資料夾中的檔案** 動作：開啟存放變數 SelectedFolder 中的資料夾，並將取得的檔案清單存放於變數 Files。

Step 1 加入動作 "取得資料夾中的檔案"

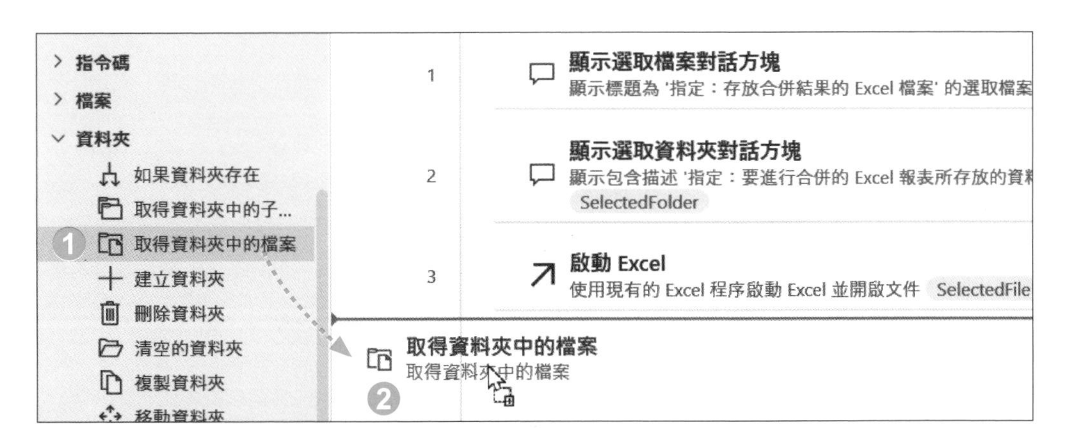

❶ **動作** 窗格選按 **資料夾 \ 取得資料夾中的檔案**。

❷ 拖曳至工作區最後一個動作下方。

Step 2 取得檔案，完整路徑存放於檔案清單

1. **資料夾** 按 {x} \ 變數 **SelectedFolder**，按 **選取** 鈕加入。
2. **檔案篩選** 輸入：「*」。
3. 選按 **變數已產生** 可查看該變數說明。
4. 按 **儲存** 鈕。

小提示

產生變數

取得資料夾中的檔案 動作，將取得的檔案清單存放於變數 **Files**。

變數	資料類型	描述
Files	檔案清單	於指定資料夾中取得的檔案清單。

逐一讀取資料夾內檔案

藉由 **For each** 動作，逐一查看存放在變數 Files 的檔案清單，並執行後續迴圈內的動作，當每一份檔案都查看過即結束迴圈。

Step 1 加入動作 "For each"

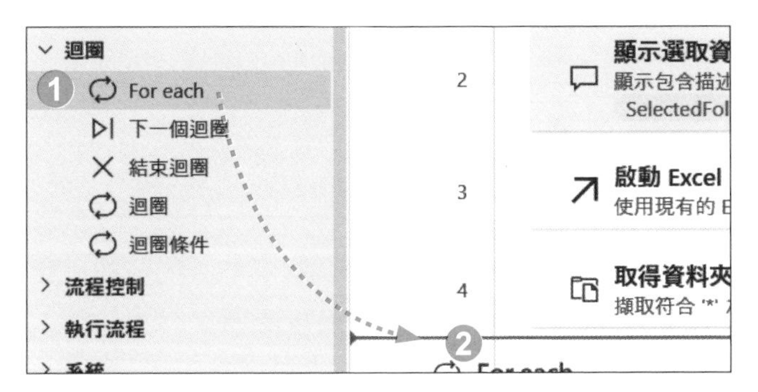

1. **動作** 窗格選按 **迴圈** \ **For each**。
2. 拖曳至工作區最後一個動作下方。

Step 2 逐一查看變數 Files 中的資料

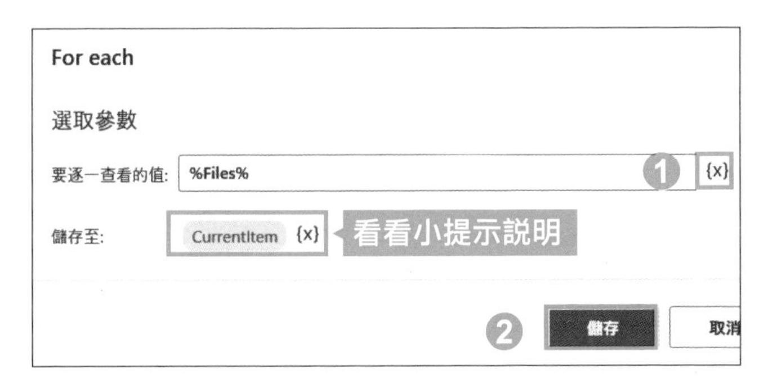

1. **要逐一查看的值** 按 {x} \ 變數 Files，按 **選取** 鈕加入。
2. 按 **儲存** 鈕。

小提示

產生變數

For each 動作產生變數：CurrentItem，用以存放逐一查看時的該項檔案清單。

變數	資料類型	描述
CurrentItem	檔案清單	存放逐一查看的每項檔案清單。

啟動 Excel 並開啟要合併的檔案

Step 1 加入動作 "啟動 Excel"

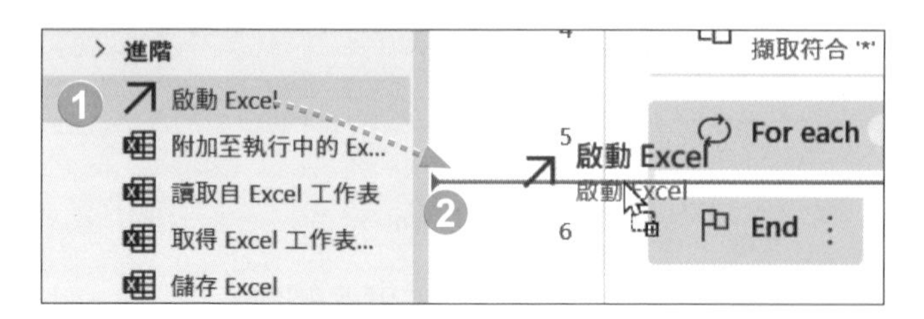

1. **動作** 窗格選按 **Excel \ 啟動 Excel**。
2. 拖曳至工作區 **For each** 與 **End** 區塊之間。

Step 2 每次迴圈，開啟指定的檔案並存放於變數 ExcelInstance2

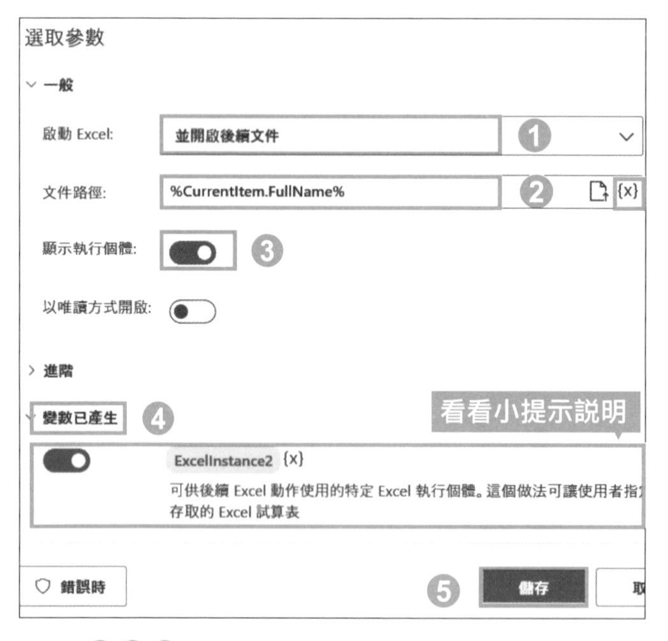

1. **啟動 Excel** 選擇：**並開啟後續文件**。
2. **文件路徑** 按 {x}，展開變數 CurrentItem，選按 **.FullName** 屬性 (檔案完整路徑)，按 **選取** 鈕加入。
3. **顯示執行個體** 設定為 (開啟)。
4. 選按 **變數已產生** 可查看該變數說明。
5. 按 **儲存** 鈕。

小提示

產生變數

啟動 Excel 動作產生變數：ExcelInstance2 (詳細說明可參考 P7-27)。

變數	資料類型	描述
ExcelInstance2	Excel 執行個體	可供後續 Excel 動作使用的 Excel 執行個體。

讀取工作表中指定範圍內的資料

迴圈內的動作，於上頁開啟第一個要合併的檔案 <01 訂單明細表.xlsx>，接著需取得該檔案工作表內的資料，扣除表頭，資料範圍為 A2：H136。流程中需先辨識出該工作表第一個完整空白的欄 (又稱 "資料行")，以及第一個完整空白的列 (又稱 "資料列")，再推算資料的範圍並讀取。

資料行

	A	B	C	D	E	F	G	H	I
1	下單日期	訂單編號	顧客編號	產品編號	產品名稱	產品類別	單價	數量	
2	2023/1/2	ID03521	AC1701114	F009	大化妝包-深藍	配件	2100	1	
3	2023/1/2	ID03522	AC1700336	F012	托特包-白	配件	1740	1	
4	2023/1/2	ID03523	AC1703343	F009	大化妝包-深藍	配件	2100	1	
5	2023/1/2	ID03524	AC1703935	F009	大化妝包-深藍	配件	2100	1	
6				F012	托特包-白	配件	1740	1	
	2023/1/12	ID03685	AC1700467		大化妝包-深藍	配件	2100	1	
133	2023/1/12	ID03691	AC1700652	F024					
134	2023/1/12	ID03692	AC1702888	F024	運動潮流直筒棉褲男童-灰				
135	2023/1/12	ID03693	AC1700575	F024	運動潮流直筒棉褲男童-灰	童裝	2030	1	
136	2023/1/12	ID03696	AC1701462	F024	運動潮流直筒棉褲男童-灰	童裝	2030	1	
137									
138									

資料列

Step 1 加入動作 "從 Excel 工作表中取得第一個可用資料行 / 資料列"

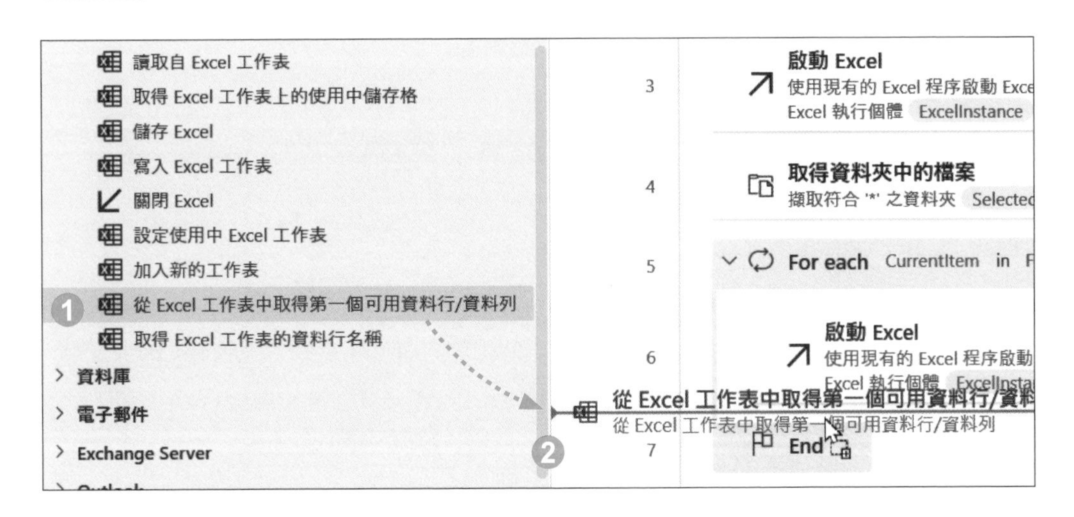

❶ **動作** 窗格選按 **Excel \ 從 Excel 工作表中取得第一個可用資料行 / 資料列**。

❷ 拖曳至工作區 **End** 區塊上方。

Step 2 每次迴圈，依 ExcelInstance2 檔案產生存放第一個完整空白的欄與列的變數

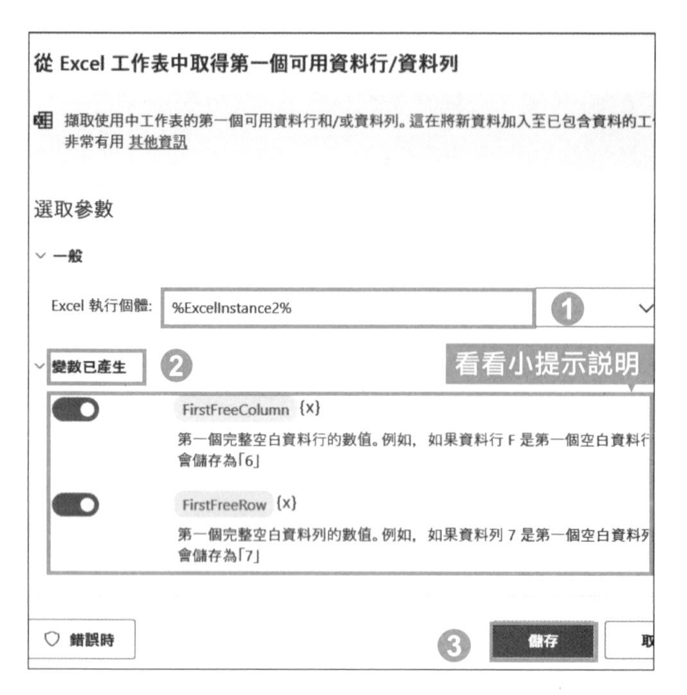

1. **Excel 執行個體** 選擇：**%ExcelInstance2%**。
2. 選按 **變數已產生** 可查看二個變數說明。
3. 按 **儲存** 鈕。

小提示

產生變數

從 Excel 工作表中取得第一個可用資料行 / 資料列 動作，產生二個變數：FirstFreeColumn 與 FirstFreeRow。

變數	資料類型	描述
FirstFreeColumn	數值	存放第一個完全空白欄的數值。例如，欄 G 是第一個空白欄，則變數中會儲存數值 7。
FirstFreeRow	數值	存放第一個完全空白列的數值。例如，列 52 是第一個空白列，則變數中會儲存數值 52。

Step 3 加入動作 "讀取自 Excel 工作表"

搜尋動作
子流程 Main

> 指令碼
> 檔案
> 資料夾
> 壓縮
> 使用者介面自動化
> HTTP
> 瀏覽器自動化
∨ Excel
> 進階
啟動 Excel
附加至執行中的 Excel
讀取自 Excel 工作表
取得 Excel 工作表上的...
儲存 Excel
寫入 Excel 工作表
關閉 Excel
設定使用中 Excel 工作...
加入新的工作表
從 Excel 工作表中取得...
取得 Excel 工作表的資...
> 資料庫

1 顯示選取檔案對話方塊
顯示標題為 '指定：存放合併結果的 Excel 檔案' 的選取檔

2 顯示選取資料夾對話方塊
顯示包含描述 '指定：要進行合併的 Excel 報表所存放的
SelectedFolder

3 啟動 Excel
使用現有的 Excel 程序啟動 Excel 並開啟文件 SelectedF
ExcelInstance

4 取得資料夾中的檔案
擷取符合 '*' 之資料夾 SelectedFolder 中的檔案，並將

5 For each CurrentItem in Files

6 啟動 Excel
使用現有的 Excel 程序啟動 Excel 並開啟文件 Curre
ExcelInstance2

7 從 Excel 工作表中取得第一個可用資料行/資
針對執行個體儲存至 ExcelInstance2 的 Excel 文件
FirstFreeColumn 和 FirstFreeRow

讀取自 Excel 工作表
讀取自 Excel 工作表

8 End

1. **動作** 窗格選按 **Excel \ 讀取自 Excel 工作表**。
2. 拖曳至工作區 **End** 區塊上方。

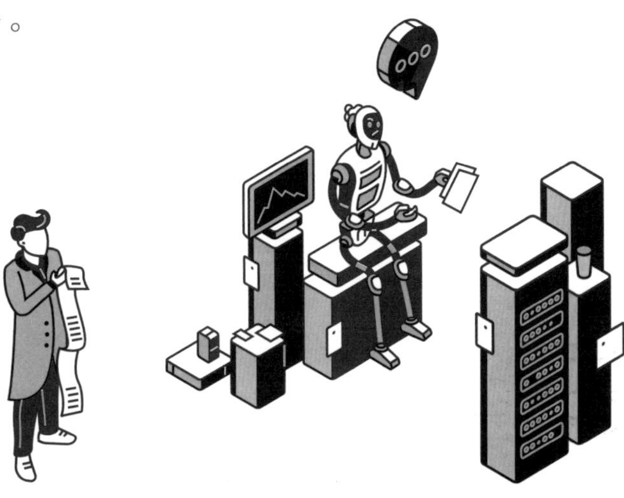

Step 4 每次迴圈，讀取 "開始欄、列" 與 "結尾欄、列" 內儲存格範圍資料

此動作需指定要讀取的儲存格範圍，開始欄、列為 A2 儲存格，結尾欄、列以變數 **FirstFreeColumn** 與 **FirstFreeRow** 中存放的值各自減 1 (扣除空白列) 的筆數，推算出有資料的儲存格範圍。

❶ **Excel 執行個體** 選擇：**%ExcelInstance2%**。

❷ **擷取** 選擇：**儲存格範圍中的值**。

❸ **開始欄** 輸入：「A」。

❹ **開始列** 輸入：「2」。

❺ **結尾欄** 按 {x} \ 變數 **FirstFreeColumn**，按 **選取** 鈕加入。

❻ **結尾欄** 變數 %FirstFreeColumn% 調整為：%FirstFreeColumn-1%。

❼ 依相同方法，為 **結尾列** 指定變數並調整為：%FirstFreeRow-1%。

❽ 選按 **變數已產生** 可查看該變數說明。

❾ 按 **儲存** 鈕。

小提示

產生變數

讀取自 Excel 工作表 動作，將取得的資料存放於變數：**ExcelData**。

變數	資料類型	描述
ExcelData	資料表	指定儲存格範圍中的資料。

跨檔案的資料寫入

有了此章第一個範例的經驗，了解安排 **寫入 Excel 工作表** 動作時，資料寫入的起始位置，**資料行** 為 A，**資料列** 則為一個存放列號的變數。

以下動作的安排會先於迴圈外設定一個變數 PastRow，該變數一開始存放 2，回到迴圈中寫入資料時，第一份資料則會由 A2 儲存格開始寫入，接著需調整變數 PastRow 的值為每一份合併表格的資料筆數減 2，以求得扣除表頭與空白列的筆數。這樣才能避免寫入工作表的資料被下一份資料覆蓋掉的問題。

Step 1 加入動作 "設定變數"

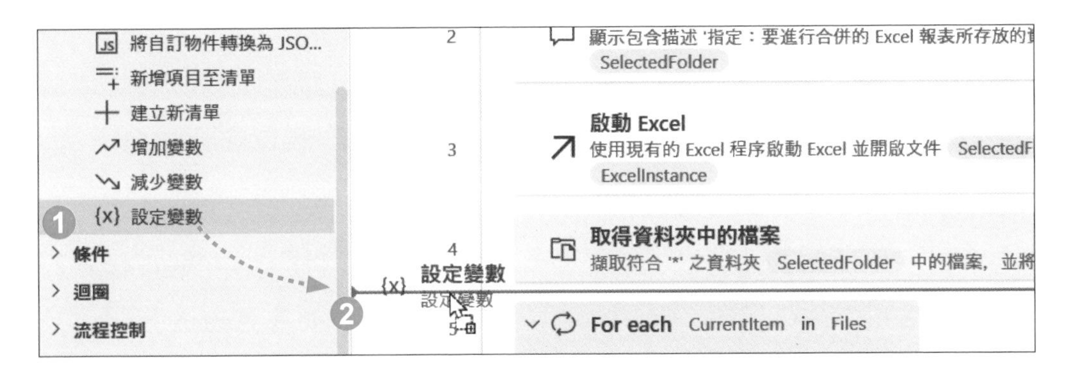

❶ **動作** 窗格選按 **變數 \ 設定變數**。

❷ 拖曳至工作區 **取得資料夾中的檔案** 與 **For each** 動作之間。

Step 2 設定變數名稱與值

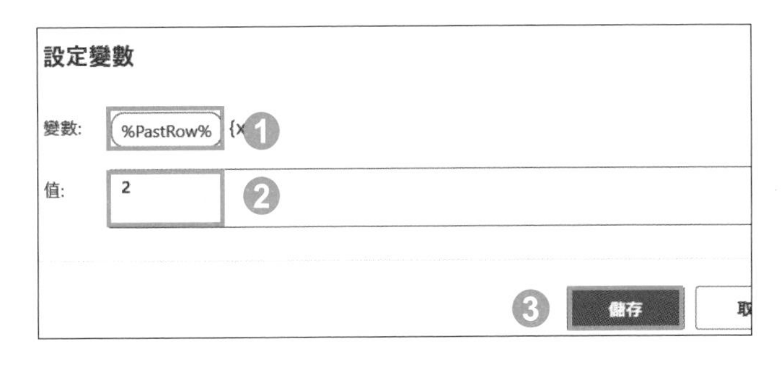

❶ 選按 **變數** 右側欄位，輸入變數名稱：「PastRow」。

❷ **值** 輸入：「2」。

❸ 按 **儲存** 鈕。

Step 3 加入動作 "寫入 Excel 工作表"

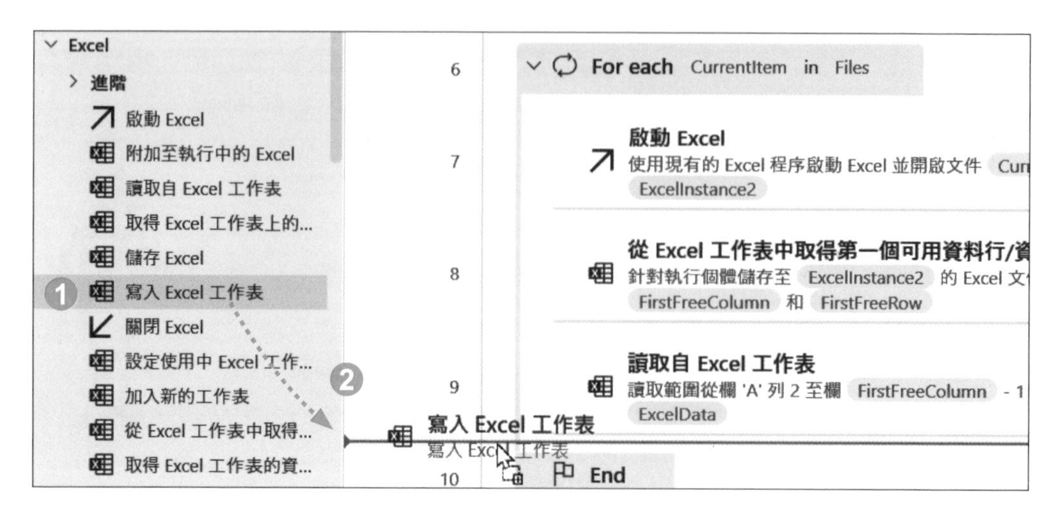

1. **動作** 窗格選按 **Excel \ 寫入 Excel 工作表**。
2. 拖曳至工作區 **End** 區塊上方。

Step 4 每次迴圈，將讀取的資料列寫入檔案的指定欄、列位置

1. **Excel 執行個體** 選擇：**%ExcelInstance%**。
2. **要寫入的值** 按 {x} \ 變數 **ExcelData**，按 **選取** 鈕。
3. **寫入模式** 選擇：**於指定的儲存格**。
4. **資料行** 輸入：「A」。
5. **資料列** 按 {x} \ 變數 **PastRow**，按 **選取** 鈕加入。
6. 按 **儲存** 鈕。

Step 5 加入動作 "增加變數"

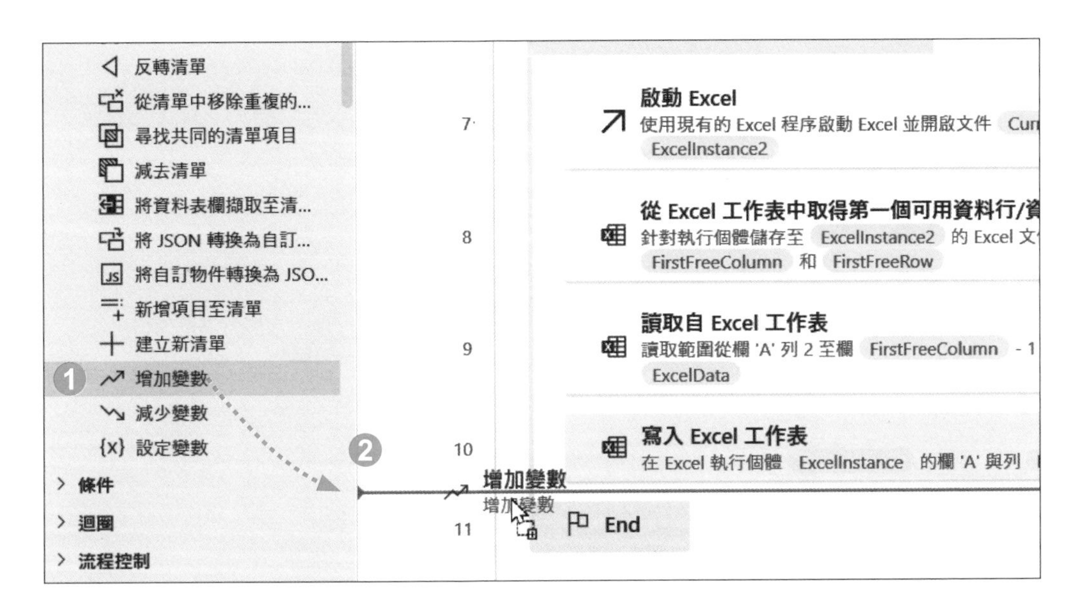

❶ **動作** 窗格選按 **變數 \ 增加變數**。

❷ 拖曳至工作區 **End** 區塊上方。

Step 6 每次迴圈，增加變數 PastRow 的值，依變數 FirstFreeRow 的值減 2

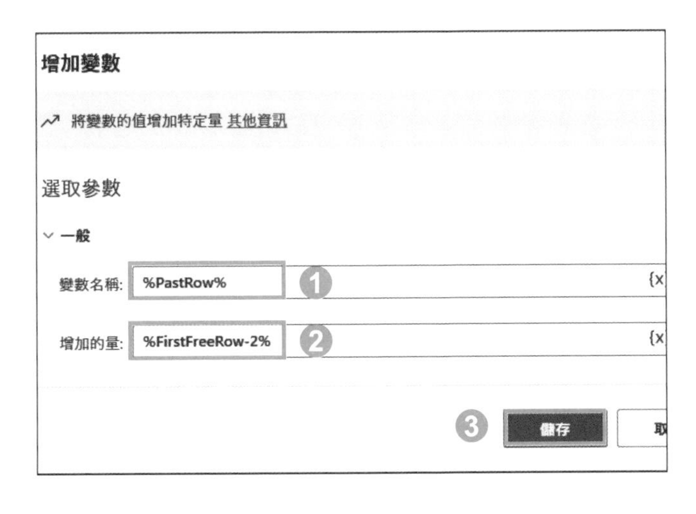

❶ **變數名稱** 按 {x} \ 變數 PastRow，按 **選取** 鈕。

❷ **增加的量** 按 {x} \ 變數 FirstFreeRow，按 **選取** 鈕，再調整為：%FirstFreeRow-2%

❸ 按 **儲存** 鈕。

關閉 Excel

迴圈內最後的動作，將此次開啟要合併的 Excel 檔案關閉。

Step 1 **加入動作 "關閉 Excel"**

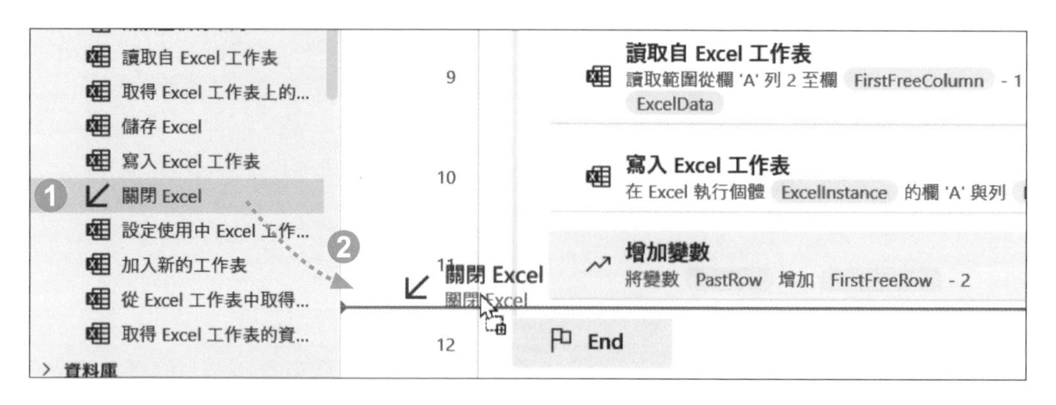

1. **動作** 窗格選按 **Excel \ 關閉 Excel**。
2. 拖曳至工作區 **End** 區塊上方。

Step 2 **每次迴圈最後，關閉已開啟的變數 ExcelInstance2 檔案**

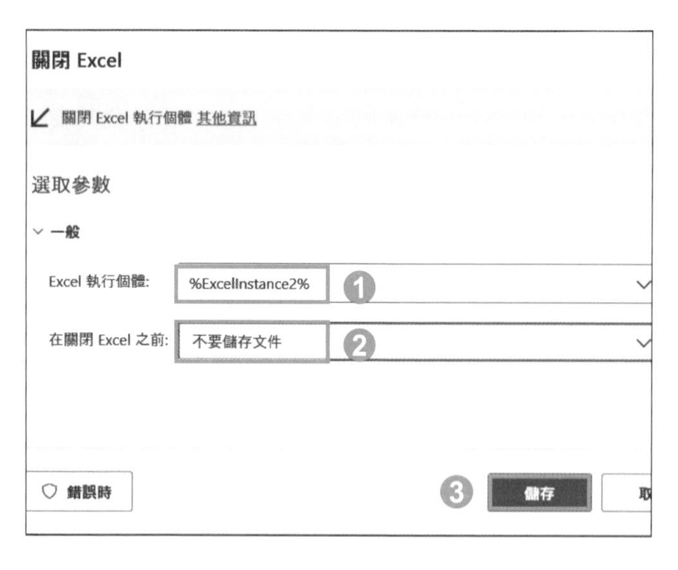

1. **Excel 執行個體** 選擇：**%ExcelInstance2%**。
2. **在關閉 Excel 之前** 選擇：**不要儲存文件**。
3. 按 **儲存** 鈕。

儲存 Excel

最後，儲存已完成合併的 Excel 檔，並跳出訊息告知使用者已完成此流程。

Step 1 加入動作 "儲存 Excel"

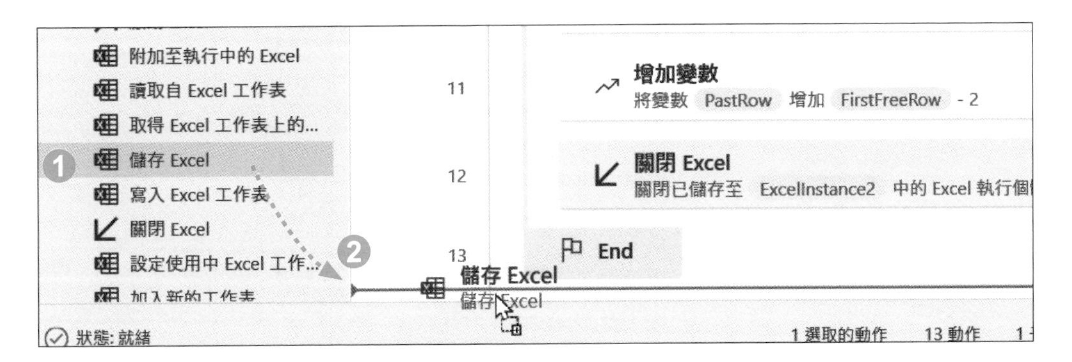

1. **動作** 窗格選按 **Excel \ 儲存 Excel**。
2. 拖曳至工作區最後一個動作下方。

Step 2 流程最後，儲存完成合併的變數 ExcelInstance1 檔案

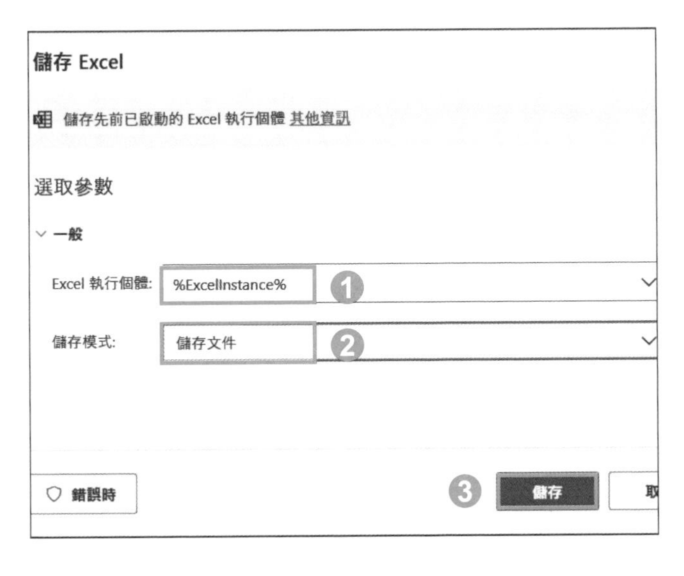

1. **Excel 執行個體** 選擇：**%ExcelInstance%**。
2. **儲存模式** 選擇：**儲存文件**。
3. 按 **儲存** 鈕。

Step 3 加入動作 "顯示訊息"

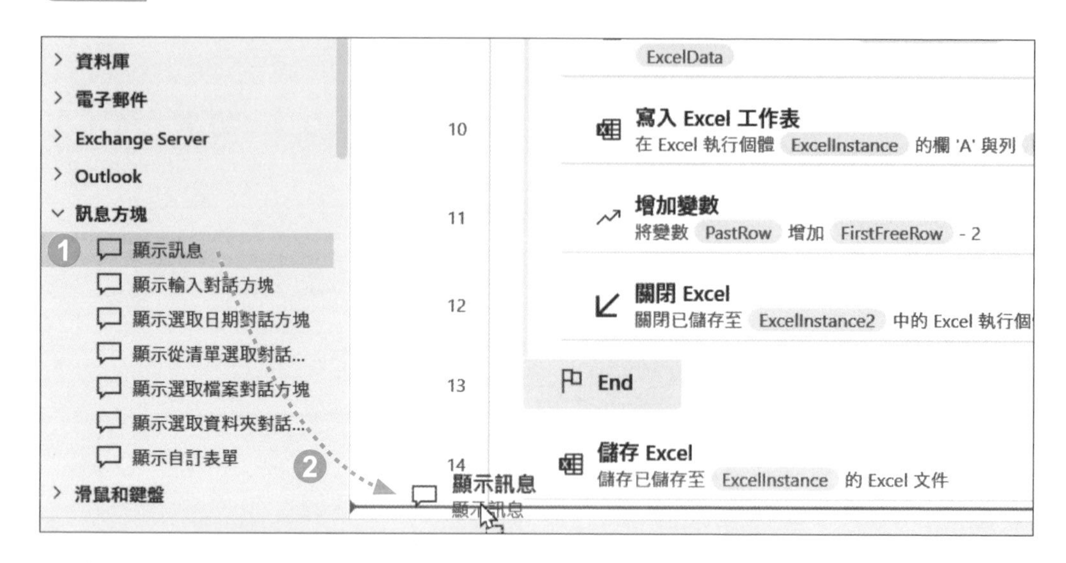

1. **動作** 窗格選按 **訊息方塊 \ 顯示訊息**。
2. 拖曳至工作區最後一個動作下方。

Step 4 設定訊息方塊的內容

1. 如圖於 **訊息方塊標題** 輸入標題。
2. 如圖於 **要顯示的訊息** 輸入訊息，再按 **儲存** 鈕。

選按工具列的 ▷ 執行流程，最後記得儲存。

PART

08

網頁資料自動化

1 操作網頁前的準備

Power Automate Desktop 瀏覽器自動化功能，可以實現網頁相關工作的自動化，提升執行效率。

瀏覽器自動化協助你自動執行各種與網頁相關的操作：開啟或關閉瀏覽器、填入網頁上的文字欄位、設定網頁上核取方塊狀態、按一下網頁上的連結、從網頁擷取資料...等。

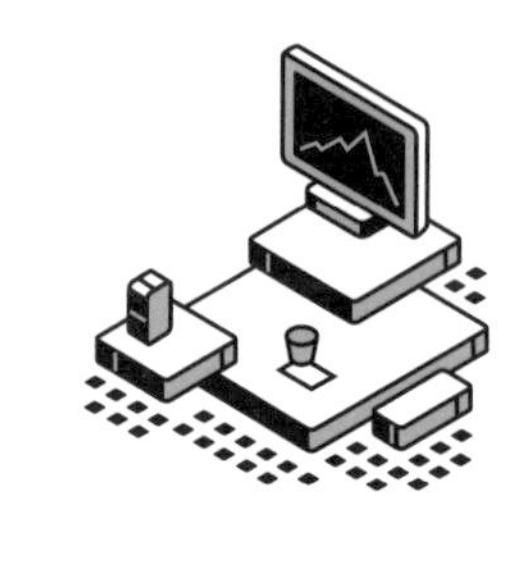

支援多種網頁瀏覽器，如 Microsoft Edge、Google Chrome 和 Firefox，但在網頁操作前，需要先安裝相對應的擴充功能。請開啟 Power Automate Desktop，選按 **+ 新流程**，命名後進入設計畫面，接下來，將逐一示範各瀏覽器擴充功能的安裝和設定。

安裝 Microsoft Edge 擴充功能與設定

後續範例如果使用 Microsoft Edge 操作，可依以下步驟安裝 Microsoft Edge 擴充功能：

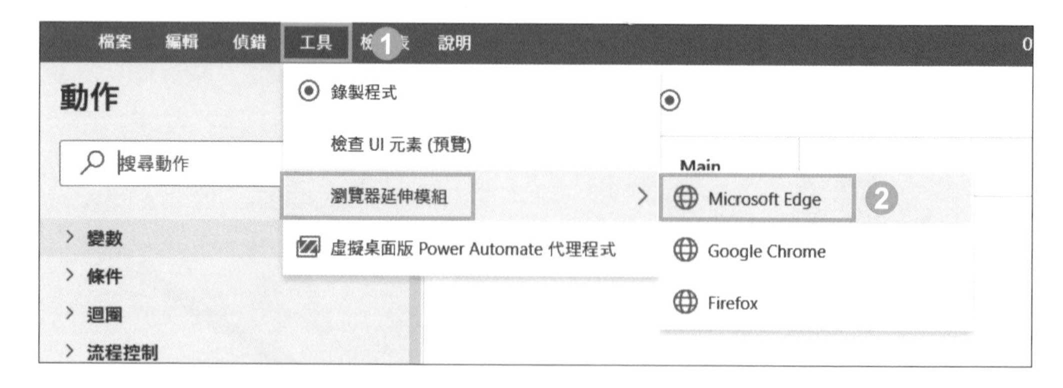

❶ 選按 **工具 \ 瀏覽器延伸模組**。

❷ 選按 **Microsoft Edge**。

❸ 按 **取得** 鈕。

❹ 按 **新增擴充功能** 鈕。

❺ 上方搜尋列右側選按 ⚙ \ **管理擴充功能**。

❻ 確認 Microsoft Power Automate 右側圖示是否為 ⬤，表示為開啟狀況，若為 ◯ 請按一下該圖示切換為 ⬤。

完成 Microsoft Edge 擴充功能安裝，接著要設定當瀏覽器關閉時不會進行背景作業，以避免使用 Power Automate Desktop 流程開啟瀏覽器或指定相關動作，出現無法操作的錯誤訊息。

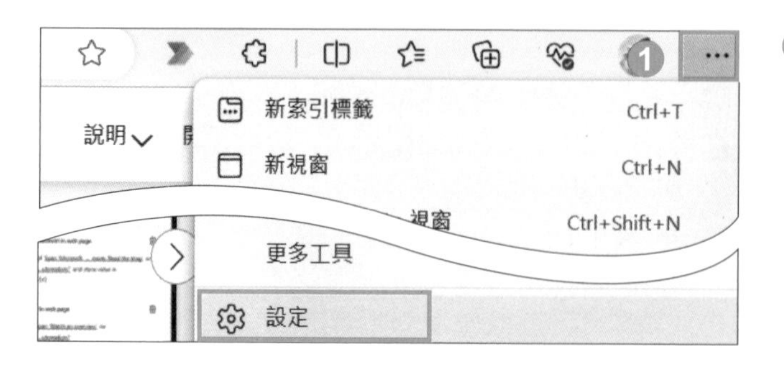

1 選按 ⋯ \ **設定**。

2 選按 **系統與效能**。

3 關閉 **當 Microsoft Edge 關閉時，繼續執行背景擴充功能及應用程式** (右側圖示呈 ⬤◯)。

完成設定，必須重新啟動瀏覽器。

安裝 Google Chrome 擴充功能與設定

後續範例如果使用 Google Chrome 操作，可依以下步驟安裝 Google Chrome 擴充功能：

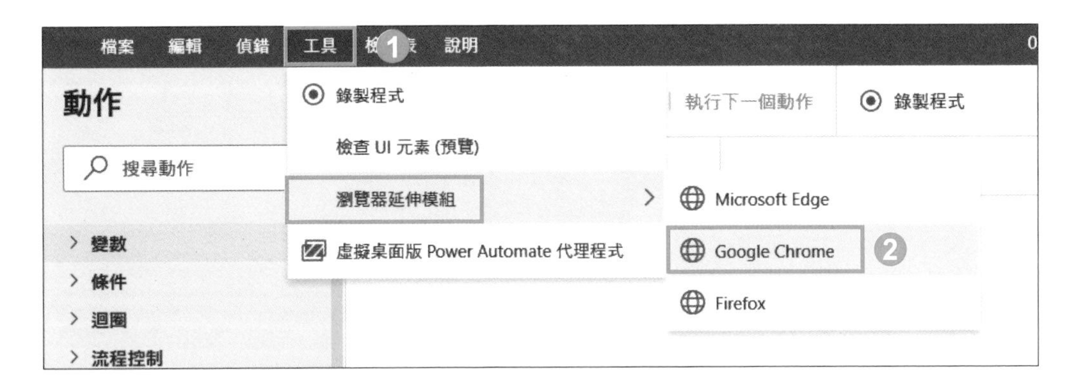

❶ 選按 **工具 \ 瀏覽器延伸模組**。

❷ 選按 **Google Chrome**。

❸ 按 **加到 Chrome** 鈕。

❹ 按 **新增擴充功能** 鈕。

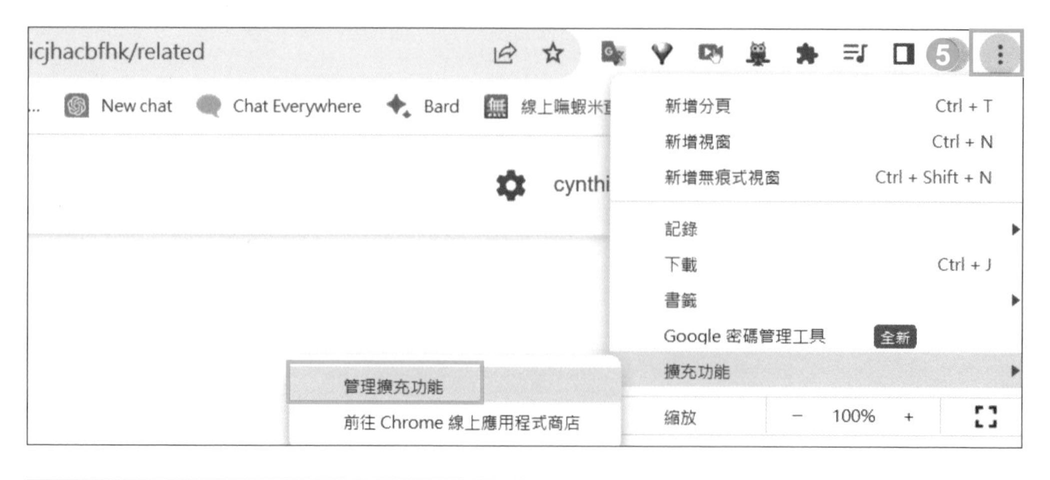

5 選按 ⋯ \ **管理擴充功能** (或 ⋯ \ **更多** \ **擴充功能**)。

6 確認 Microsoft Power Automate 右側圖示是否為 ●，表示為開啟狀況，若為 ○ 請按一下該圖示切換為 ●。

完成 Google Chrome 擴充功能安裝，接著要設定當瀏覽器關閉時不會進行背景作業，以避免使用 Power Automate Desktop 流程開啟瀏覽器或指定相關動作，出現無法操作的錯誤訊息。

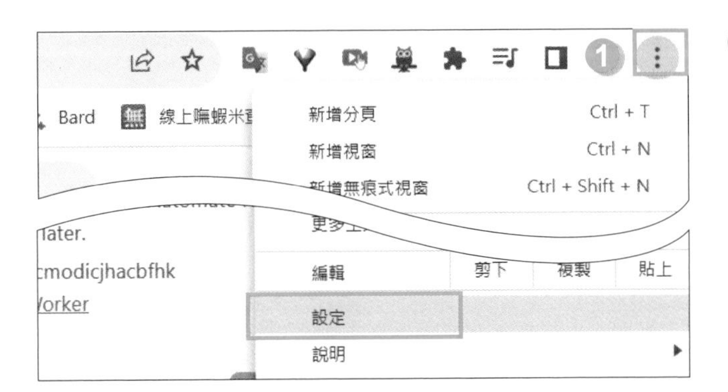

❶ 選按 ⋮ \ **設定**。

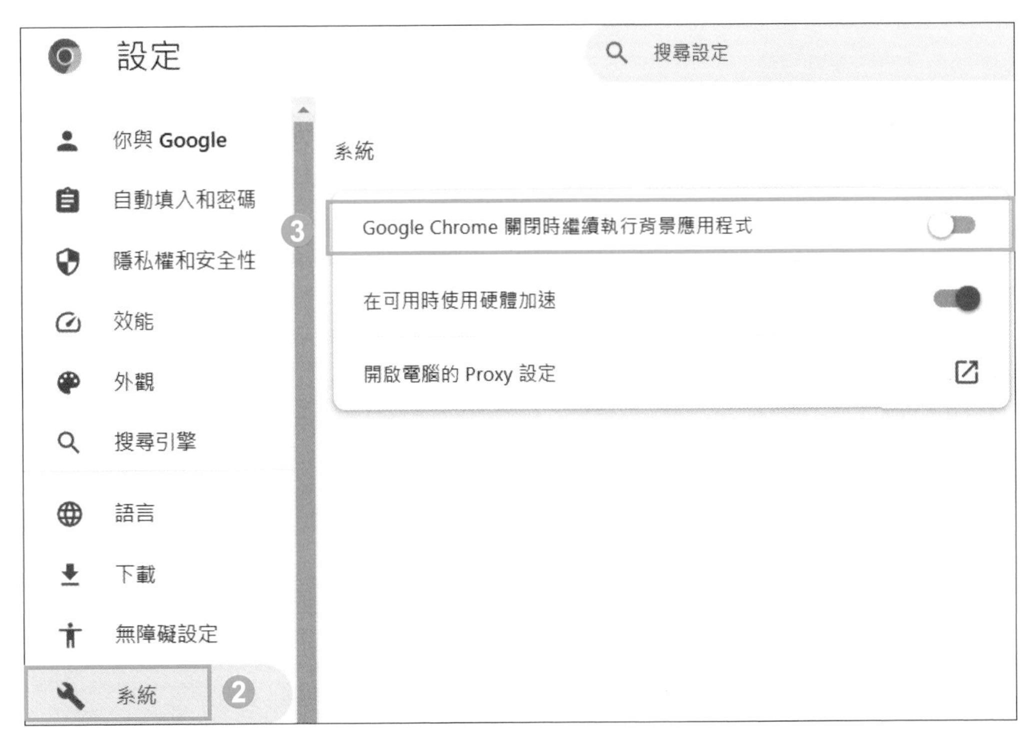

❷ 選按 **系統**。

❸ 關閉 **Google Chrome 關閉時繼續執行背景應用程式** (右側圖示呈 ⚪)。

完成設定，必須重新啟動瀏覽器。

安裝 Firefox 擴充功能與設定

後續範例如果使用 Firefox 操作，可依以下步驟安裝 Firefox 擴充功能：

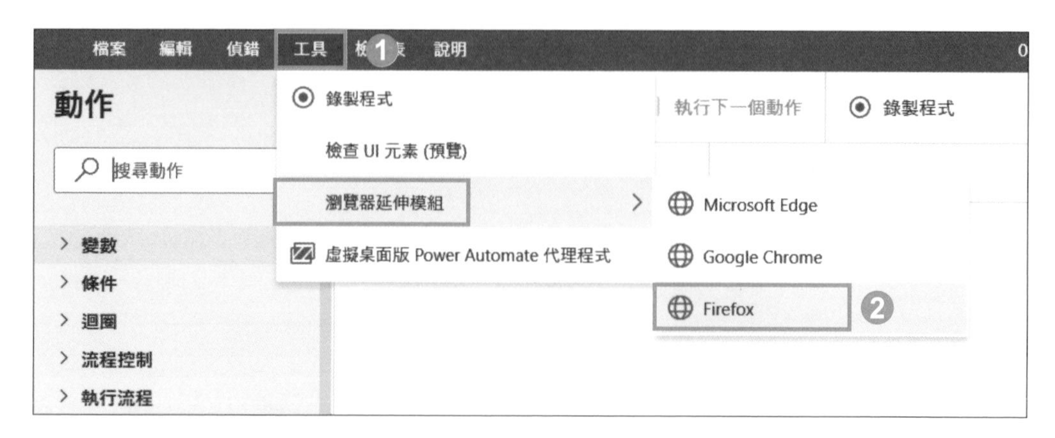

1. 選按 **工具 \ 瀏覽器延伸模組**。
2. 選按 **Firefox**。

3. 按 **新增至 Firefox** 鈕。
4. 按 **安裝** 鈕。

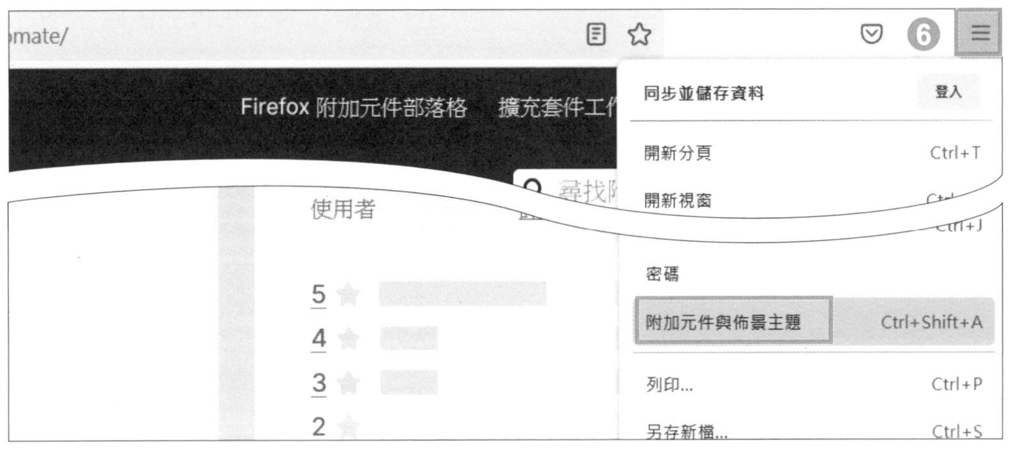

⑤ 若有出現隱私同意，按 **接受** 鈕。

⑥ 選按 ≡ \ **附加元件與佈景主題**。

⑦ 確認 Microsoft Power Automate 右側圖示是否為 ●，表示為開啟狀況，若為 ○ 請按一下該圖示切換為 ●。

為避免 Firefox 因不明操作或前往危險網站時中斷，以致無法使用 Power Automate Desktop 流程開啟瀏覽器或指定相關動作，需要藉由 Firefox 的設定編輯器 (about:config 頁面) 進行一些變更，確保流程可以順利運行，不會出現無法操作的錯誤訊息。

1. 網址列輸入：「about:config」，再按 Enter 鍵。
2. 按 **接受風險並繼續** 鈕。

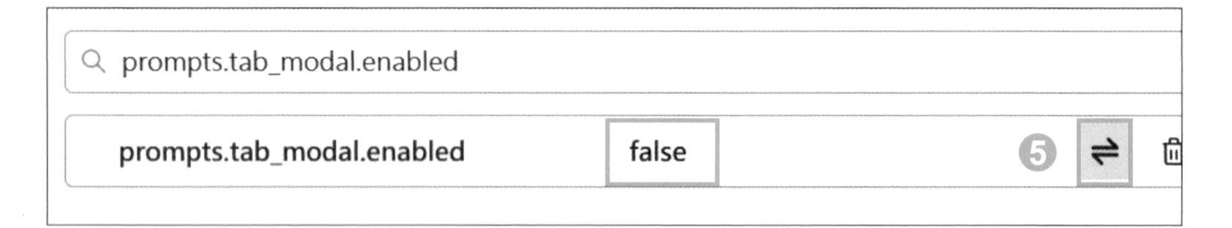

3. 出現設定編輯器 (about:config 頁面) 後，在搜尋列輸入：「prompts.tab_modal.enabled」，再按 Enter 鍵。
4. 確認其 **布林值** 已核選，按 + 。
5. 按 ⇌，將參數設定為 **false**。

完成設定，必須重新啟動瀏覽器。

更多瀏覽器延伸模組詳細說明，可參考官方網站：https://learn.microsoft.com/zh-tw/power-automate/desktop-flows/install-browser-extensions

2 多頁式新聞資料爬蟲 (入門版)

新聞訊息有助於職場專業人士保持最新的行業知識，提高競爭力，運用網頁資料擷取技術 (又稱爬蟲)，快速獲取所需的資料。

流程說明與規劃

"科技新報" (https://technews.tw/) 提供每日最新科技新聞，涵蓋科技行業的最新趨勢、創新、競爭和市場動態，為職場和市場分析提供了寶貴的資訊，這些資訊有助於企業更全面地評估市場環境，識別機會和風險。

此範例自動化流程：藉由 "科技新報" 新聞網，於首頁 "最新文章" 單元依序取得前五頁每則文章的詳細頁面連結、標題與摘要；最後將這些新聞資訊下載存檔，方便後續閱讀分析。

執行前

執行後

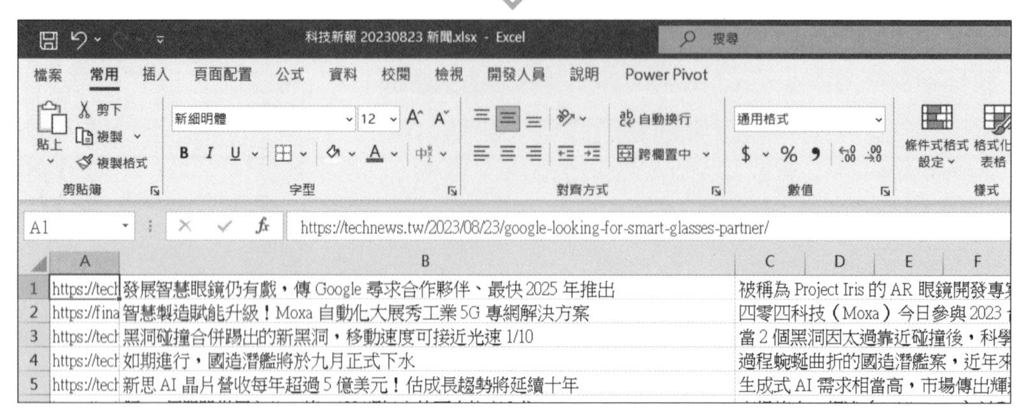

此範例自動化流程，相關動作規劃：

1	開啟瀏覽器與指定頁面："https://technews.tw/"。
2	首頁 "最新文章" 單元指定擷取：每則文章詳細頁面連結、標題與摘要資料，以表格形式整理。
3	設定多頁擷取、擷取至第五頁，擷取的資料儲存至 Excel 試算表。
4	關閉瀏覽器。
5	取得系統日期時間。
6	將日期時間轉換為文字，並指定格式："科技新報 yyyyMMdd 新聞"。
7	關閉 Excel 檔案，並依 "科技新報 yyyyMMdd 新聞" 為檔名存檔。
8	顯示訊息：已完成自動化流程。

開啟網頁瀏覽器

此範例搭配 Microsoft Edge 操作，確認完成擴充功能安裝與設定後，流程一開始先開啟瀏覽器與指定的網頁。

Step 1 建立新流程

開啟 Power Automate Desktop，選按 **+ 新流程**，命名後進入設計畫面。

Step 2 加入動作 "啟動新的 Microsoft Edge"

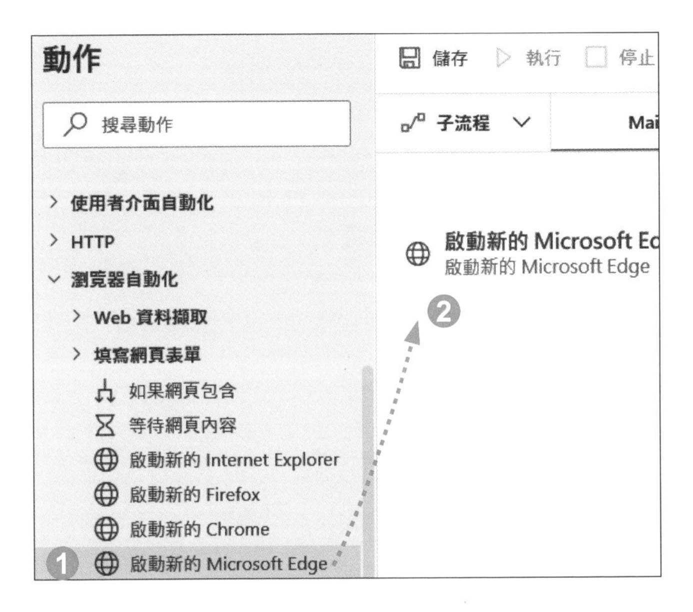

1. **動作** 窗格選按 **瀏覽器自動化 \ 啟動新的 Microsoft Edge**。
2. 拖曳至工作區。

Step 3 開啟一個最大化的瀏覽器視窗，並進入指定頁面

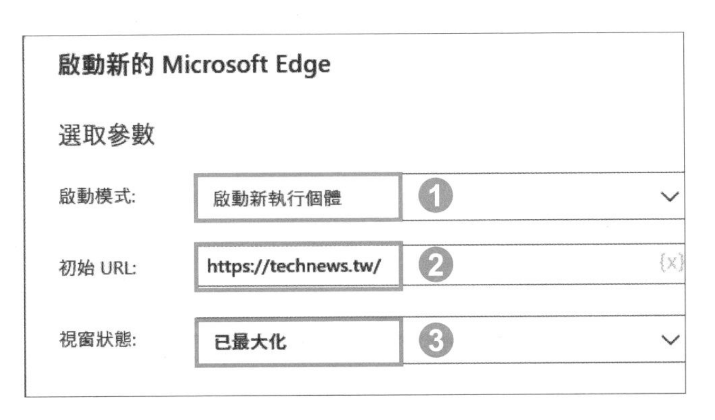

1. **啟動模式** 選擇：**啟動新執行個體**。
2. **初始 URL** 輸入：「https://technews.tw/」。
3. **視窗狀態** 選擇：**已最大化**。

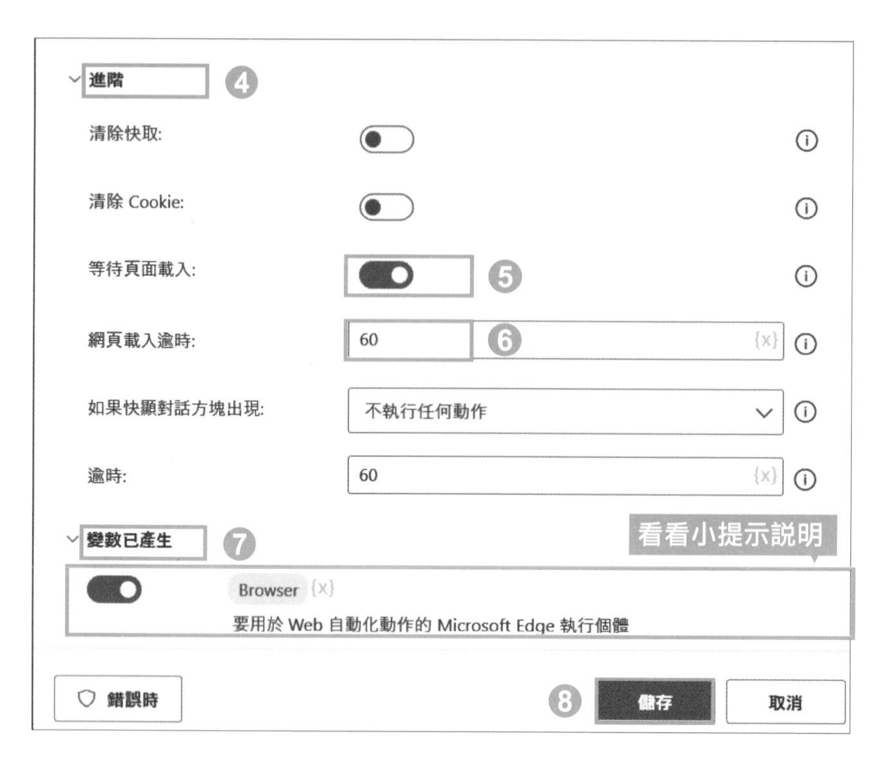

4. 選按 **進階** 設定其他參數。
5. 確認 **等待頁面載入** 右側為 (開啟狀態)。
6. **網頁載入逾時** 設定為 60，這樣一來，若 60 秒後瀏覽器仍無法正確開啟指定頁面，即會出現錯誤訊息。
7. 選按 **變數已產生** 可查看變數相關說明。
8. 按 **儲存** 鈕。

小提示

產生變數

啟動新的 Microsoft Edge 動作產生變數：Browser。

變數	資料類型	描述
Browser	Web browser instance	要用於瀏覽器自動化動作的 Edge 執行個體。

擷取單頁與多頁清單資料

著手擷取網頁資料前五頁，依指定的元素擷取值、清單、超連結...等各式資料內容，並以表格形式整理儲存至 Excel 試算表。

Step 1 執行流程，開啟指定瀏覽器頁面

後續要加入的 **從網頁擷取資料** 動作，需於已開啟的瀏覽器頁面，擷取指定網頁元素資料，因此先執行目前流程 **啟動新的 Microsoft Edge** 動作開啟頁面。

1. 選按工具列的 ▷執行流程。
2. 開啟指定瀏覽器與初始 URL 頁面。(若無法開啟出現錯誤訊息，參考下頁說明)

小提示

出現 "無法取得 (瀏覽器) 的控制權" 錯誤訊息！

Power Automate Desktop 在執行開啟瀏覽器或擷取指定元素資料時，有可能因為未正確開啟瀏覽器，或是無法取得瀏覽器控制權...等原因，出現錯誤訊息。

以下幾個方式可以協助你解決這些狀況：

■ **重新安裝擴充功能**

以 Microsoft Edge 示範，依安裝的方式開啟瀏覽器相應頁面，先移除已安裝的擴充功能，再安裝並記得需重新啟動瀏覽器。

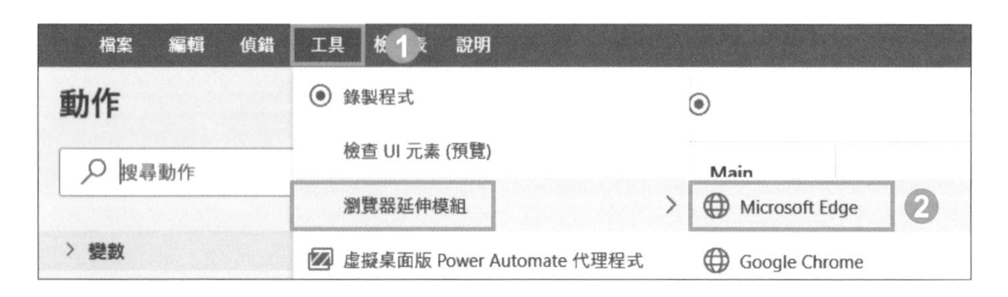

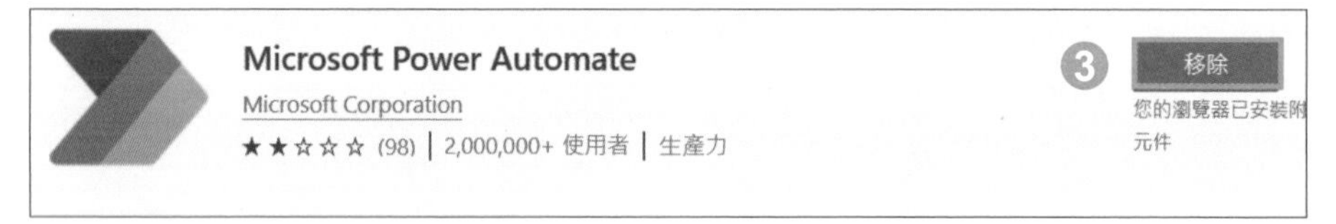

1. 選按 **工具 \ 瀏覽器延伸模組**。
2. 選按 **Microsoft Edge**。
3. 按 **移除** 鈕，移除後按 **取得** 鈕再次安裝。

■ **清除瀏覽記錄及 Cookie**

如果重新安裝擴充功能後，仍會出現錯誤訊息，需開啟瀏覽器 (以 Microsoft Edge 示範)，選按 ⋯ \ **歷程記錄** \ 🗑 **清除瀏覽資料**，指定清除瀏覽記錄及 Cookie 後，記得需重新啟動瀏覽器，再執行流程試試。

Step 2 加入動作 "從網頁擷取資料"

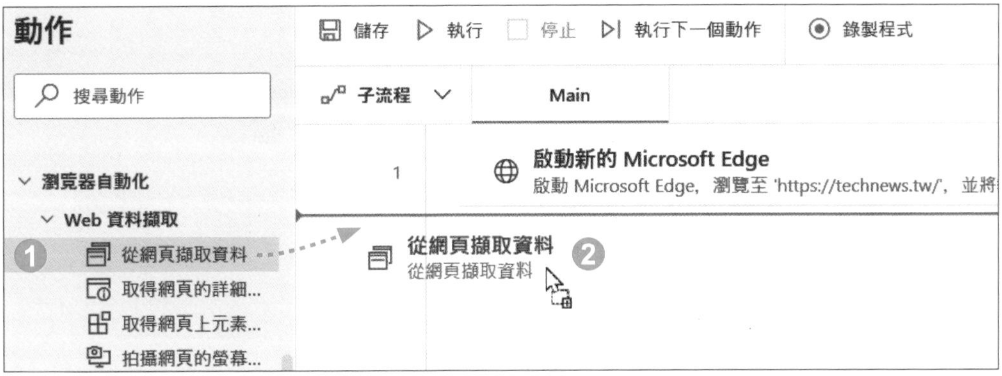

1. 回到 Power Automate Desktop，**動作** 窗格選按 **瀏覽器自動化 \ Web 資料擷取 \ 從網頁擷取資料**。
2. 拖曳至工作區最後一個動作下方。

Step 3 指定瀏覽器執行個體與儲存資料模式

1. **瀏覽器執行個體** 選擇：**%Browser%**。
2. **儲存資料模式**：選擇 **Excel 試算表**。(會自動開啟 Excel 空白試算表並將擷取的資料寫入)
3. 選按 **變數已產生** 可查看該變數說明。

設定好動作項目後，不要關閉此對話方塊，保持開啟的狀態下，直接切換到剛剛開啟的指定瀏覽器與初始 URL 頁面。

小提示

產生變數

從網頁擷取資料 動作產生變數：**ExcelInstance**。

變數	資料類型	描述
ExcelInstance	Exel 執行個體	可供後續 Excel 動作使用的 Excel 執行個體。

Step 4 指定擷取各元素的資料內容

回到前面開啟的瀏覽器與初始 URL 頁面，會出現 **即時網頁助手** 視窗，當滑鼠移至網頁各元素上方，會出現紅色擷取框。

在此於 "科技新報" 首頁下方 "最新文章" 單元指定擷取每則文章：詳細頁面連結、標題與摘要資料。(操作時若該網頁文章內容元素與後續步驟圖片有所差異，請依畫面內容合適元素套用擷取動作。)

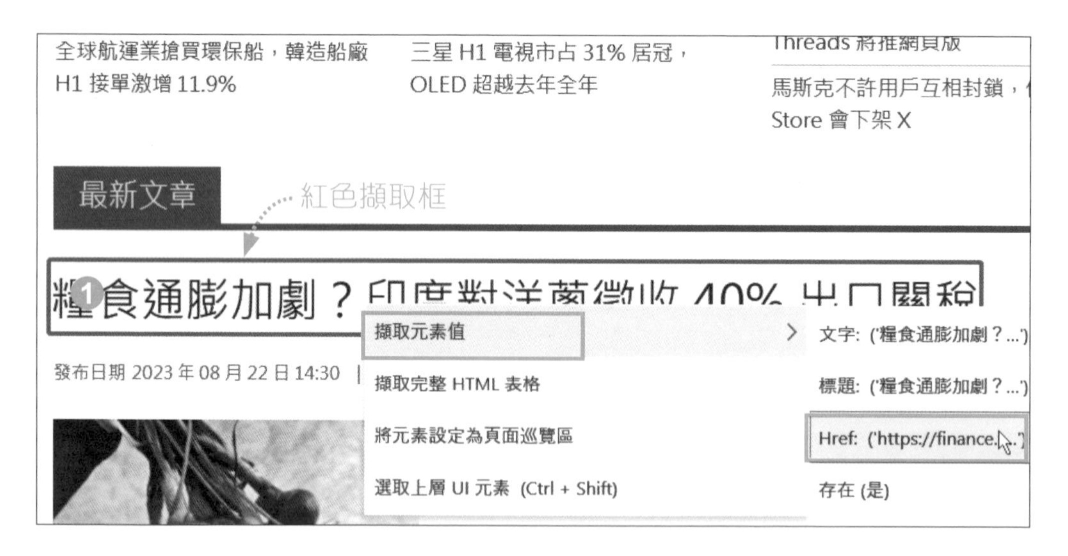

1. 擷取第一則標題的超連結：將滑鼠指標移至 "最新文章" 單元第一則標題 "糧食..." 上方，當出現紅色擷取框，在文字上按一下滑鼠右鍵，選按 **擷取元素值 \ Href...**。

❷ **即時網頁助手** 視窗會顯示目前擷取內容。

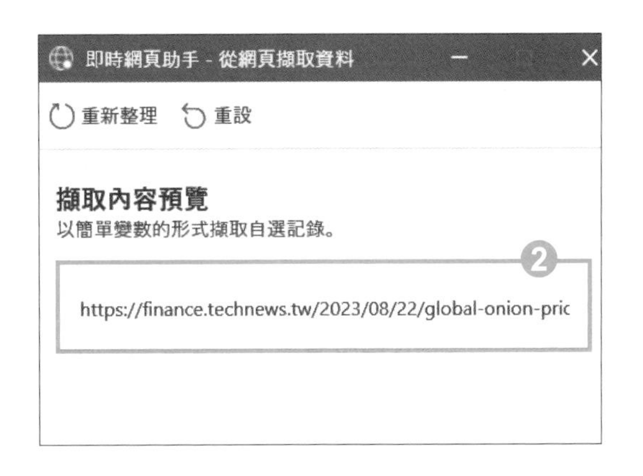

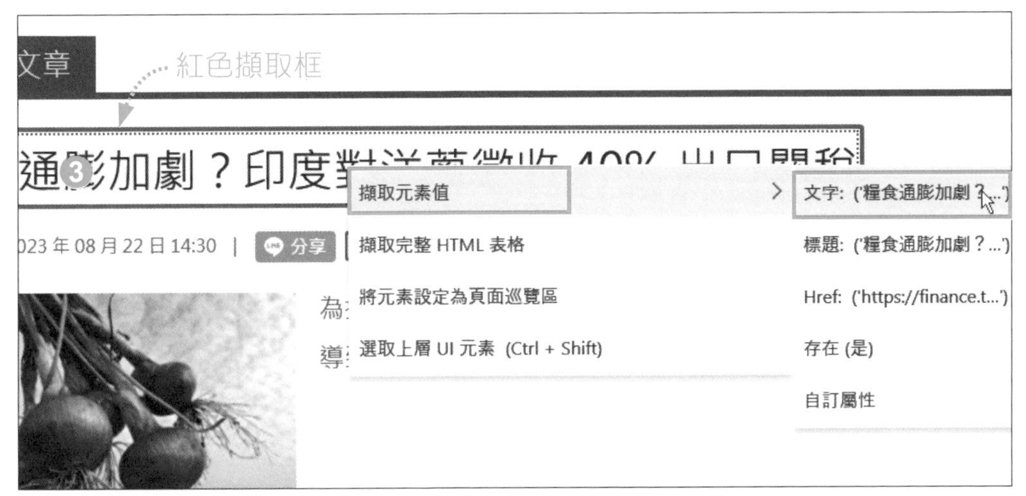

❸ 擷取第一則標題文字：將滑鼠指標移至標題 "糧食..." 上方，當出現紅色擷取框，在文字上按一下滑鼠右鍵，選按 **擷取元素值 \ 文字...**。

❹ **即時網頁助手** 視窗會顯示目前擷取內容。

加劇？印度對洋蔥徵收 40% 出口關稅

紅色擷取框

22 日 14:30 | 分享 分享 讚 0 分享 分類 國際貿易 , 財經

為抑制國內蔬菜價格漲幅，全球最大洋蔥出口國印度宣布對洋蔥徵收 40

導致全球洋

擷取元素值

將元素設定為頁面巡覽區

選取上層 UI 元素 (Ctrl + Shift)

文字: ('為抑制國內蔬菜...')

標題: ('')

存在 (是)

自訂屬性

5 **擷取第一則摘要**：將滑鼠指標移至摘要上方，當出現紅色擷取框，在文字上按一下滑鼠右鍵，選按 **擷取元素值 \ 文字...**。

6 **即時網頁助手** 視窗會顯示目前擷取內容。

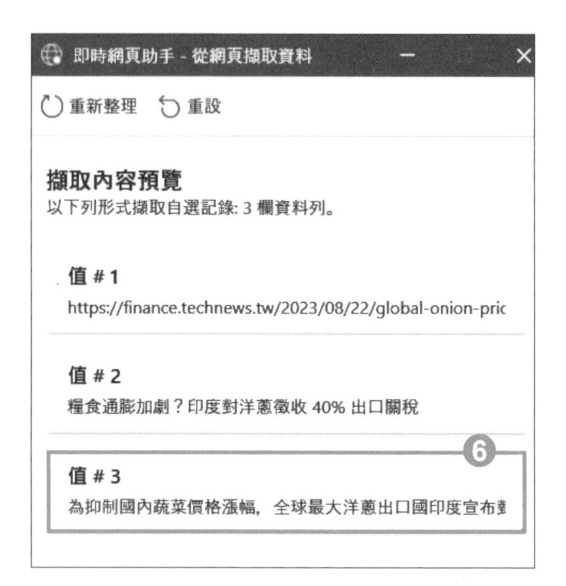

完成前面的擷取動作，可看出目前擷取內容是一項一項由上至下排列整理。

小提示

網路爬蟲的使用注意事項和限制

網路爬蟲是項極具效能的工具，但使用時需要謹慎遵守一些注意事項：

- **遵守網站的使用條款和服務協議**：網站通常會在規範中說明是否允許爬蟲訪問 (或稱 "資料收集")，請仔細閱讀並遵守。
- **避免爬取敏感信息**：不要爬取或公開敏感或個人隱私訊息。

部分網站不歡迎或明確禁止批量的資料擷取，例如：Facebook、Amazon...等，通常不允許自動訪問或爬取數據。總結來說，擷取網路資料必須遵循網站條款，保護敏感數據，以確保合法使用。

如果要擷取的是網頁資料中常見的清單或表格、資料表式資料 (具有多則但一樣的佈置方式)，只要再擷取第二則文章的標題元素超連結或文字，即會自動比照第一則的擷取方式，將該頁後續文章相關元素資料全部取得。

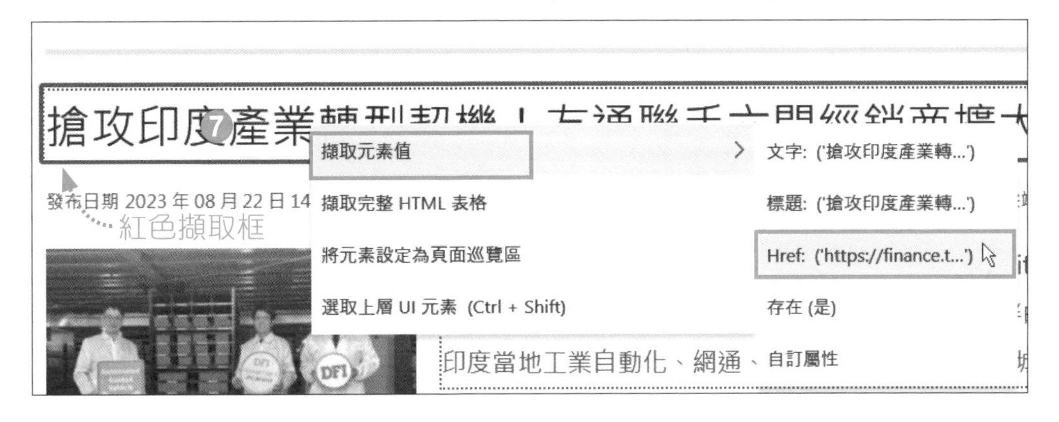

❼ 擷取第二則標題的超連結：將滑鼠指標移至第二則標題 "搶攻..." 上方，當出現紅色擷取框，在文字上按一下滑鼠右鍵，選按 **擷取元素值 \ Href...**。

❽ **即時網頁助手** 視窗會顯示目前擷取內容，可看到該頁每一則文章的超連結、標題與摘要資料均已取得，並依序以 **Value #1**、**Value #2**、**Value #3**，三個欄位整理。

❾ 拖曳右側垂直卷軸可往下看到更多筆資料。

Step 5 指定元素為頁面巡覽器，取得下一頁資料

如果需要在多個結構相同的頁面中擷取資料，**將元素設定為頁面巡覽區** 是一項關鍵功能。這個 Web 元素允許 Power Automate Desktop 在多個頁面之間進行切換，以擷取所需的內容。

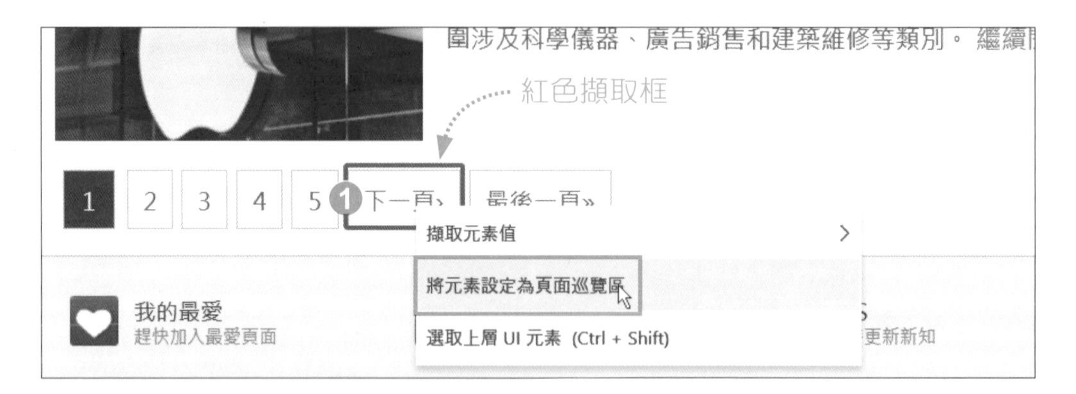

1. 捲動頁面至文章最下方，將滑鼠指標移至 **下一頁** 鈕上方，當出現紅色擷取框，在按鈕上按一下滑鼠右鍵，選按 **將元素設定為頁面巡覽區**。

2. 於 **即時網頁助手** 視窗，按 **完成** 鈕，即可回到 Power Automate Desktop。

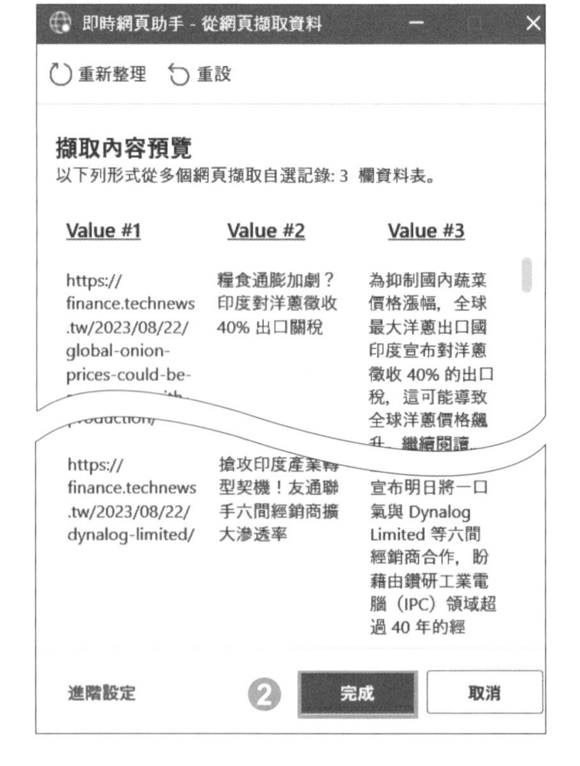

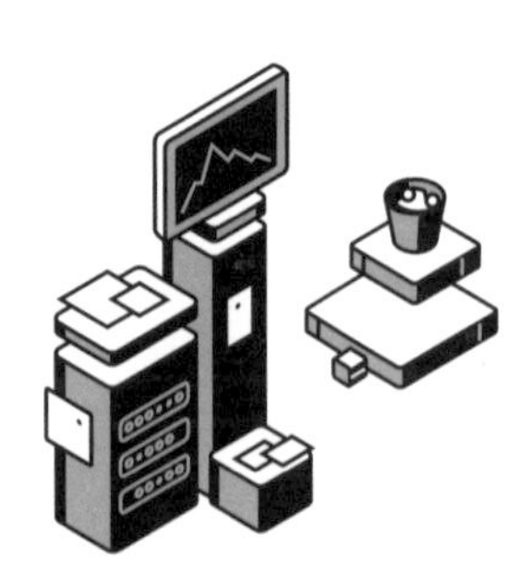

Step 6 擷取資料來源前五頁

回到 Power Automate Desktop **從網頁擷取資料** 對話方塊，設定擷取前五頁。

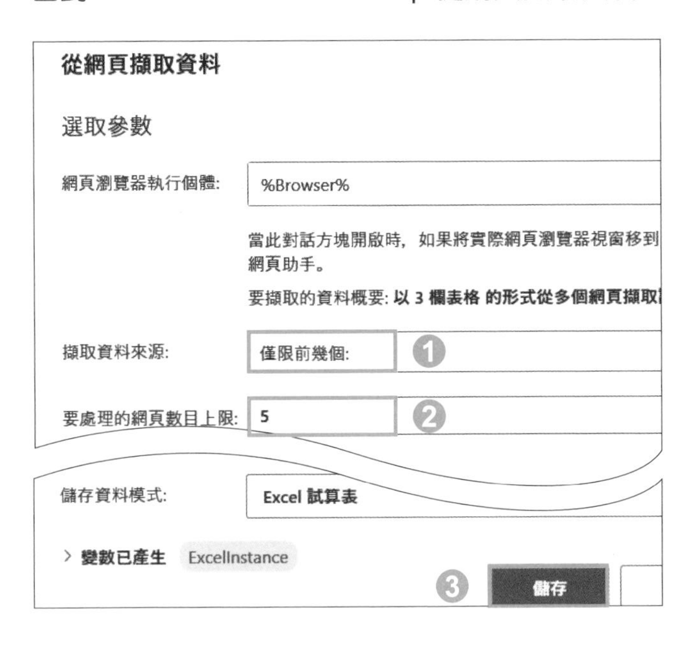

1. **擷取資料來源** 選擇：**僅限前幾個**。
2. **要處理的網頁數目上限** 輸入：「5」。
3. 按 **儲存** 鈕。

關閉網頁瀏覽器

關閉目前開啟的網頁瀏覽器，方便後續操作。

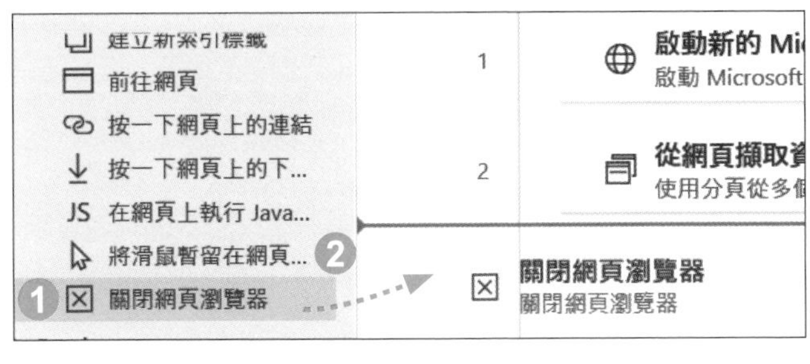

1. **動作** 窗格選按 **瀏覽器自動化 \ 關閉網頁瀏覽器**。
2. 拖曳至工作區最後一個動作下方。
3. **網頁瀏覽器執行個體** 指定為 **%Browser%**，最後按 **儲存** 鈕。

依目前日期，儲存存放資料的 Excel 檔

至前一個步驟，已完成指定網頁批量資料擷取的動作設計，並將擷取內容存放在 Excel 檔，最後依系統日期儲存，以及顯示 "已完成" 訊息。

Step 1 加入動作 "取得目前日期與時間"，取得系統日期

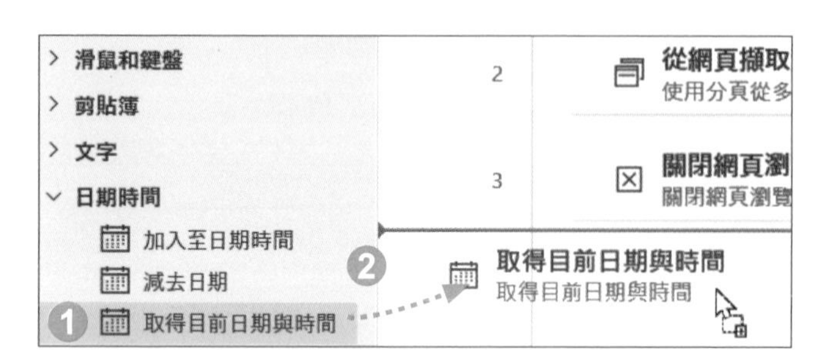

1. **動作** 窗格選按 **日期時間 \ 取得目前日期與時間**。
2. 拖曳至工作區最後一個動作下方。

取得目前日期與時間

選取參數

一般

擷取: 目前日期與時間

時區: 系統時區

變數已產生　看看小提示說明

CurrentDateTime {x}

目前的日期時間值

儲存

3. **擷取** 選擇：**目前日期與時間**。
4. **時區** 選擇：**系統時區**。
5. 選按 **變數已產生** 可查看該變數說明。
6. 按 **儲存** 鈕。

小提示

產生變數

取得目前日期與時間 動作產生變數：CurrentDateTime。

變數	資料類型	描述
CurrentDateTime	日期時間	目前系統的日期時間值。

Step 2 加入動作 "將日期時間轉換為文字"，取得格式化文字

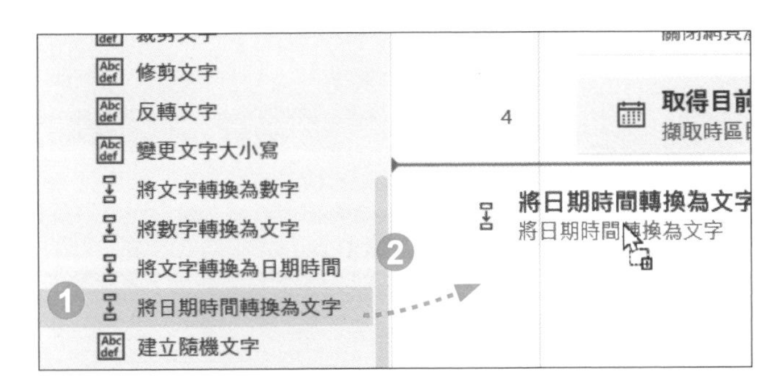

1. **動作** 窗格選按 **文字 \ 將日期時間轉換為文字**。
2. 拖曳至工作區最後一個動作下方。

將日期時間轉換為文字

選取參數

要轉換的日期時間: %CurrentDateTime%

要使用的格式: 自訂

自訂格式: 科技新報 yyyyMMdd 新聞

樣本 科技新報 20200519 新聞

變數已產生

看看小提示說明

FormattedDateTime {x}

已格式化為文字值的日期時間

儲存 取消

3. **要轉換的日期時間** 按 {x} \ 變數 CurrentDateTime，按 **選取** 鈕加入。
4. **要使用的格式** 選擇：**自訂**。
5. **自訂格式** 輸入：「科技新報 yyyyMMdd 新聞」。
6. 選按 **變數已產生** 可查看該變數說明。
7. 按 **儲存** 鈕。

小提示

產生變數

將日期時間轉換為文字 動作產生變數：FormattedDateTime。

變數	資料類型	描述
FormattedDateTime	文字值	格式化為文字值的日期時間。

Step 3 加入動作 "關閉 Excel"，依指定檔名儲存檔案

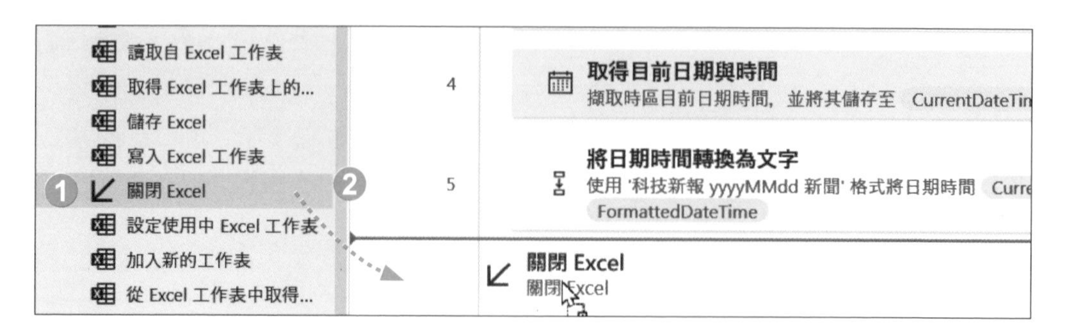

1. **動作** 窗格選按 **Excel \ 關閉 Excel**。
2. 拖曳至工作區最後一個動作下方。

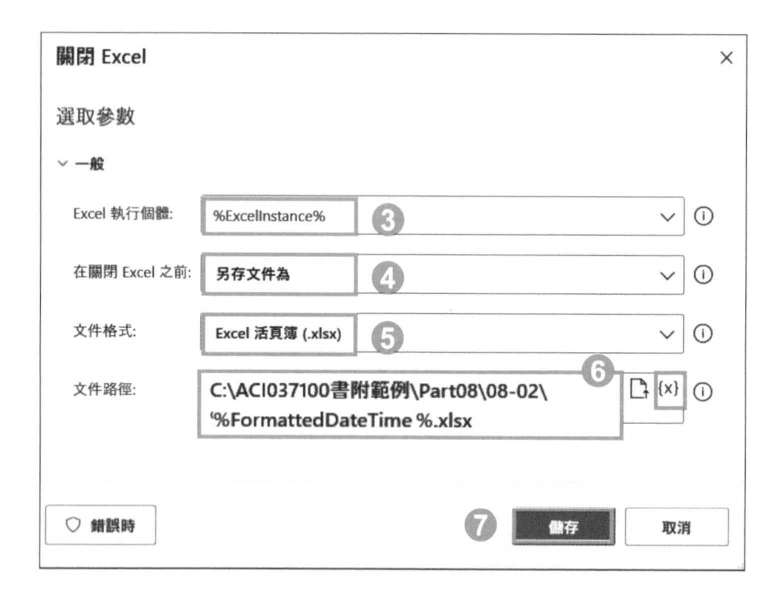

3. **Excel 執行個體** 選擇：**%ExcelInstance%**。
4. **在關閉 Excel 之前** 選擇：**另存文件為**。
5. **文件格式** 選擇：**Excel 活頁簿 (.xlsx)**。
6. **文件路徑** 先輸入儲存路徑，再按 {x} \ 變數 **FormattedDateTime**，按 **選取** 鈕加入。
7. 按 **儲存** 鈕。

Step 4 加入動作 "顯示訊息"，設定訊息方塊的內容

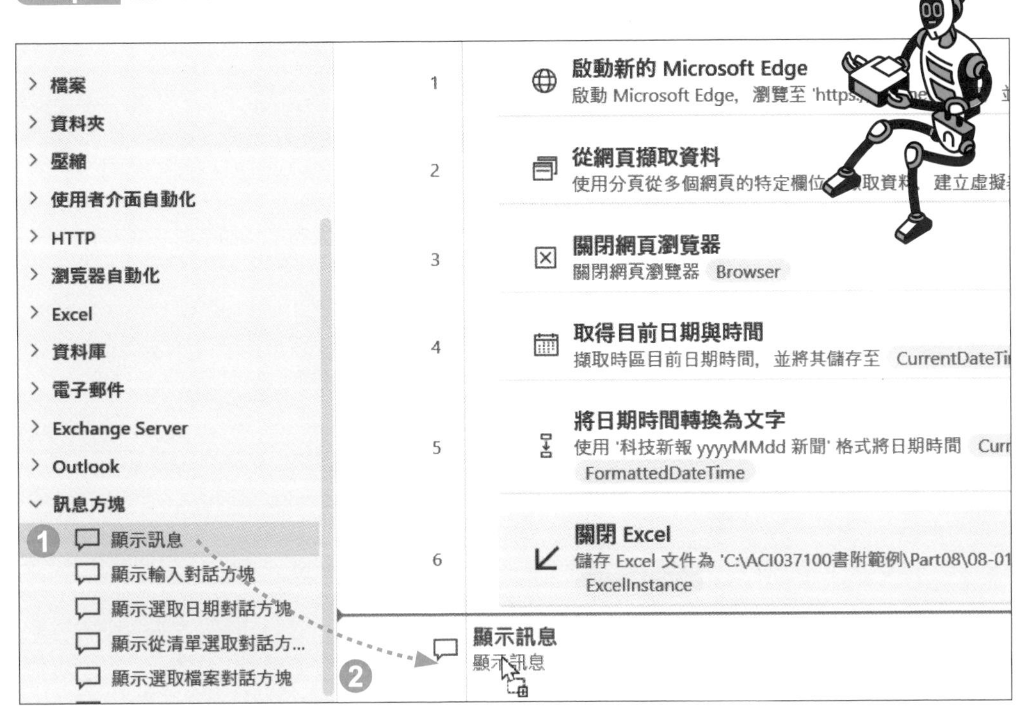

❶ **動作** 窗格選按 **訊息方塊 \ 顯示訊息**。

❷ 拖曳至工作區最後一個動作下方。

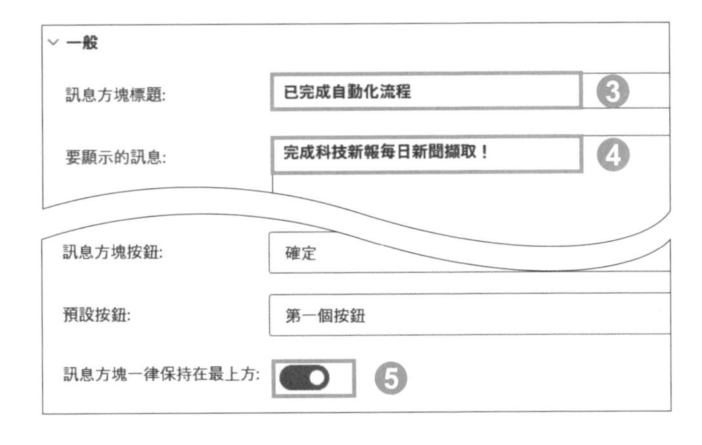

❸ 如圖於 **訊息方塊標題** 輸入標題。

❹ 如圖於 **要顯示的訊息** 輸入訊息。

❺ 開啟 **訊息方塊一律保持在最上方**，右側圖示呈 ⬤，再按 **儲存** 鈕。

選按工具列的 ▷ 執行流程，最後記得儲存。

3 多單元新聞資料爬蟲 (進階)

增加瀏覽器切換單元與相關擷取動作，於同一流程中收集多個單元的新聞資料，並套用專業格式 Excel 報表範本與儲存。

流程說明與規劃

此範例自動化流程：同樣藉由 "科技新報" (https://technews.tw/) 新聞網，前一個範例已擷取首頁 "最新文章" 單元前五頁每則文章的詳細頁面連結、標題與摘要；延續該範例，設計流程切換至 "AI 人工智慧" 單元，同樣擷取前五頁每則文章的詳細頁面連結、標題與摘要。

另外，有鑑於上個範例，擷取的資料直接儲存至 Excel 檔，沒有格式整理的工作表內容較不容易閱讀，超連結資料也無法直接選按開啟。這次流程設計要將二個單元擷取的資料分別整理，並逐筆寫入已設計好的 Excel 範本，快速套用專業格式與函數。

執行前

▲ 最新文章 單元

▲ AI 人工智慧 單元

執行後

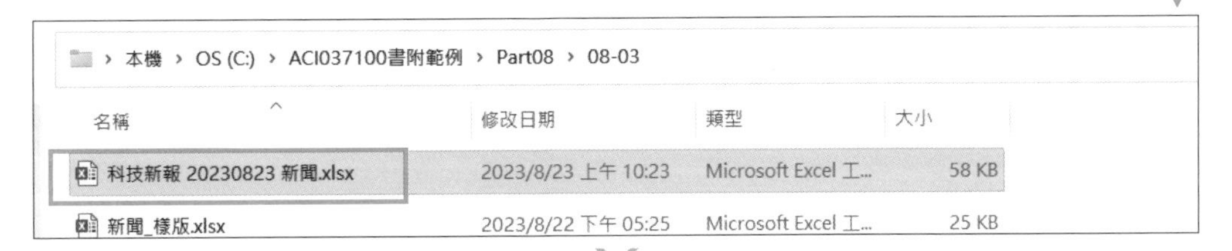

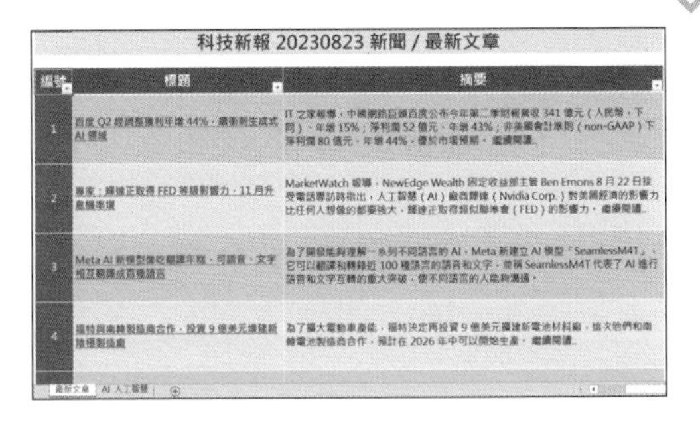

▲ 最新文章 工作表

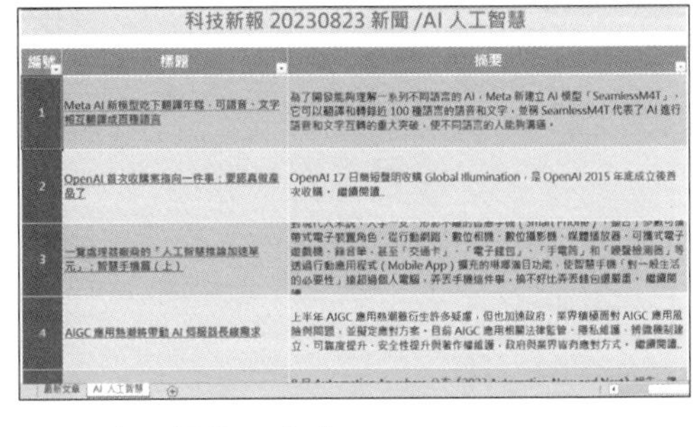

▲ AI 人工智慧 工作表

此範例自動化流程，相關動作規劃：

1	取得 "最新文章"、"AI 人工智慧" 二個單元的名稱並存放於變數 AttributeValue1、AttributeValue2 中。
2	將前範例 "最新文章" 單元擷取的內容儲存於變數 DataFromWebPage1。
3	選按網頁上的 "AI 人工智慧" 單元連結，切換至該單元。
4	擷取 "AI 人工智慧" 指定元素資料，設定多頁擷取、擷取至第五頁；將此單元擷取的內容儲存於變數 DataFromWebPage2。
5	依前範例已取得的系統日期時間，將日期時間轉換為文字，並指定格式："科技新報 yyyyMMdd 新聞 / %AttributeValue1%"，存放於變數 FormattedDateTime1。
6	依前範例已取得的系統日期時間，將日期時間轉換為文字，並指定格式："科技新報 yyyyMMdd 新聞 /%AttributeValue2%"，存放於變數 FormattedDateTime2。

7	啟動 Excel 並開啟 <C:\ACI037100書附範例\Part08\08-03\新聞_範本.xlsx>。
8	**Main** 子流程設計：分別執行子流程 **Topic01**、**Topic02**。
9	設計子流程 **Topic01**： 於 "最新文章" 工作表 D1 儲存格寫入標題 (變數 FormattedDateTime1)。將 "最新文章" 單元擷取的內容 (變數 DataFromWebPage1)，由左至右欄位依序一筆筆寫入指定儲存格。
10	設計子流程 **Topic02**： 於 "AI 人工智慧" 工作表 D1 儲存格寫入標題 (變數 FormattedDateTime2)。將 "AI 人工智慧" 單元擷取的內容 (變數 DataFromWebPage2)，由左至右欄位依序一筆筆寫入指定儲存格。
11	回到 **Main** 子流程，以系統日期為檔名另存已套範本的 Excel 檔案。

以流程的副本開始

開啟 Power Automate Desktop，建立 08-02 流程副本。

❶ 於 **我的流程** 標籤，選按上一個主題 08-02 建立的流程。

❷ 選按該流程右側 ⋮ \ **建立複本**。

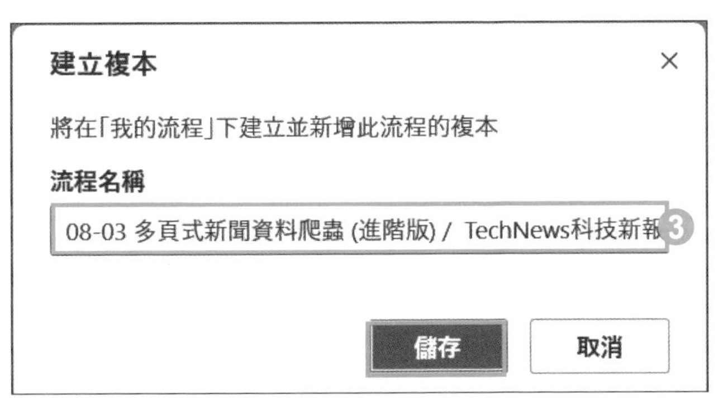

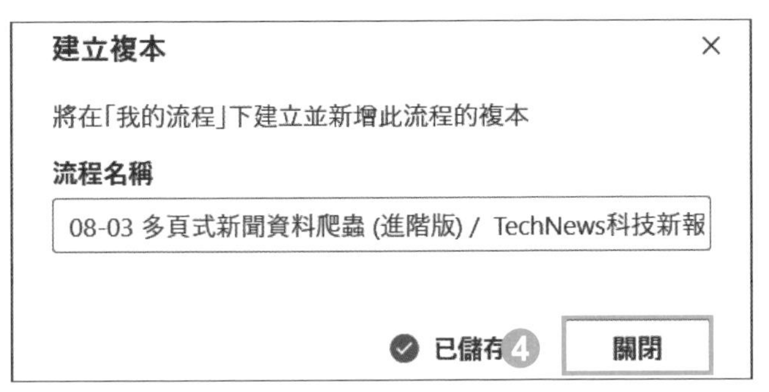

3 輸入流程名稱 (此範例命名為 08-03...)，按 **儲存** 鈕。

4 按 **關閉** 鈕。

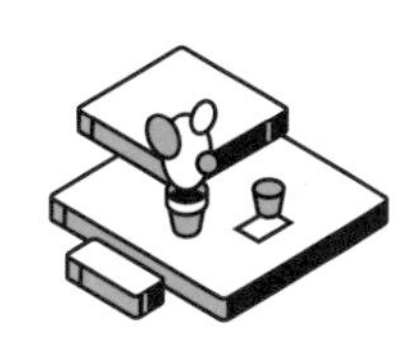

擷取特定 UI 元素的資料

開啟建立的流程副本，首先取得網頁上二個單元的名稱，以方便後續分類整理，這時可藉由 **取得網頁上元素的詳細資料** 動作擷取特定元素的資料。

Step 1 開啟指定瀏覽器頁面

後續要加入的 **取得網頁上元素的詳細資料** 動作，需藉由已開啟的瀏覽器頁面擷取指定網頁元素資料，因此先手動開啟流程中指定的瀏覽器與頁面「https://technews.tw/」。

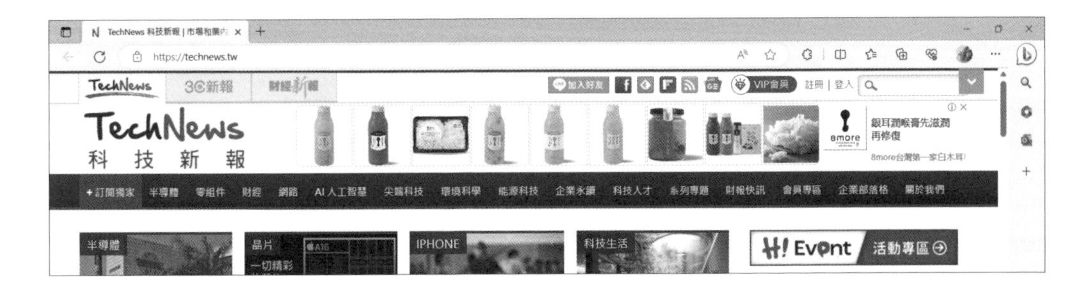

Step 2 加入動作 "取得網頁上元素的詳細資料"

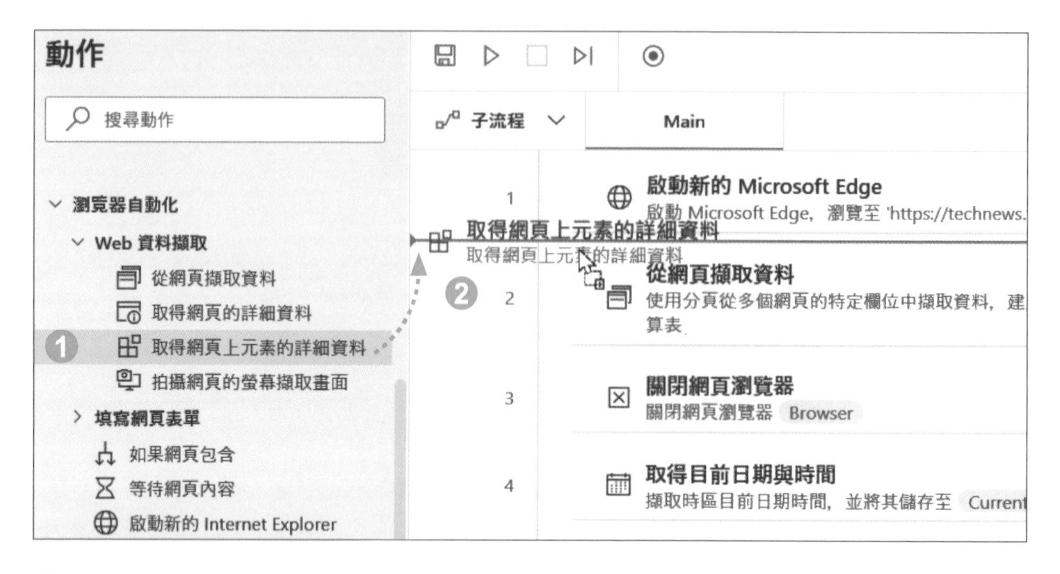

① **動作** 窗格選按 **瀏覽器自動化 \ Web 資料擷取 \ 取得網頁上元素的詳細資料**。

② 拖曳至工作區流程列 1 下方。

Step 3 新增單元一 UI 元素

① **網頁瀏覽器執行個體** 選擇：**%Browser%**。

② **UI 元素** 按右側清單鈕。

③ 按 **新增 UI 元素** 鈕，會自動切換至瀏覽器畫面。

4 將滑鼠指標移至首頁下方 "最新文章" 單元名稱，當出現紅色擷取框，按住 Ctrl 鍵，再按一下滑鼠左鍵，即可新增該元素並自動切換回 Power Automate Desktop **取得網頁上元素的詳細資料** 對話方塊。

5 **UI 元素** 已新增剛剛指定的網頁元素。

6 變數 %AttributeValue% 調整為：%AttributeValue1%。

7 按 **儲存** 鈕。

小提示

產生變數

取得網頁上元素的詳細資料 動作可取得網頁的屬性，像是其標題或來源文字，產生變數：**AttributeValue**。

變數	資料類型	描述
AttributeValue	文字值	Web 元素屬性的值。

Step 4 加入動作 "取得網頁上元素的詳細資料"

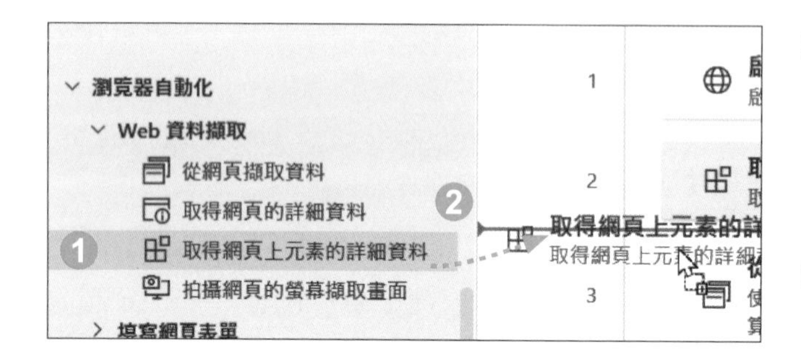

1. **動作** 窗格選按 **瀏覽器自動化 \ Web 資料擷取 \ 取得網頁上元素的詳細資料**。
2. 拖曳至工作區流程列 2 下方。

Step 5 新增單元二 UI 元素

1. **網頁瀏覽器執行個體** 選擇：**%Browser%**。
2. **UI 元素** 按右側清單鈕。
3. 按 **新增 UI 元素** 鈕，會自動切換至瀏覽器畫面。

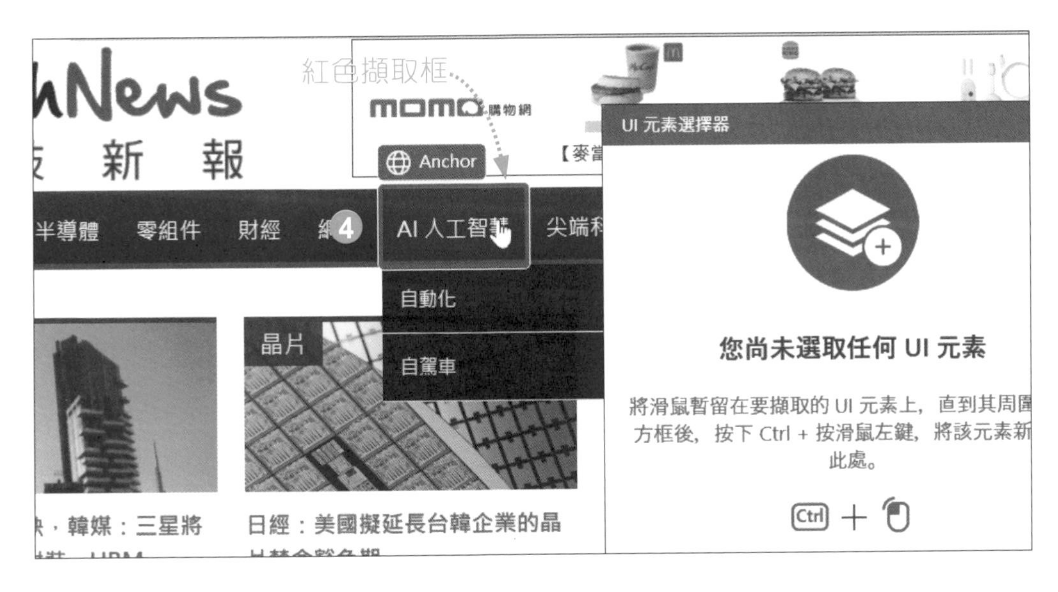

❹ 將滑鼠指標移至首頁上方 "AI 人工智慧" 單元名稱，當出現紅色擷取框，按住 Ctrl 鍵，再按一下滑鼠左鍵，即可新增該元素並自動切換回 Power Automate Desktop **取得網頁上元素的詳細資料** 對話方塊。

❺ **UI 元素** 已新增剛剛指定的網頁元素。

❻ 產生變數：%AttributeValue2%。

❼ 按 **儲存** 鈕。

按下連結，切換至不同單元擷取資料

接著調整單元一 "最新文章" **從網頁擷取資料** 動作，再切換至單元二 "AI 人工智慧" 並擷取指定元素資料。

Step 1 將單元一擷取內容儲存於變數

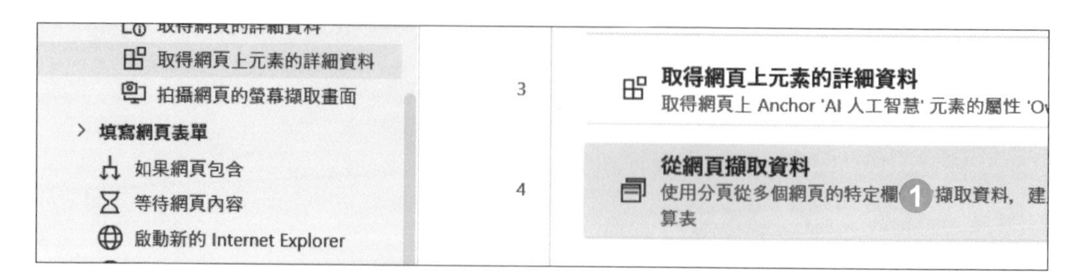

❶ 於流程列 4 動作 **從網頁擷取資料**，連按二下滑鼠左鍵開啟設定。

❷ **儲存資料模式** 變更為：**變數**。

❸ 變數名稱調整為：%DataFromWebPage1%。

❹ 按 **儲存** 鈕。

(若出現變數 **ExcelInstance** 不存在的錯誤訊息，可先關閉該訊息，後續步驟會安排調整。)

小提示

產生變數

從網頁擷取資料 動作產生變數：**DataFromWebPage**。

變數	資料類型	描述
DataFromWebPage	資料表	以表格形式擷取的資料。

Step 2 加入動作 "按下網頁上的按鈕" 切換至單元二

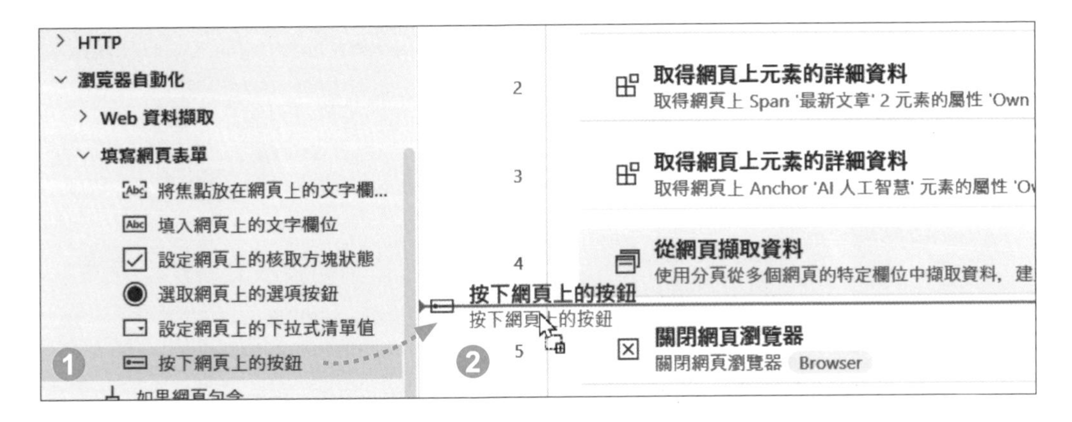

① **動作** 窗格選按 **瀏覽器自動化 \ 填寫網頁表單 \ 按下網頁上的按鈕**。

② 拖曳至工作區流程列 4 下方。

Step 3 新增 UI 元素

① **網頁瀏覽器執行個體** 選擇：**%Browser%**。

② **UI 元素** 按右側清單鈕。

③ 按 **新增 UI 元素** 鈕，會自動切換至瀏覽器畫面。

❹ 將滑鼠指標移至首頁上方 "AI 人工智慧" 單元名稱，當出現紅色擷取框，按住 Ctrl 鍵，再按一下滑鼠左鍵，即可新增該元素並自動切換回 Power Automate Desktop **按下網頁上的按鈕** 對話方塊。

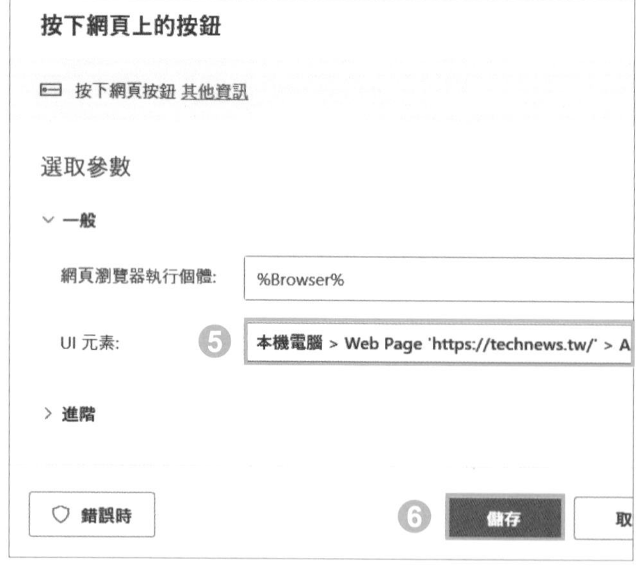

❺ **UI 元素** 已新增剛剛指定的網頁元素。

❻ 按 **儲存** 鈕。

Step 4 加入動作 "從網頁擷取資料"

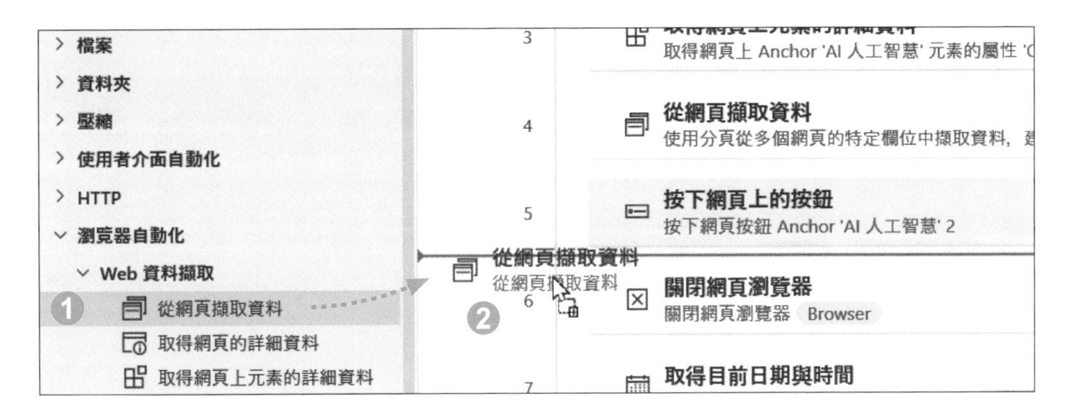

1. 選按 **瀏覽器自動化 \ Web 資料擷取 \ 從網頁擷取資料**。
2. 拖曳至工作區流程列 5 下方。

Step 5 指定單元二瀏覽器執行個體與儲存資料模式

從網頁的特定部分擷取單一值、清單、資料列或資料表形式的資料 其他資訊

選取參數

網頁瀏覽器執行個體: %Browser% ①

當此對話方塊開啟時，如果將實際網頁瀏覽器視窗移到前 網頁助手。

要擷取的資料概要: **未指定要擷取的資料。**

逾時: 60

儲存資料模式: 變數 ②

變數已產生 ③ 看看小提示說明

DataFromWebPage2 {x}
以單一值、清單、資料列或資料表形式擷取的資料

1. **網頁瀏覽器執行個體** 選擇：**%Browser%**。
2. **儲存資料模式** 選擇：**變數**。
3. 選按 **變數已產生** 可查看該變數說明，變數：%DataFromWebPage2%。

設定好動作項目後，不要關閉此對話方塊，在對話方塊保持開啟的狀態下，直接切換到剛剛開啟的指定瀏覽器與初始 URL 頁面。

小提示

產生變數

從網頁擷取資料 動作產生變數：**DataFromWebPage**。

變數	資料類型	描述
DataFromWebPage	資料表	以表格形式擷取的資料。

Step 6 **指定擷取各元素的資料內容**

回到前面開啟的瀏覽器與頁面，會出現 **即時網頁助手** 視窗，請先進入 "AI 人工智慧" 單元頁面，再依以下說明擷取此單元每則文章：詳細頁面連結、標題與摘要資料。(操作步驟與上一範例相似，在此會省略部分功能說明)

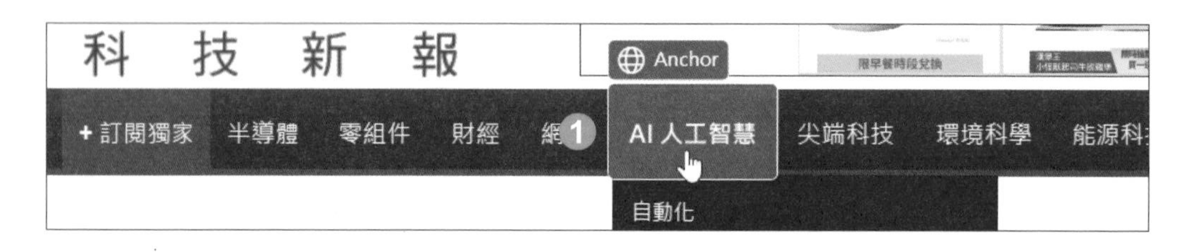

1. 於網頁上方選按 "AI 人工智慧" 進入此單元頁面。
2. 擷取第一則標題的超連結：將滑鼠指標移至 "AI 人工智慧" 單元第一則標題 "...自動化..." 上方，當出現紅色擷取框，在文字上按一下滑鼠右鍵，選按 **擷取元素值 \ Href...**。

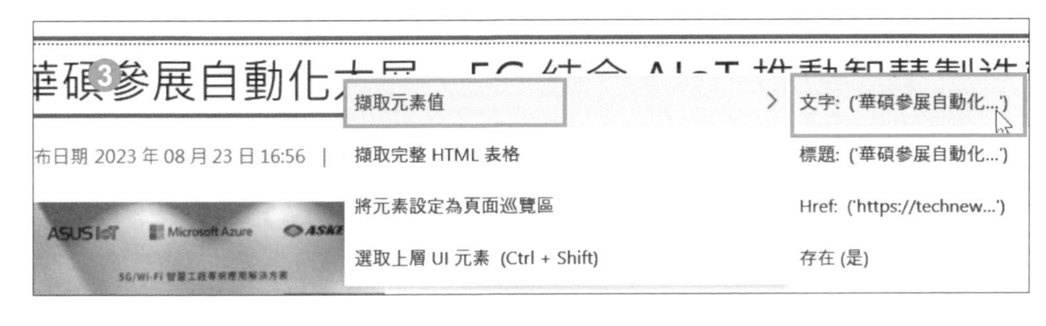

③ 擷取第一則標題文字：將滑鼠指標移至標題 "...自動化..." 上方，當出現紅色擷取框，在文字上按一下滑鼠右鍵，選按 **擷取元素值 \ 文字...**。

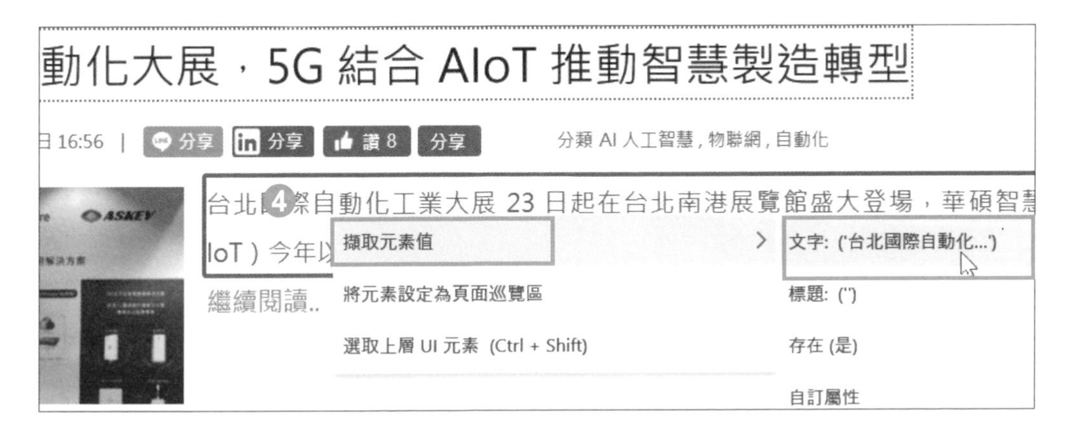

④ 擷取第一則摘要：將滑鼠指標移至摘要上方，當出現紅色擷取框，在文字上按一下滑鼠右鍵，選按 **擷取元素值 \ 文字...**。

⑤ **即時網頁助手** 視窗會顯示目前擷取內容。

(操作時若該網頁文章內容元素與步驟圖片有所差異，請依畫面內容合適元素套用擷取動作。)

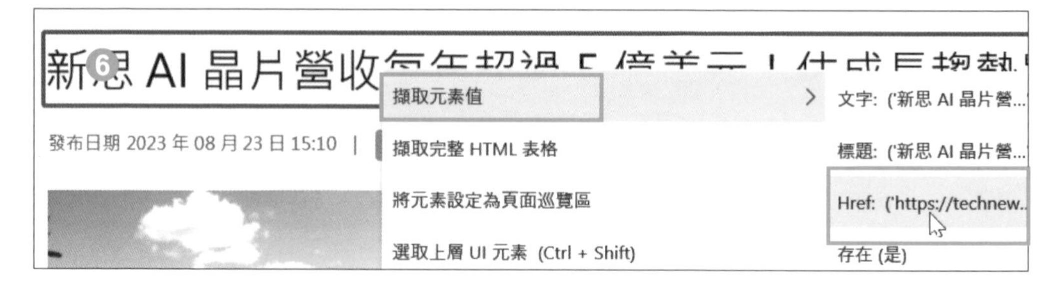

❻ 擷取第二則標題的超連結：將滑鼠指標移至第二則標題 "...晶片..." 上方，當出現紅色擷取框，在文字上按一下滑鼠右鍵，選按 **擷取元素值 \ Href...**。

Step 7 指定元素為頁面巡覽器，取得下一頁資料

❶ 捲動頁面至文章最下方，將滑鼠指標移至 **下一頁** 鈕上方，當出現紅色擷取框，在按鈕上按一下滑鼠右鍵，選按 **將元素設定為頁面巡覽區**。

❷ 於 **即時網頁助手** 視窗，按 **完成** 鈕，即可回到 Power Automate Desktop。

Value #1	Value #2	Value #3
https://technews.tw/2023/08/23/asus-iot-at-automation-taipei-2023/	華碩參展自動化大展，5G 結合 AIoT 推動智慧製造轉型	台北國際自動化工業大展 23 日起在台北南港展覽館盛大登場，華碩智慧物聯網（ASUS IoT）今年以「5G + AIoT 領航智慧製造」為題，展出智慧工廠應用和 AI 系統解決方案。
https://technews.tw/2023/08/23/synopsys-ai-chip/	新思 AI 晶片營收每年超過 5 億美元！估成長趨勢將延續十年	生成式 AI 需求相當高，市場傳出輝達高性能運算 GPU 未來幾季都已售罄。如同過去掏金熱一樣，數十間公司都在

進階設定　❷ 完成　取消

Step 8 擷取資料來源前五頁

回到 Power Automate Desktop **從網頁擷取資料** 對話方塊，設定擷取前五頁。

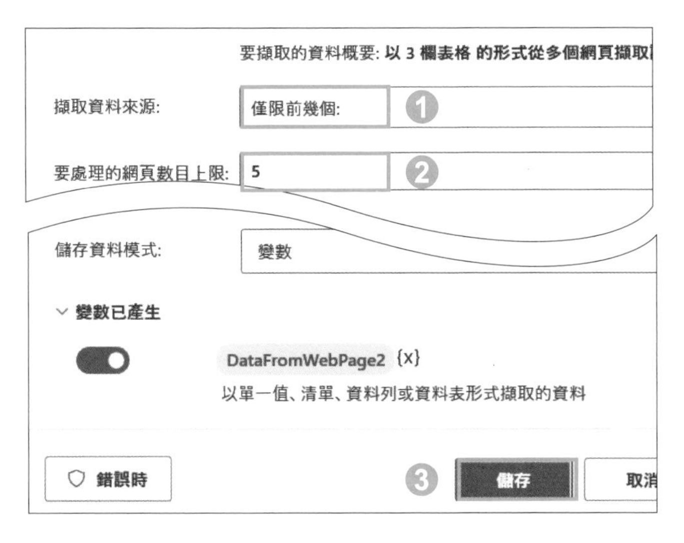

1. **擷取資料來源** 選擇：**僅限前幾個**。
2. **要處理的網頁數目上限** 輸入：「5」。
3. 按 **儲存** 鈕。

依目前日期單元名稱，設計單元標題

至前一個步驟，已完成二個單元批量資料擷取的動作設計，並會將擷取內容分別存放在二個變數中；接著要藉由 **將日期時間轉換為文字** 動作，設計出單元標題：包含系統日期與單元名稱，待後續使用。

Step 1 複製動作 "將日期時間轉換為文字"，設計單元一標題

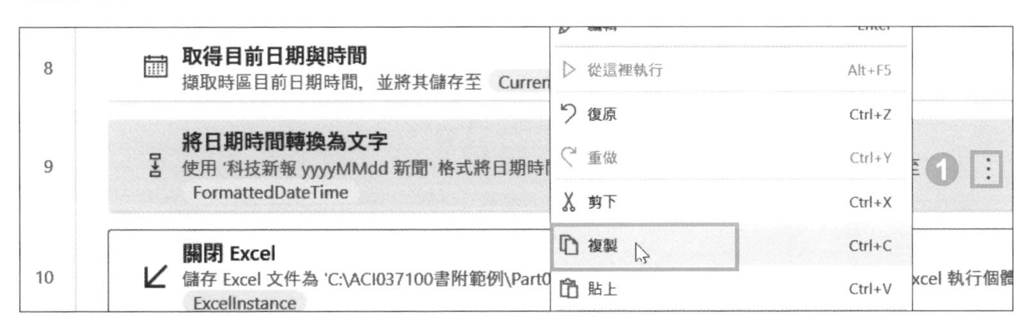

1. 選按流程列 9 的動作 **將日期時間轉換為文字** 右側 ⋮ \ **複製**。

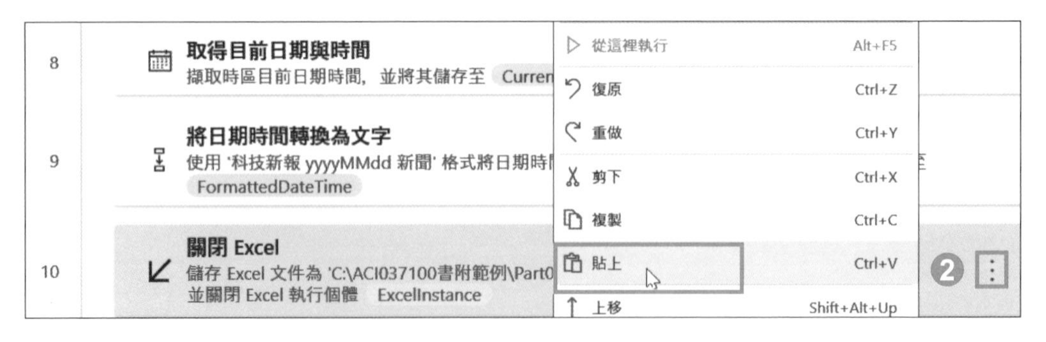

❷ 選按流程列 10 動作 **關閉 Excel** 右側 ⋮ \ **貼上**，會於上方插入剛剛複製的動作。

❸ 流程列 10 動作 **將日期時間轉換為文字** 連按二下滑鼠左鍵，開啟設定。

❹ **自訂格式** 已輸入的「科技新報 yyyyMMdd 新聞」後方加上「/」，再按 {x} \ 變數 **AttributeValue1**，按 **選取** 鈕加入。

❺ 變數名稱調整為：%FormattedDateTime1%。

❻ 按 **儲存** 鈕。

Step 2 複製動作 "將日期時間轉換為文字"，設計單元二標題

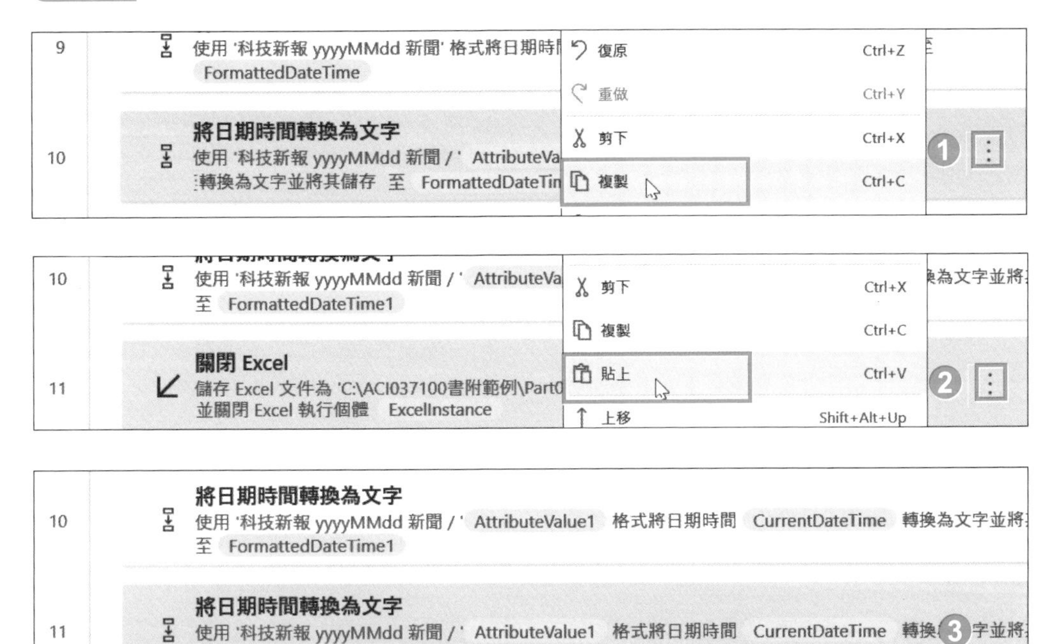

1. 選按流程列 10 **將日期時間轉換為文字** 右側 ⋮ \ **複製**。
2. 選按流程列 11 **關閉 Excel** 右側 ⋮ \ **貼上**，會於上方插入剛剛複製的動作。
3. 流程列 11 動作 **將日期時間轉換為文字** 連按二下滑鼠左鍵，開啟設定。

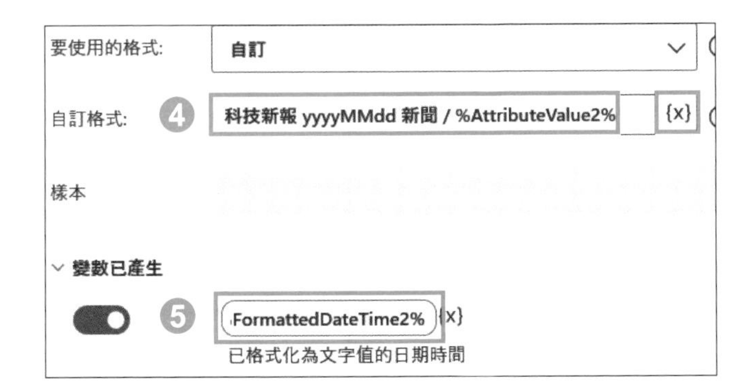

4. **自訂格式** 刪除「科技新報 yyyyMMdd 新聞 / 」後方的「%AttributeValue1%」，再按 {x} \ 變數 **AttributeValue2**，按 **選取** 鈕加入。
5. 變數名稱調整為：%FormattedDateTime2%，按 **儲存** 鈕。

專業呈現網頁擷取的資料 / 子流程應用

藉由 **子流程** 可將流程模組化，以便在需要時多次重複使用，也會將特定任務設計在子流程。為了專業呈現二個單元擷取的資料內容，後續會新增二個子流程分別將各單元的資料寫入指定 Excel 工作表。

Step 1 加入動作 "啟動 Excel"，開啟範本檔

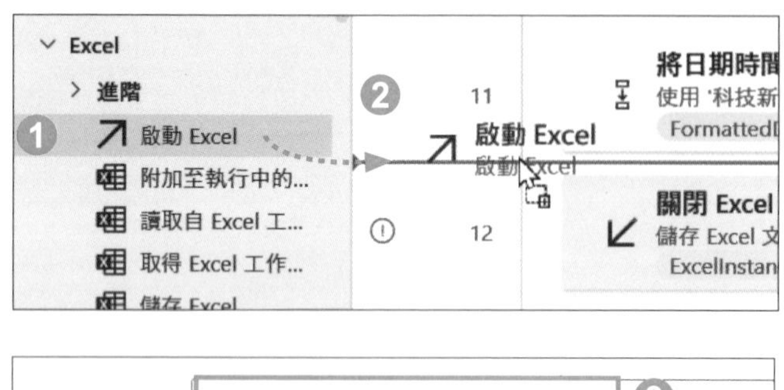

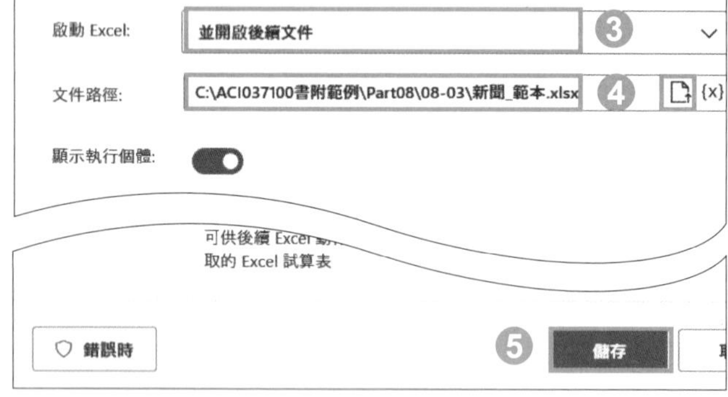

1. **動作** 窗格選按 **Excel \ 啟動 Excel**。
2. 拖曳至工作區流程列 11 下方。
3. **啟動 Excel** 選擇：**並開啟後續文件**。
4. **文件路徑** 按 ，指定開啟事先設計好的 Excel 範本檔 <C:\ACI037100書附範例\Part08\08-03\新聞_範本.xlsx>。
5. 按 **儲存** 鈕。

Step 2 調整最後 Excel 檔儲存路徑

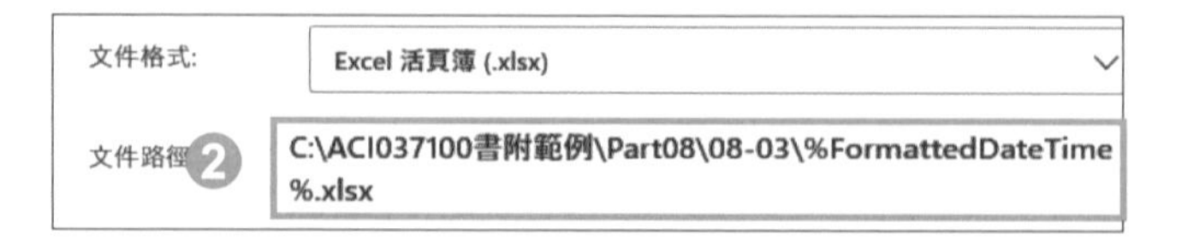

1. 流程列 13 動作 **關閉 Excel** 連按二下滑鼠左鍵，開啟設定。
2. **文件路徑** 如圖調整，再按 **儲存** 鈕。

Step 3 建立二個新的子流程，並加入動作 "執行子流程"

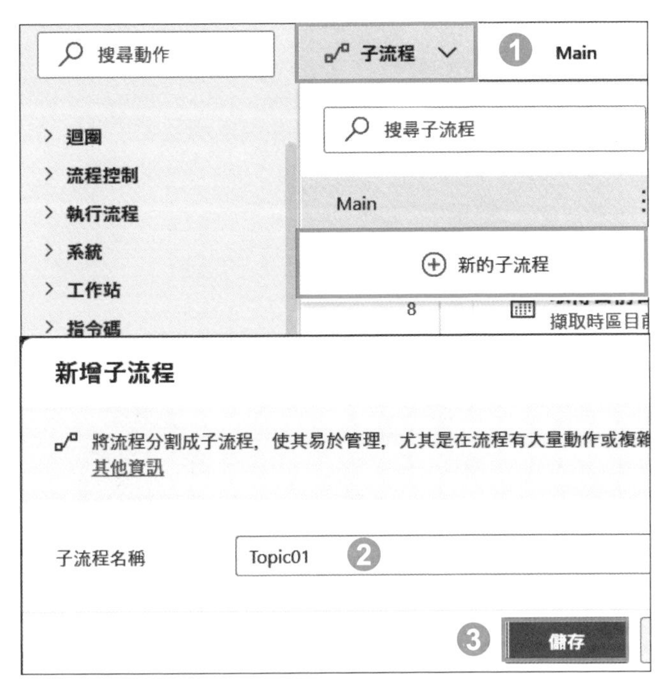

❶ 選按 **子流程 \ 新的子流程**。

❷ **子流程名稱** 輸入：「Topic01」。

❸ 按 **儲存** 鈕。

❹ 選按 **子流程 \ 新的子流程**。

❺ **子流程名稱** 輸入：「Topic02」。

❻ 按 **儲存** 鈕。

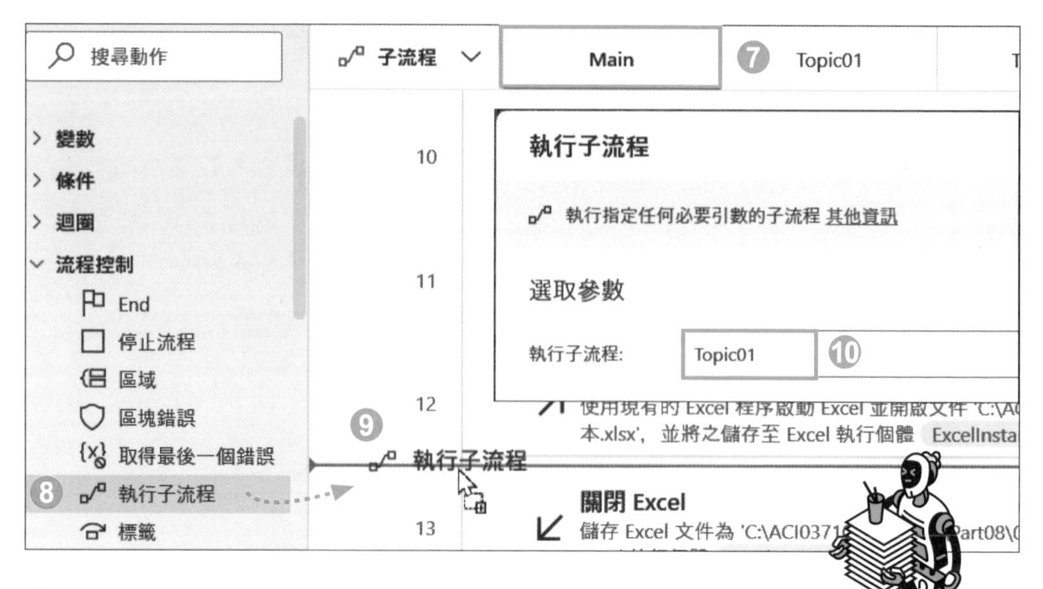

❼ 選按 **Main** 子流程標籤。

❽ **動作** 窗格選按 **流程控制 \ 執行子流程**。

❾ 拖曳至工作區流程列 12 下方。

❿ **執行子流程** 選擇：**Topic01**，按 **儲存** 鈕。

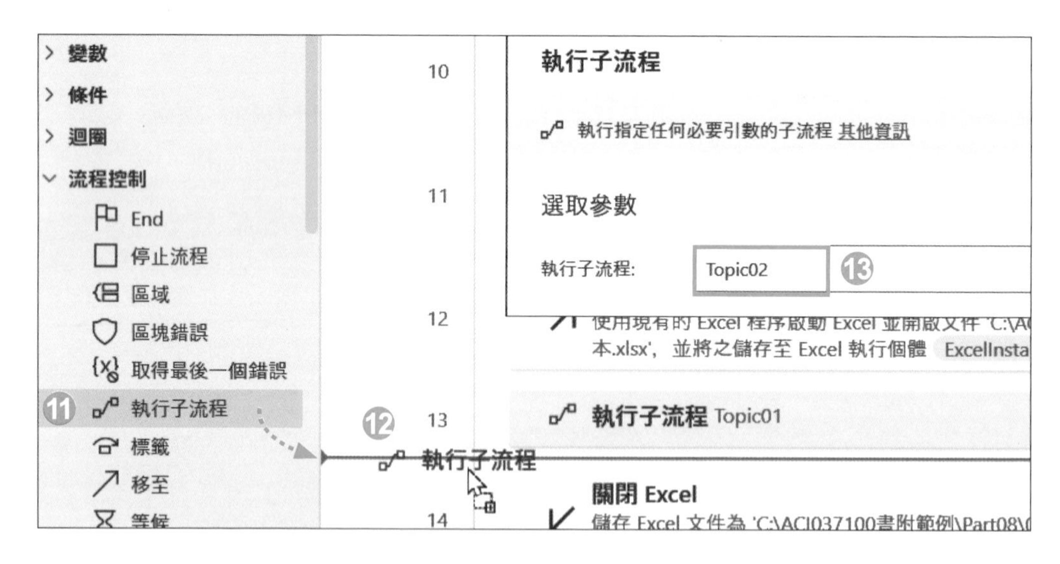

⓫ **動作** 窗格選按 **流程控制 \ 執行子流程**。

⓬ 拖曳至工作區流程列 13 下方。

⓭ **執行子流程** 選擇：**Topic02**，按 **儲存** 鈕。

Step 4 設計子流程 1 / 指定要使用的工作表

藉由 **Topic01** 子流程整理單元一的資料。

1. 選按 **Topic01** 子流程標籤。
2. **動作** 窗格選按 **Excel \ 設定使用中 Excel 工作表**。
3. 拖曳至工作區。

設定使用中 Excel 工作表

啟用 Excel 執行個體的特定工作表 其他資訊

選取參數

一般

Excel 執行個體: %ExcelInstance%

啟用工作表時搭配: 名字

工作表名稱: 最新文章

錯誤時　儲存

4. **Excel 執行個體** 選擇：**%ExcelInstance%**。
5. **啟用工作表時搭配** 選擇：**名字**。
6. **工作表名稱** 輸入：「最新文章」。
7. 按 **儲存** 鈕。

Step 5 設計子流程 1 / 將單元標題寫入目前工作表指定欄、列位置

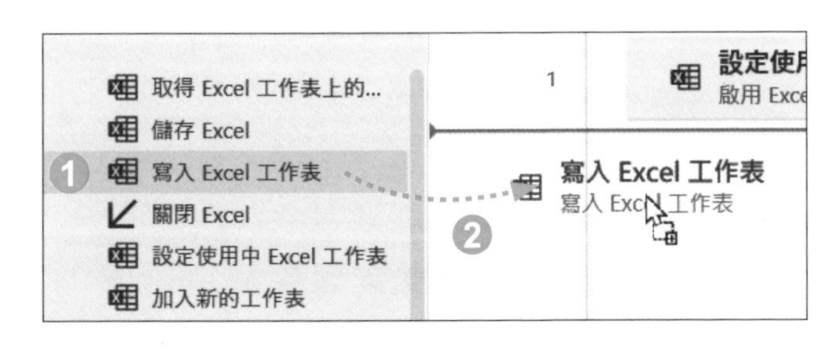

1. **動作** 窗格選按 **Excel \ 寫入 Excel 工作表**。
2. 拖曳至工作區最後一個動作下方。

③ **Excel 執行個體** 選擇：**%ExcelInstance%**。

④ **要寫入的值** 按 {x} \ 變數 FormattedDateTime1，按 **選取** 鈕加入。

⑤ **寫入模式** 選擇：**於指定的儲存格**。

⑥ **資料行** 輸入：「D」。

⑦ **資料列** 輸入：「1」。

⑧ 按 **儲存** 鈕。

Step 6 設計子流程 1 / 設定變數存放 Excel 列號

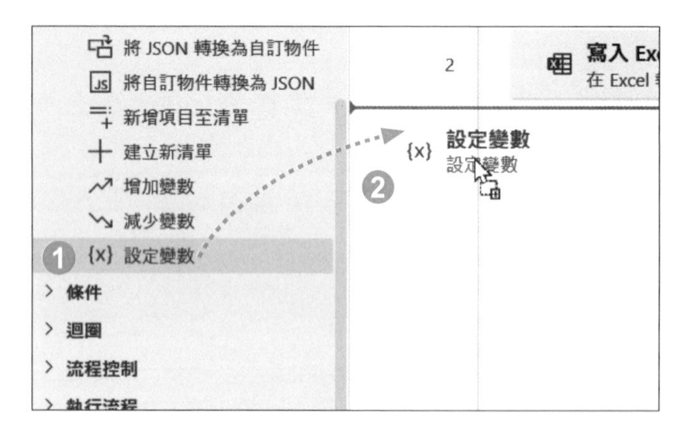

① **動作** 窗格選按 **變數 \ 設定變數**。

② 拖曳至工作區最後一個動作下方。

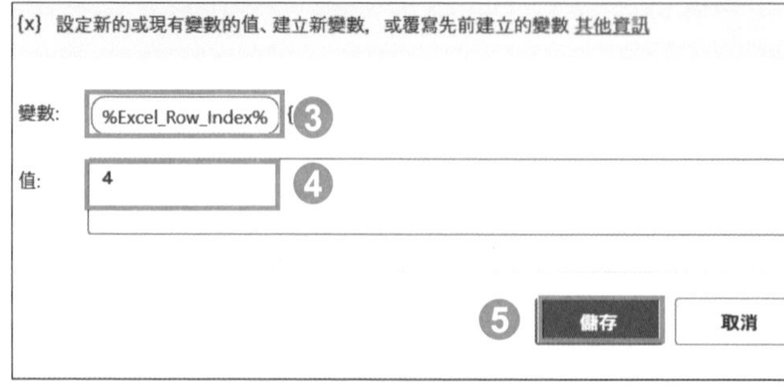

③ 選按 **變數** 右側欄位，變更變數名稱：「%Excel_Row_Index%」。

④ **值** 輸入：「4」。

⑤ 按 **儲存** 鈕。

Step 7 設計子流程 1 / 用迴圈逐筆查看並寫入目前工作表指定欄、列位置

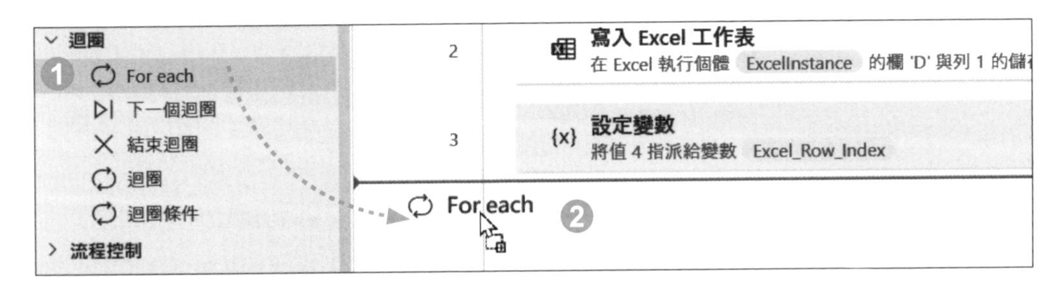

① **動作** 窗格選按 **迴圈 \ For each**。

② 拖曳至工作區最後一個動作下方。

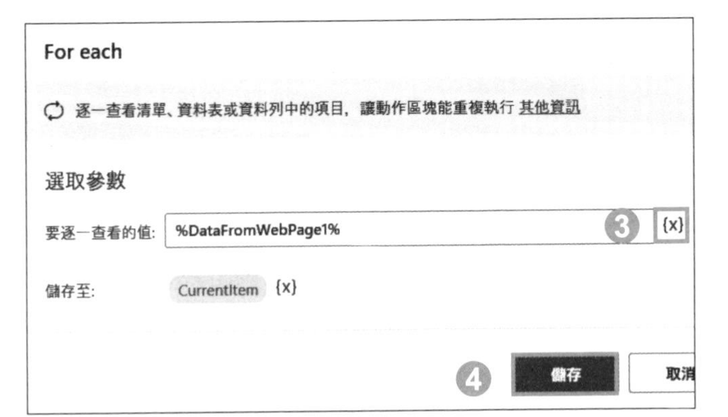

③ **要逐一查看的值**
按 {x} \ 變數 **DataFromWebPage1**，按 **選取** 鈕加入。

④ 按 **儲存** 鈕。

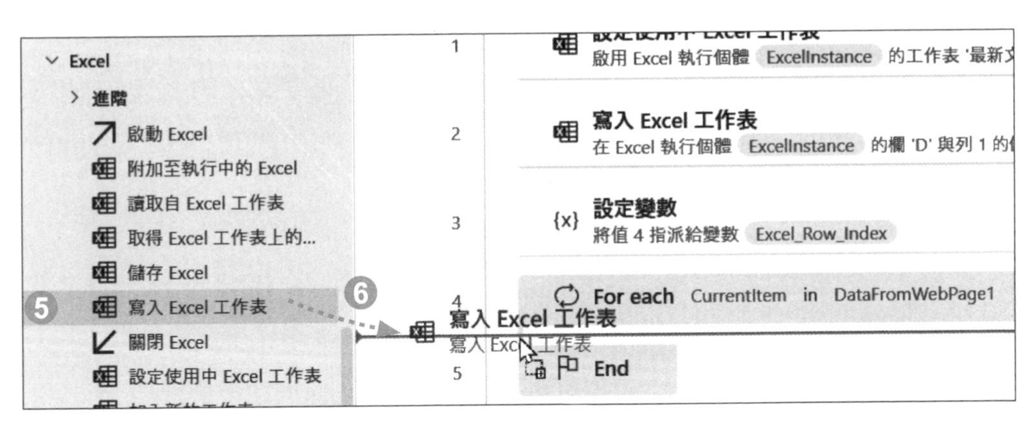

⑤ **動作** 窗格選按 **Excel \ 寫入 Excel 工作表**。

⑥ 拖曳至工作區 **End** 動作上方。

7. **Excel 執行個體** 選擇：**%ExcelInstance%**。
8. **要寫入的值** 按 {x}\ 變數 **CurrentItem**，**選取** 鈕加入。回到欄位中再調整為：「%CurrentItem[0]%」。
9. **寫入模式** 選擇：**於指定的儲存格**。
10. **資料行** 輸入：「A」。
11. **資料列** 按 {x}\ 變數 **Excel_Row_Index**，按 **選取** 鈕加入。
12. 按 **儲存** 鈕。

依相同操作，於 **動作** 窗格選按 **Excel \ 寫入 Excel 工作表**，拖曳至工作區 **End** 動作上方，再如下設定：

1. **Excel 執行個體** 選擇：**%ExcelInstance%**。
2. **要寫入的值** 按 {x}\ 變數 **CurrentItem**，按 **選取** 鈕加入。回到欄位中再調整為：「%CurrentItem[1]%」。
3. **寫入模式** 選擇：**於指定的儲存格**。
4. **資料行** 輸入：「B」。
5. **資料列** 按 {x}\ 變數 **Excel_Row_Index**，按 **選取** 鈕加入。
6. 按 **儲存** 鈕。

依相同操作，再次於 **動作** 窗格選按 **Excel \ 寫入 Excel 工作表**，拖曳至工作區 **End** 動作上方，再如下設定：

1. **Excel 執行個體** 選擇：**%ExcelInstance%**。
2. **要寫入的值** 按 {x} \ 變數 CurrentItem，**選取** 鈕加入。
   回到欄位中再調整為：「%CurrentItem[2]%」。
3. **寫入模式** 選擇：**於指定的儲存格**。
4. **資料行** 輸入：「F」。
5. **資料列** 按 {x} \ 變數 Excel_Row_Index，按 **選取** 鈕加入。
6. 按 **儲存** 鈕。

小提示

為什麼是 %CurrentItem[0]%

Power Aultomate Desktop 動作設定時，資料行、列順序編號是由 "0" 開始，此範例藉由迴圈逐筆查看變數 DataFromWebPage1 資料表 (單元一擷取內容)，並一一寫入 Excel 目前工作表指定欄、列位置。

迴圈第一次執行，三個 **寫入 Excel 工作表** 動作的 **要寫入的值** 欄位，指定為變數 CurrentItem 後，需將變數名稱調整為：%CurrentItem[0]%、%CurrentItem[1]、%CurrentItem[2]%，這樣才能依序將：詳細頁面連結、標題、摘要資料，寫入 Excel "最新文章" 工作表的 A4、B4、F4 儲存格。

Step 8 設計子流程 1 / 設定變數 Excel_Row_Index 每次迴圈增加 1

為了讓每次迴圈執行資料寫入 Excel 工作表時，可依序往下一列貼上，還需加入 **增加變數** 動作，讓每次迴圈執行完寫入動作後變數 Excel_Row_Index 的值加 1。

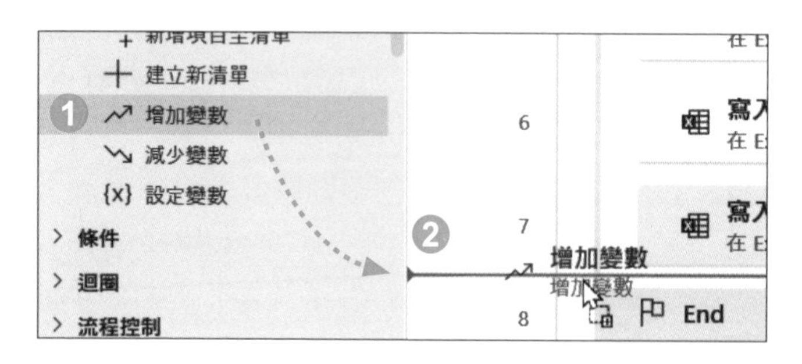

1. **動作** 窗格選按 **變數 \ 增加變數**。
2. 拖曳至工作區 **End** 動作上方。

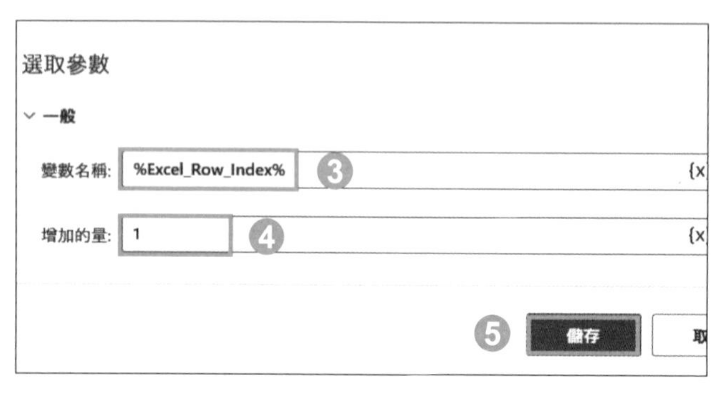

3. **變數名稱** 按 {x} \ 變數 Excel_Row_Index 按 **選取** 鈕。
4. **增加的量** 輸入：「1」。
5. 按 **儲存** 鈕。

Step 9 設計子流程 1 / 結束子流程

Topic01 子流程最後一個動作即是加入 **結束子流程** 動作，如此一來會自動回到 **Main** 子流程。

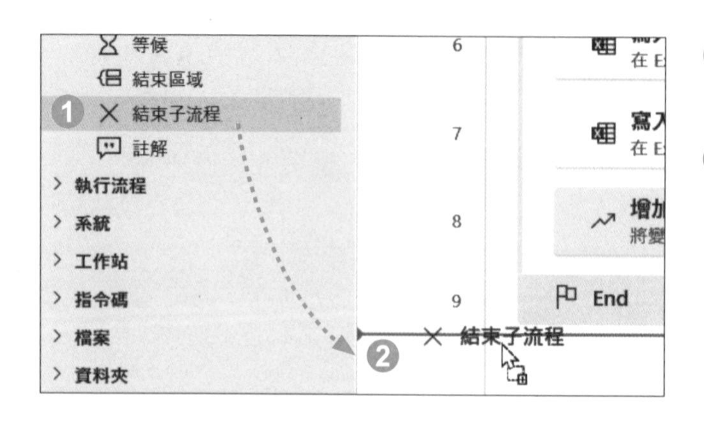

1. **動作** 窗格選按 **流程控制 \ 結束子流程**。
2. 拖曳至工作區最後一個動作下方。

Step 10 設計子流程 2

藉由 **Topic02** 子流程整理單元二的資料，其流程 **Topic01** 子流程是一樣的，只有在變數指定上有所調整，因此直接複製 **Topic01** 子流程，再修改設定。

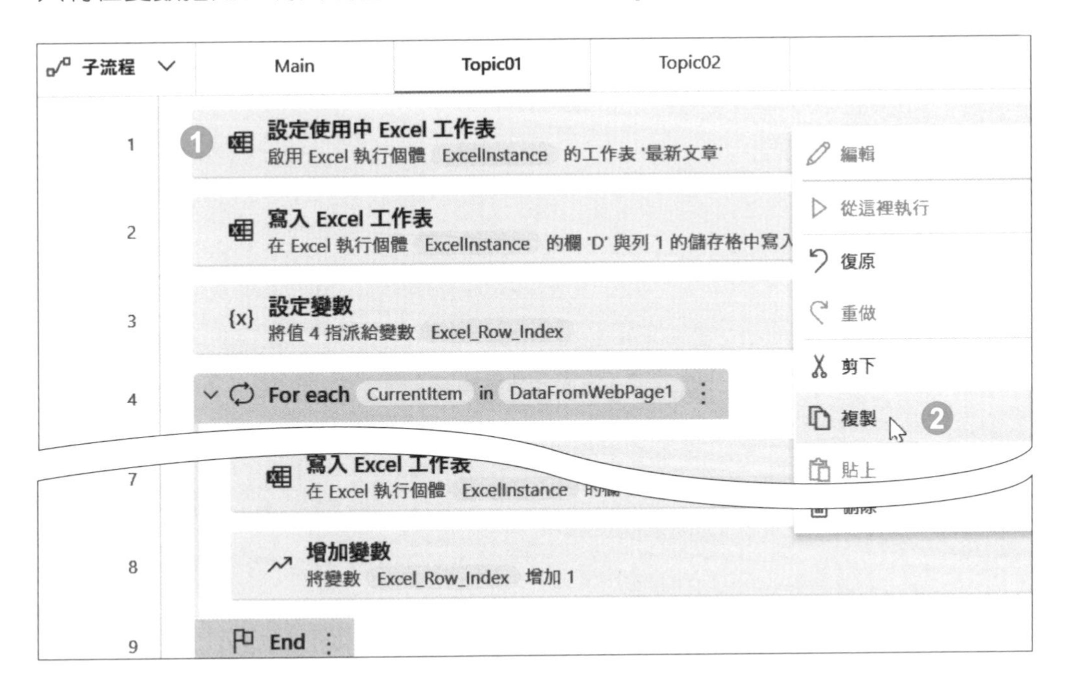

① 於 **Topic01** 子流程，流程列 1 按一下滑鼠左鍵選取，再按 Ctrl 鍵 + A 鍵，選取全部流程列。

② 於選取的流程列上方，按一下滑鼠右鍵 \ **複製**。

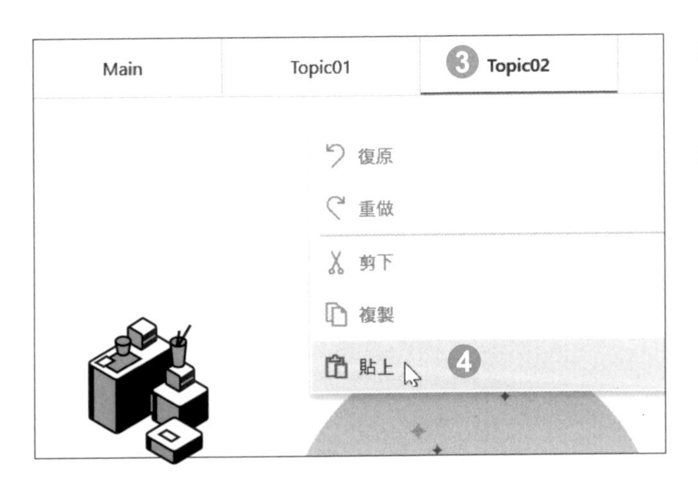

③ 選按 **Topic02** 子流程標籤。

④ 於空白工作區按一下滑鼠右鍵 \ **貼上**。

子流程 Main Topic01 Topic02

1 設定使用中 Excel 工作表
啟用 Excel 執行個體 ExcelInstance 的工作表 '最新文章' 5

2 寫入 Excel 工作表
在 Excel 執行個體 ExcelInstance 的欄 'D' 與列 1 的儲存格中寫入值 FormattedDateTime1

選取參數
一般
Excel 執行個體: %ExcelInstance%
啟用工作表時搭配: 名字
工作表名稱: AI 人工智慧 6

5 流程列 1 動作 **設定使用中的 Excel 工作表** 連按二下滑鼠左鍵，開啟設定。

6 **工作表名稱** 輸入：「AI 人工智慧」，再按 **儲存** 鈕。

子流程 Main Topic01 Topic02

1 設定使用中 Excel 工作表
啟用 Excel 執行個體 ExcelInstance 的工作表 'AI 人工智慧'

2 寫入 Excel 工作表
在 Excel 執行個體 ExcelInstance 的欄 'D' 與列 1 的儲存格中寫入值 7 FormattedDateTime1

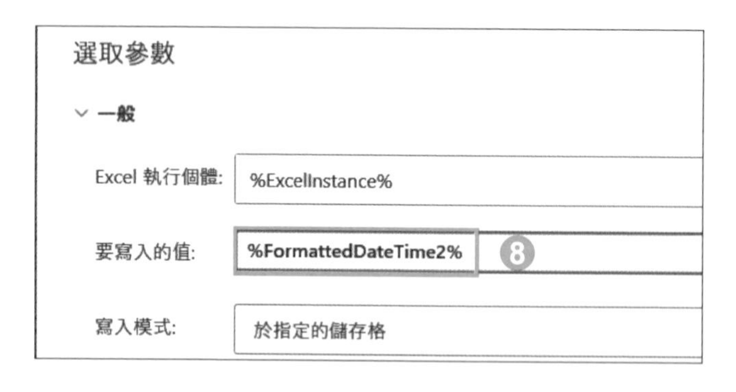

7 流程列 2 動作 **寫入 Excel 工作表** 連按二下滑鼠左鍵，開啟設定。

8 **要寫入的值** 變更變數名稱：「%FormattedDateTime2%」，再按 **儲存** 鈕。

完成一連串資料擷取與寫入 Excel 指定工作表欄、列的操作流程設計，選按工具列的 ▷ 執行流程試試 (由於資料筆數較多，需稍加等待，完成所有動作後會顯示訊息)，最後記得儲存。

4 特定條件式資料爬蟲

有時候需要根據特定條件搜尋內容，然後再進行資料擷取，這個過程可以使用網頁填寫表單相關的動作來實現。

流程說明與規劃

"Klook" (https://www.klook.com/) 旅遊網，讓你輕鬆探索全球玩樂體驗，從熱門景點門票、一日遊、獨特體驗到當地交通、飯店住宿、租車...等，這些資訊不僅有助於分析目前旅行趨勢，還能了解客群評價和需求。

此範例自動化流程：藉由 "Klook" 旅遊網，於首頁搜尋列輸入 "歐洲" 按下 **搜尋** 鈕後，再於左側選單核選 "北歐"，依序取得目前網頁內容前十頁每則文章的詳細頁面連結、標題、評價與價錢。

執行前

▲ 首頁

▲ 搜尋後頁面

執行後

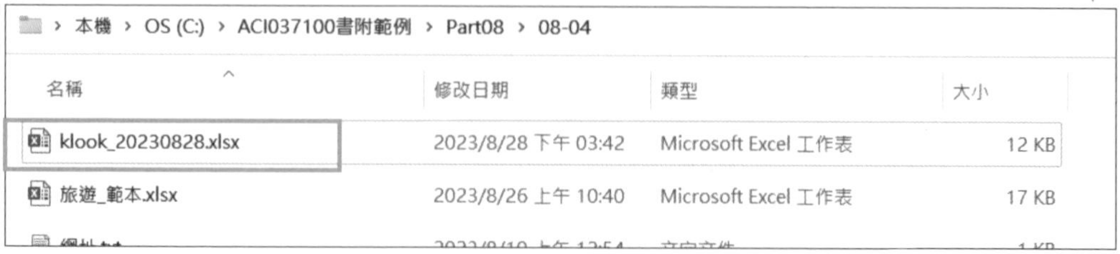

本機 › OS (C:) › ACI037100書附範例 › Part08 › 08-04

名稱	修改日期	類型	大小
klook_20230828.xlsx	2023/8/28 下午 03:42	Microsoft Excel 工作表	12 KB
旅遊_範本.xlsx	2023/8/26 上午 10:40	Microsoft Excel 工作表	17 KB

	A	B	C	D
1	https://www.klook.com/zh-TW/activity/79507-global-esim-eskimo/	全球4G虛擬 eSIM卡（Eskimo提供）	★4.6	NT$ 223 起
2	https://www.klook.com/zh-TW/activity/73941-frewie-3g-4g-esim-europe/	歐洲無限流量 eSIM 卡（電子郵件寄送 QR Code）	★4.1	NT$ 230 起
3	https://www.klook.com/zh-TW/activity/23946-three-4g-sim-europe/	歐洲4G SIM卡	★4.5	NT$ 730
4	https://www.klook.com/zh-TW/activity/91960-npn-travel-singapore/	歐洲43個國家 / 地區5 - 30天無限流量4G eSIM上網卡（500MB / 1GB / 2GB）		NT$ 270 起
5	https://www.klook.com/zh-TW/activity/85995-esim-europe-42-countries/	歐洲42國通用 eSIM 卡（5 GB／6 GB／10 GB／20 GB）	★4.8	NT$ 379 起
	https://www.klook.com/zh-TW/activity/20077-europe-sim-card-taiwan-delivery/	歐洲33國4G/3G上網SIM卡（台灣／香港宅配到府）	★4.6	NT$ 599

此範例自動化流程，相關動作規劃：

1	開啟瀏覽器與指定頁面："https://www.klook.com/"。
2	於搜尋列填入文字「歐洲」。
3	按一下網頁上的 "搜尋" 鈕。
4	核選 "北歐" 核取方塊。
5	指定擷取：每則文章詳細頁面連結、標題、評價與價錢，以表格形式整理。
6	設定多頁擷取、擷取至第十頁，擷取的資料儲存至 Excel 試算表。
7	取得系統日期時間。
8	將日期時間轉換為文字，並指定格式："klook_yyyyMMdd"。
9	關閉 Excel 檔案，並依 "klook_yyyyMMdd" 為檔名存檔。
10	顯示訊息：已完成自動化流程。

開啟網頁瀏覽器

此範例搭配 Microsoft Edge 操作，確認完成擴充功能安裝與設定後，流程一開始先開啟瀏覽器與指定的網頁。

Step 1 建立新流程

開啟 Power Automate Desktop，選按 **+ 新流程**，命名後進入設計畫面。

Step 2 加入動作 "啟動新的 Microsoft Edge"

1. **動作** 窗格選按 **瀏覽器自動化 \ 啟動新的 Microsoft Edge**。
2. 拖曳至工作區。

Step 3 開啟一個最大化的瀏覽器視窗，並進入指定頁面

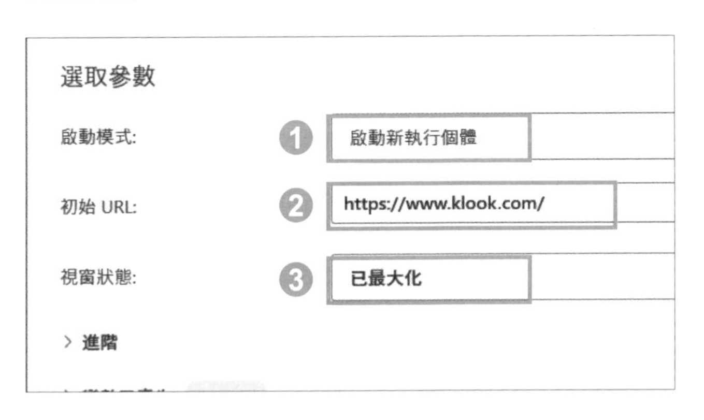

1. **啟動模式** 選擇：**啟動新執行個體**。
2. **初始 URL** 輸入：「https://www.klook.com/」。
3. **視窗狀態** 選擇：**已最大化**，按 **儲存** 鈕。

在指定欄位填入文字

若需自動化地在網頁表單、搜尋欄或任何需要文字輸入的地方輸入資料，可藉由 **填入網頁上的文字欄位** 動作設計。

Step 1 執行流程，開啟指定瀏覽器頁面

後續要加入的動作，需於已開啟的瀏覽器頁面，搜尋指定關鍵字資料，因此先執行目前流程 **啟動新的 Microsoft Edge** 動作開啟頁面。

1 選按工具列的 ▷ 執行流程。

2 開啟指定瀏覽器與初始 URL 頁面。

(若無法開啟出現錯誤訊息，參考 P8-16 說明)

Step 2 加入動作 "填入網頁上的文字欄位"

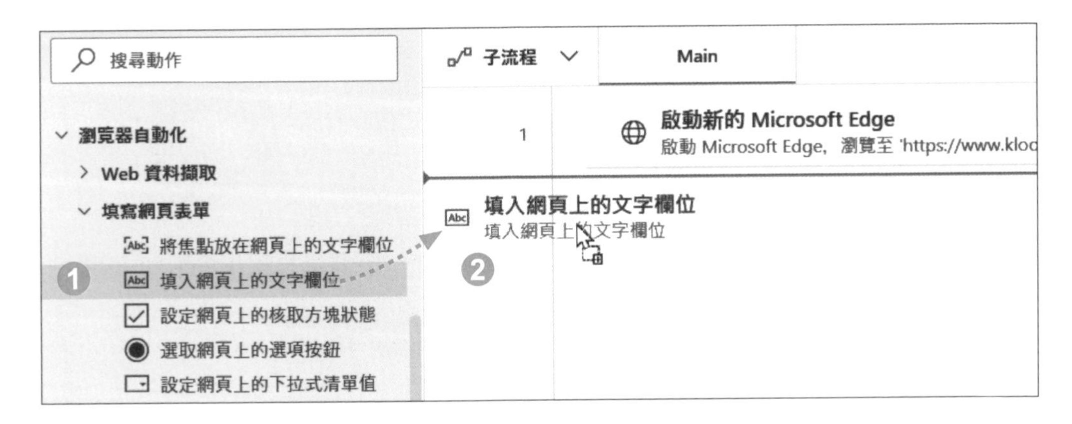

1. **動作** 窗格選按 **瀏覽器自動化 \ 填寫網頁表單 \ 填入網頁上的文字欄位**。
2. 拖曳至工作區最後一個動作下方。

Step 3 新增 UI 元素

1. **網頁瀏覽器執行個體** 選擇：**%Browser%**。
2. **UI 元素** 按右側清單鈕。
3. 按 **新增 UI 元素** 鈕，會自動切換至瀏覽器畫面。

4 將滑鼠指標移至首頁中間搜尋列，當出現紅色擷取框，按住 Ctrl 鍵，再按一下滑鼠左鍵，即可新增該元素並自動切換回 Power Automate Desktop **填入網頁上的文字欄位** 對話方塊。

5 **UI 元素** 已新增剛剛指定的網頁元素。

6 **文字**：輸入「歐洲」。

7 按 **儲存** 鈕。

按下網頁上的按鈕

若需模擬按下滑鼠左鍵的動作，以執行網頁瀏覽時各種操作，可藉由 **按下網頁上的按鈕** 動作設計。

Step 1 **加入動作 "按下網頁上的按鈕"**

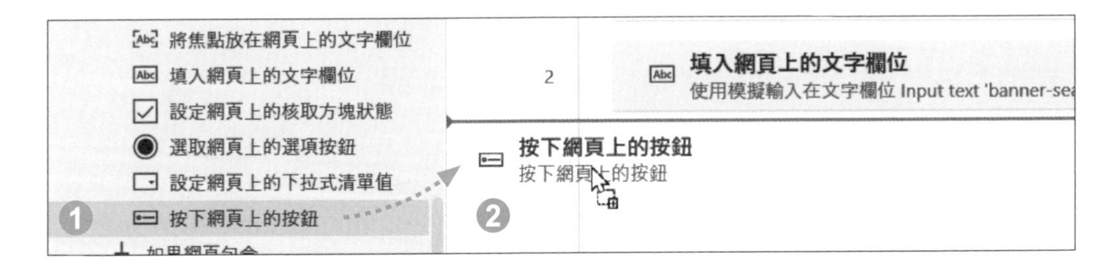

1. **動作** 窗格選按 **瀏覽器自動化 \ 填寫網頁表單 \ 按下網頁上的按鈕**。
2. 拖曳至工作區最後一個動作下方。

Step 2 **新增 UI 元素**

1. **網頁瀏覽器執行個體** 選擇：**%Browser%**。
2. **UI 元素** 按右側清單鈕。
3. 按 **新增 UI 元素** 鈕，會自動切換至瀏覽器畫面。

❹ 將滑鼠指標移至首頁搜尋列右側 **搜尋** 鈕上方，當出現紅色擷取框，按住 Ctrl 鍵，再按一下滑鼠左鍵，即可新增該元素並自動切換回 Power Automate Desktop **按下網頁上的按鈕** 對話方塊。

❺ **UI 元素** 已新增剛剛指定的網頁元素。

❻ 按 **儲存** 鈕。

核取網頁上的項目

若需自動化核選或取消核選網頁上的核取方塊，這在網頁上執行選擇性操作時非常有用，可藉由 **設定網頁上的核取方塊** 動作設計。

Step 1 加入動作 "設定網頁上的核取方塊狀態"

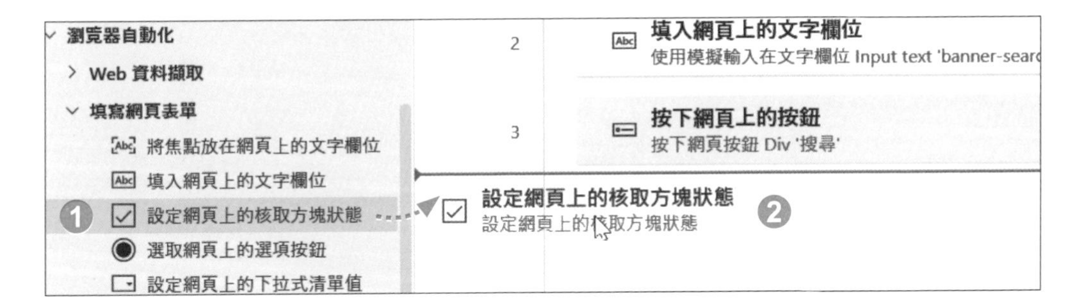

❶ **動作** 窗格選按 **瀏覽器自動化 \ 填寫網頁表單 \ 設定網頁上的核取方塊狀態**。

❷ 拖曳至工作區最後一個動作下方。

Step 2 新增 UI 元素

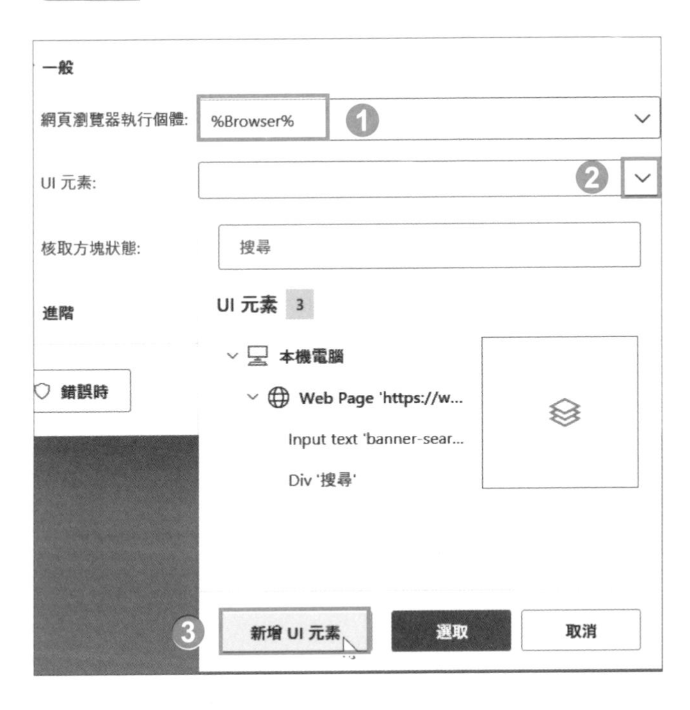

❶ **網頁瀏覽器執行個體** 選擇：**%Browser%**。

❷ **UI 元素** 按右側清單鈕。

❸ 按 **新增 UI 元素** 鈕，會自動切換至瀏覽器畫面。

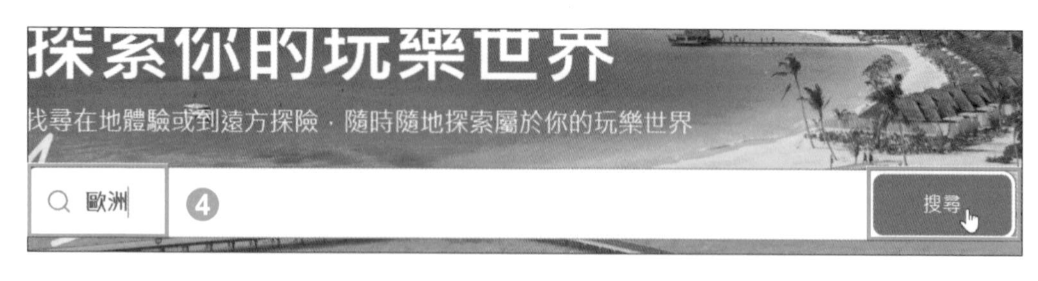

4 於首頁搜尋列輸入「歐洲」，按 **搜尋** 鈕，進入相關頁面。

5 將滑鼠指標移至 "北歐" 項目核取方塊上方，當出現紅色擷取框，按住 Ctrl 鍵，再按一下滑鼠左鍵，即可新增該元素並自動切換回 Power Automate Desktop **設定網頁上的核取方塊** 對話方塊。

6 **UI 元素** 已新增剛剛指定的網頁元素。

7 **核取方塊狀態** 選擇 **已勾選**。

8 按 **儲存** 鈕。

小提示

核選多個項目

如果網頁上想要核選多個項目，可依相同方式再加入 **設定網頁上的核取方塊狀態** 動作，並設定。(一個動作只能核選一個項目)

擷取單頁與多頁清單資料

著手擷取網頁資料前十頁，依指定的元素擷取值、清單、超連結...等各式資料內容，並以表格形式整理儲存至 Excel 試算表。

Step 1 加入動作 "從網頁擷取資料"

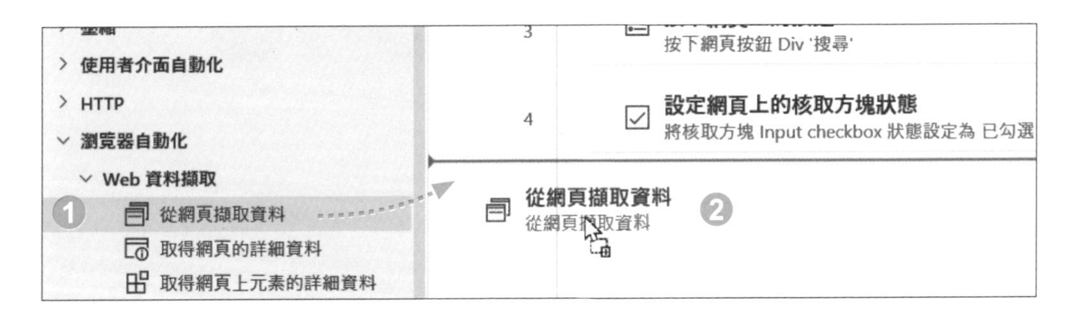

① **動作** 窗格選按 **瀏覽器自動化 \ Web 資料擷取 \ 從網頁擷取資料**。

② 拖曳至工作區最後一個動作下方。

Step 2 指定瀏覽器執行個體與儲存資料模式

① **網頁瀏覽器執行個體** 選擇：**%Browser%**。

② **儲存資料模式** 選擇：**Excel 試算表**。(會自動開啟 Excel 空白試算表並將擷取的資料貼入)

設定好動作項目後，不要關閉此對話方塊，在對話方塊保持開啟的狀態下，直接切換到前面開啟的網頁。

Step 3 指定擷取各元素的資料內容

回到前面開啟的瀏覽器與頁面，會出現 **即時網頁助手** 視窗，請先核選之前指定目的地 "北歐" 項目，再依以下說明擷取每則文章：詳細頁面連結、標題、評價與價錢資料。(操作步驟與 Tip 2 相似，在此會省略部分功能說明)

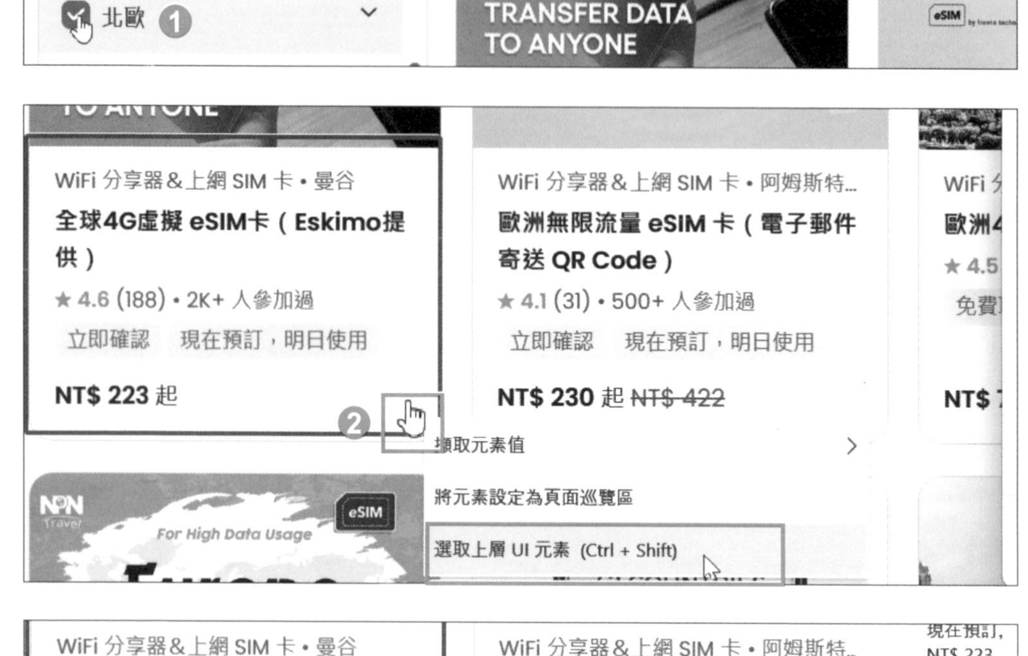

❶ 核選 "北歐" 開啟相關頁面。

❷ 將滑鼠指標移第一則資訊區塊右下角，當出現紅色擷取框，按一下滑鼠右鍵，選按 **選取上層 UI 元素**。

❸ 擷取第一則標題的超連結：當再出現紅色擷取框，按一下滑鼠右鍵，選按 **擷取元素值 \ Href...**。

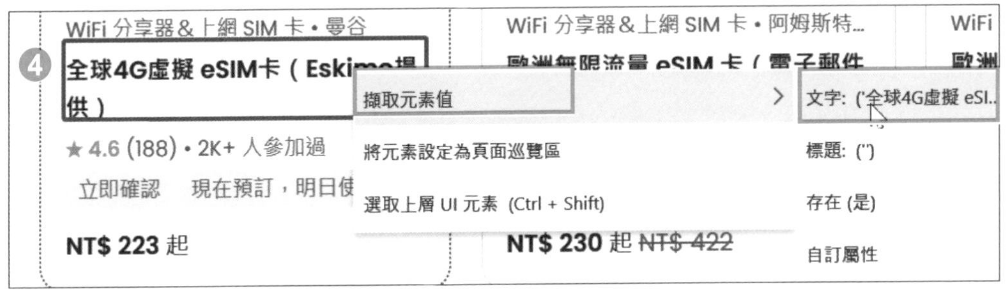

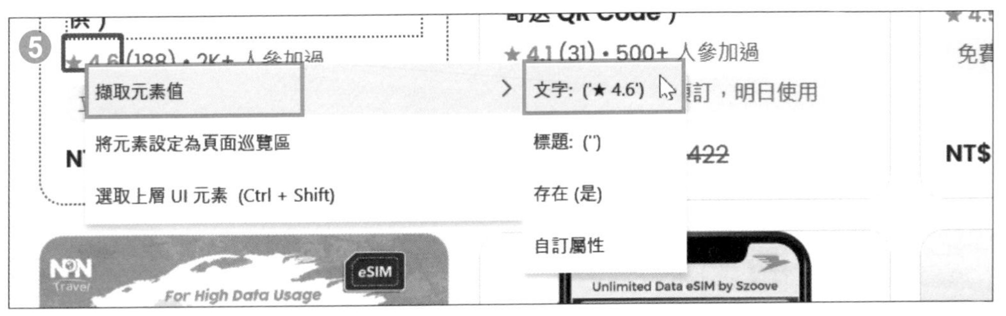

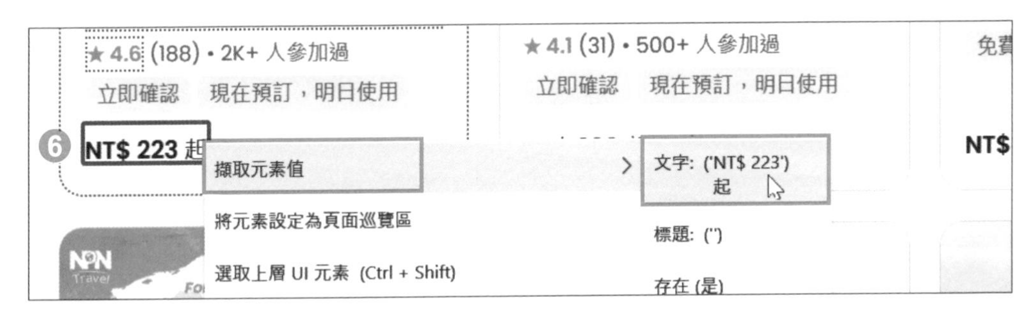

4. 擷取第一則標題文字：將滑鼠指標移至標題 "全球 4G..." 上方，當出現紅色擷取框，在文字上按一下滑鼠右鍵，選按 **擷取元素值 \ 文字...**。
5. 擷取第一則評價：將滑鼠指標移至評價上方，當出現紅色擷取框，在文字上按一下滑鼠右鍵，選按 **擷取元素值 \ 文字...**。
6. 擷取第一則價錢：將滑鼠指標移至價錢上方，當出現紅色擷取框，在文字上按一下滑鼠右鍵，選按 **擷取元素值 \ 文字...**。

(操作時若該網頁文章內容元素與步驟圖片有所差異，請依畫面內容合適元素套用擷取動作。)

⑦ 將滑鼠指標移第二則資訊區塊右下角，當出現紅色擷取框，按一下滑鼠右鍵，選按 **選取上層 UI 元素**。

⑧ 擷取第二則標題的超連結：當再出現紅色擷取框，按一下滑鼠右鍵，選按 **擷取元素值 \ Href...**。

Step 4 指定元素為頁面巡覽器，取得下一頁資料

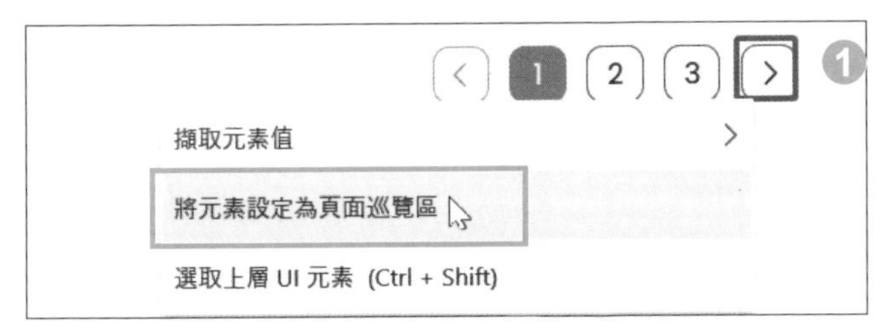

❶ 捲動頁面至文章最下方，將滑鼠指標移到 **>** 鈕上方，當出現紅色擷取框，在按鈕上按一下滑鼠右鍵，選按 **將元素設定為頁面巡覽區**。

❷ 於 **即時網頁助手** 視窗，按 **完成** 鈕，回到 Power Automate Desktop。

Step 5 擷取資料來源前十頁

回到 Power Automate Desktop **從網頁擷取資料** 對話方塊，設定擷取前十頁。

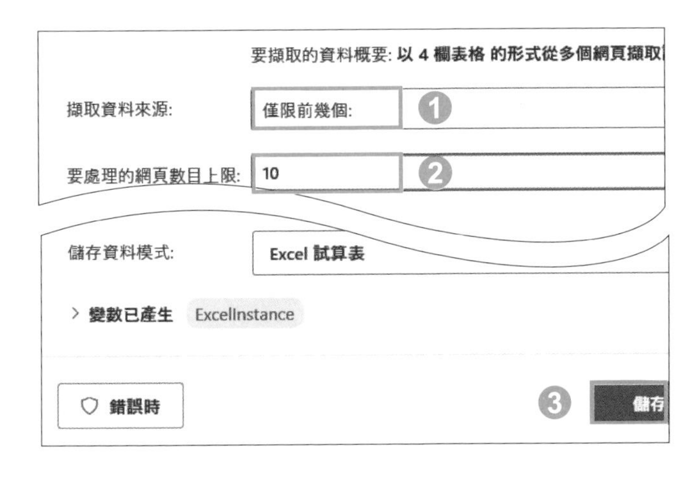

❶ **擷取資料來源** 選擇：**僅限前幾個**。

❷ **要處理的網頁數目上限** 輸入：「10」。

❸ 按 **儲存** 鈕。

至前一個步驟，已完成條件式網頁批量資料擷取的動作設計，並將擷取內容存放在 Excel 檔。

最後依系統日期儲存以及顯示 "已完成" 訊息的環節，與此單元 Tip 2 一樣，請複製 08-02 流程列 4 ~ 7 至此流程工作區最後一個動作下方貼上，並依此範例主題將日期時間轉換為文字修改成：「klook_yyyyMMdd」、指定 Excel 儲存檔案的路徑、變更顯示訊息的文字內容。

1	**啟動新的 Microsoft Edge** 啟動 Microsoft Edge，瀏覽至 'https://www.klook.com/'，並將執行個體儲存至 Browser
2	**填入網頁上的文字欄位** 使用模擬輸入在文字欄位 Input text 'banner-search' 中填入 '歐洲'
3	**按下網頁上的按鈕** 按下網頁按鈕 Div '搜尋'
4	**設定網頁上的核取方塊狀態** 將核取方塊 Input checkbox 狀態設定為 已勾選
5	**從網頁擷取資料** 使用分頁從多個網頁的特定欄位中擷取資料，建立虛擬表格，並將其儲存於 ExcelInstance 中的 算表
6	**取得目前日期與時間** 擷取時區目前日期時間，並將其儲存至 CurrentDateTime
7	**將日期時間轉換為文字** 使用 'klook_yyyyMMdd' 格式將日期時間 CurrentDateTime 轉換為文字並將其儲存至 FormattedDateTime
8	**關閉 Excel** 儲存 Excel 文件為 'C:\ACI037100書附範例\Part08\08-04\' FormattedDateTime '.xlsx' 並關閉 Ex 行個體 ExcelInstance
9	**顯示訊息** 在標題為 '已完成自動化流程' 的通知快顯視窗中顯示訊息 '完成KLOOK指定資料擷取！'，並將按 按鈕儲存至 ButtonPressed

選按工具列的 ▷ 執行流程，最後記得儲存。

(如果希望擷取的資料可以套用專業 Excel 格式與函數，可以參考 Tip 3 後半段說明，書附範例 <ACI037100書附範例\Part08\08-04> 資料夾中也有提供 <旅遊_範本.xlsx> 檔案可套用。)

PART

09

高效率的 LINE 群發訊息

LINE Notify 免費推播服務

LINE Notify 是 LINE 提供的免費通知服務，只要與網路服務完成連動設定，即可透過 LINE 接收或發送各式訊息。

LINE 用戶都可以申請 LINE Notify 服務，無須複雜的註冊程序，就可以申請一個或多個推播服務，完全免費！因此，常見用來作為公司內部特定訊息的通知。

LINE Notify 服務可分為 **服務提供者** 與 **開發人員使用**。**服務提供者** 適合企業行號，需輸入完整的企業資訊、網址、E-mail...等資訊才可以使用；**開發人員使用** 適合個人或內部管理使用，只需要申請權杖即可。此範例要藉由 Power Automate Desktop 自動化發送 LINE 訊息，會以 **開發人員使用** 的申請權杖方式示範。

發行 LINE Notify 權杖

透過 LINE Notify 發送通知，需要先申請個人存取權杖 (Access Token)，藉由權杖認證達到與服務連動目的。

使用 LINE 帳號登入 LINE Notify 取得個人存取權仗。

Step 1 使用瀏覽器連結並登入 LINE Notify

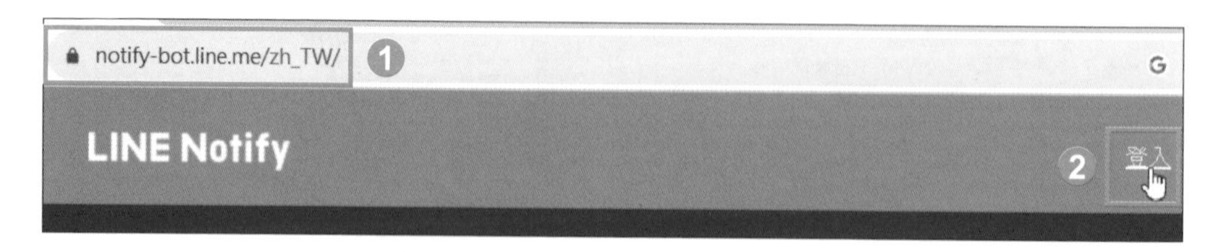

1. 開啟瀏覽器，在網址列輸入：「https://notify-bot.line.me/zh_TW/」，按 Enter 鍵。
2. 進入 LINE Notify 首頁，畫面右上角選按 **登入**，依步驟指示完成登入。

Step 2 取得發行權杖

❶ 畫面右上角選按帳號名稱 \ **個人頁面**。

發行存取權杖(開發人員用)

若使用個人存取權杖，不須登錄網站服務，即可設定通知。

發行權杖 ❷

❷ 畫面下方按 **發行權杖** 鈕。

咖啡館群發訊息 ❸

請選擇您要接收通知的聊天室。

Search by group name

快樂咖啡一號館 ❹

※若公開個人存取權杖，第三者將能取得您所連動的聊天室名稱及個人資料上的姓名。

發行 ❺

❸ 輸入權杖名稱 (後續於 LINE 群組聊天室發送訊息時會標註此名稱)。

❹ 聊天室清單中選按欲加入的聊天室。(只可選擇已建立或加入的群組聊天室)

❺ 按 **發行** 鈕。

小提示

沒收到 LINE Notify 通知

在發行權杖的同時，會於 LINE 同時收到 LINE Notify 帳號發送訊息通知，如果發現沒有收到訊息，可在 LINE 設定中檢查是否曾隱藏或封鎖 LINE Notify 帳號。

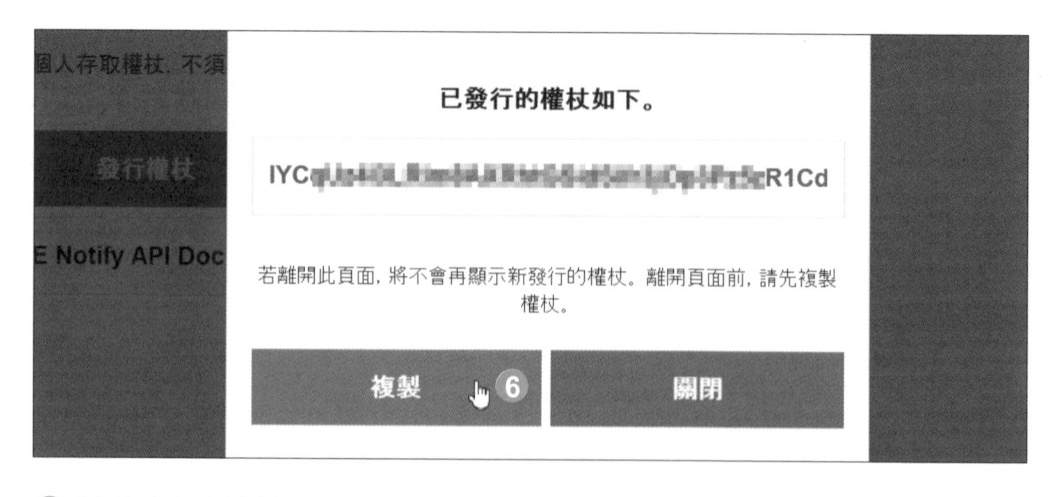

❻ 接著會產生權杖，按 **複製** 鈕。(建議將權杖貼入文件軟體儲存後，再按 **關閉** 鈕。)

▲ 畫面上方即會顯示目前已連動的服務，之後如果要刪除該訊息廣播，於該項目右側按 **解除** 鈕即可。

小提示

權杖限制

每組發行的權杖只能使用在發行過程中指定的群組聊天室，如果要在多個群組聊天室發送訊息，則每個群組聊天室都要發行個別的權杖。

3 群發訊息自動化

取得 LINE Notify 發行權杖，回到 Power Automate Desktop 實現跨平台群發訊息的操作。

流程說明與規劃

此範例自動化流程：利用條件式、變數與流程動作，讓 Power Automate Desktop 連動 LINE Notify。

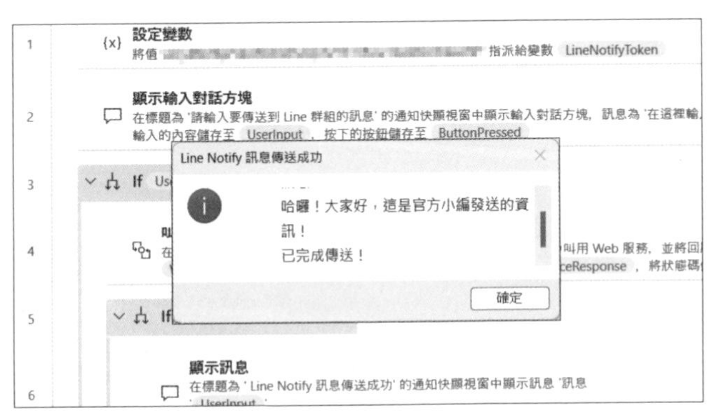

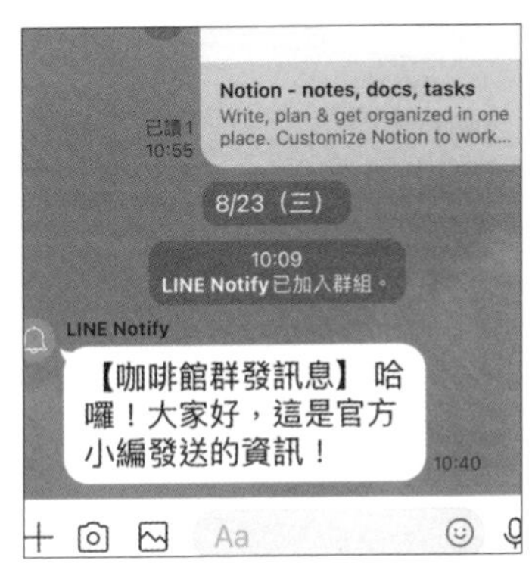

此範例自動化流程，相關動作規劃：

1	將 LINE Notify 發行權杖存放在變數 **LineNotifyToken**。
2	跳出輸入對話方塊： "請輸入要傳送到 Line 群組的訊息"
3	加入 **If**、**Else** 條件判斷：有輸入要傳送到 Line 群組的訊息則執行 **4** 啟用 Web 服務；否則顯示沒有輸入訊息的提示對話方塊。
4	將訊息傳送至 LINE Notify API，並顯示該訊息是傳送成功或是失敗。
5	進入 LINE，將 LINE Notify 帳號加入指定發行權杖的 LINE 群組；回到 Power Automate Desktop 執行已設計好的流程，發送訊息。

設定變數存放 LINE Notify 權杖以及取得傳送資訊

設定變數 動作：將取得的 LINE Notify 權杖儲存放於變數 **LineNotifyToken**，之後於 P9-11 加入 **叫用 Web 服務** 動作時，才可藉由權仗將訊息傳送至 Line Notify，顯示在相對應的 Line 群組。

顯示訊息 動作：由使用者輸入要傳送到 Line 群組的訊息，訊息會存放於變數 **UserInput**。

Step 1 建立新流程

開啟 Power Automate Desktop，選按 **+ 新流程**，命名後進入設計畫面。

Step 2 加入動作 "設定變數"，並設定名稱與值

此變數將存放取得的 LINE Notify 權杖，待後續與 LINE Notify API 連線時，利用發行權杖來驗證以獲得授權使用。

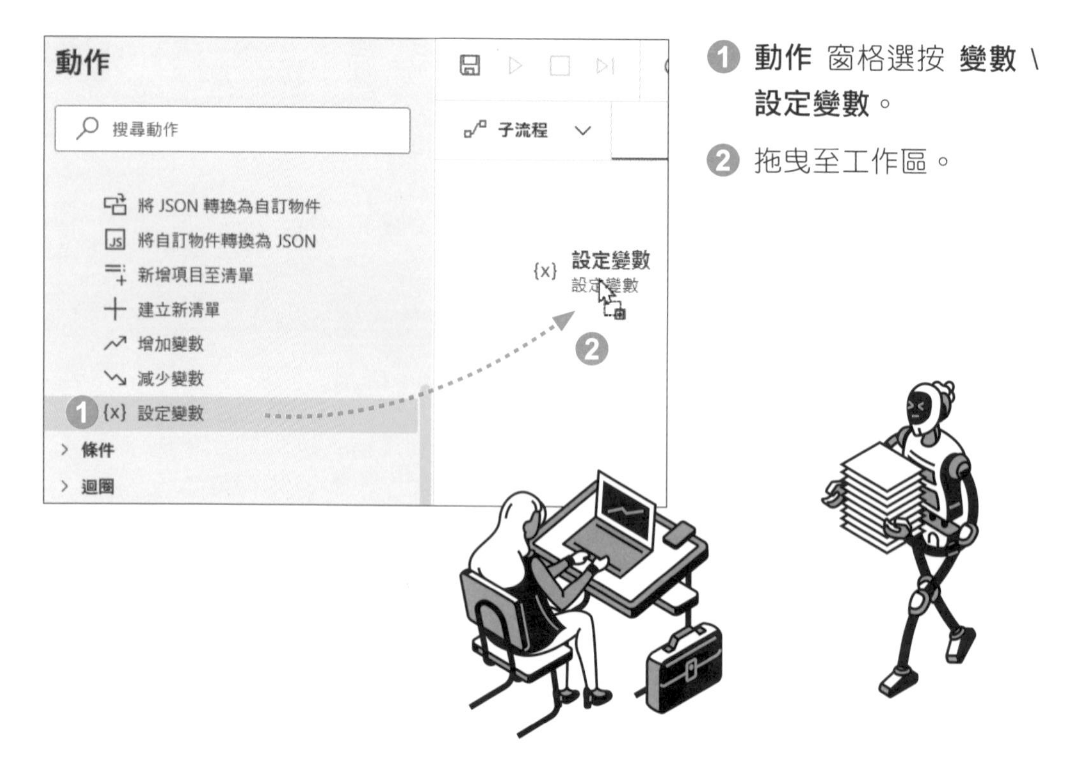

❶ **動作** 窗格選按 **變數 \ 設定變數**。

❷ 拖曳至工作區。

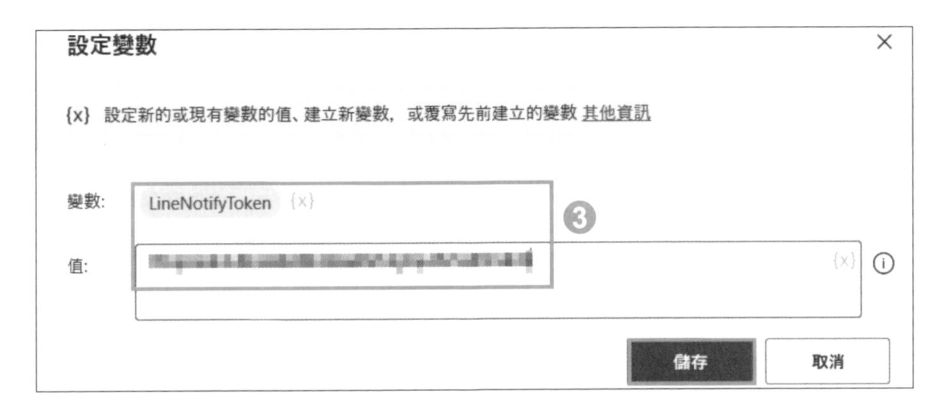

③ 選按 **變數** 右側欄位，輸入變數名稱：「LineNotifyToken」，將先前 P9-4 複製的權杖貼入 **值**，再按 **儲存** 鈕。

Step 3 加入動作 "顯示輸入對話方塊"，並設定內容

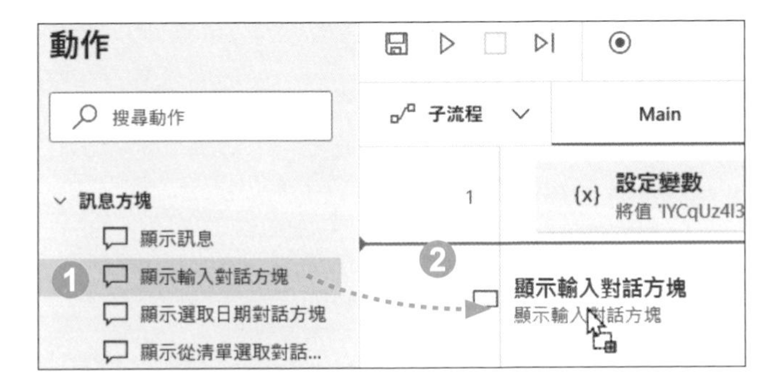

① **動作** 窗格，選按 **訊息方塊 \ 顯示輸入對話方塊** 動作。

② 拖曳至工作區最後一個動作下方。

顯示輸入對話方塊

顯示提示使用者輸入文字的對話方塊 其他資訊

一般

輸入對話方塊標題: 請輸入要傳送到 Line 群組的訊息 {x}

輸入對話方塊訊息: 在這裡輸入訊息... {x}

預設值: {x}

③ 如圖於 **輸入對話方塊標題** 輸入標題。

④ 如圖於 **輸入對話方塊訊息** 輸入訊息。

⑤ **輸入類型** 選擇：**多行**。

⑥ 選按 **變數已產生** 可查看變數相關說明。

⑦ 按 **儲存** 鈕。

小提示

產生變數

訊息方塊 \ 顯示輸入對話方塊 動作產生二個變數：**UserInput** 與 **ButtonPressed**。

變數	資料類型	描述
UserInput	文字值	使用者輸入的文字或值，或預設內容。
ButtonPressed	文字值	按下按鈕上的文字。系統會自動為使用者提供 "確定" 或 "取消" 選項。

使用 If、Else 判斷訊息的輸入

If、**Else** 條件為：當對話方塊中變數 **UserInput** 有存放訊息時，繼續執行流程；否則會跳出 "你沒有輸入要傳送的訊息..." 的訊息。

Step 1 加入動作 "If"，判斷輸入欄位是否為空白

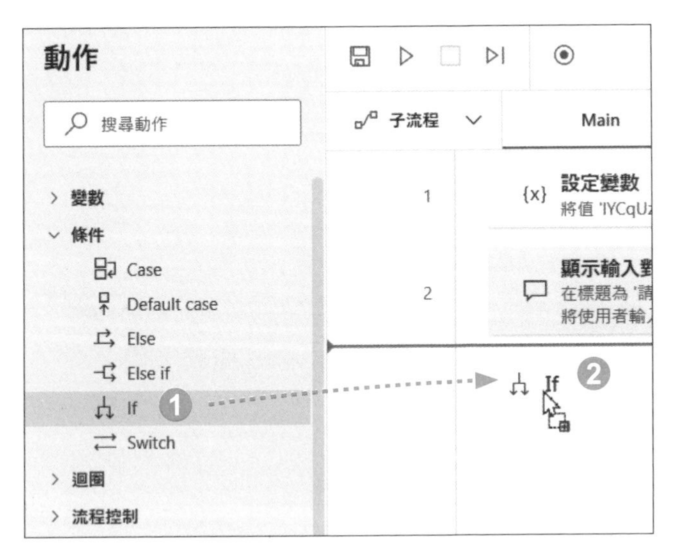

❶ **動作** 窗格選按 **條件** \ **If** 動作。

❷ 拖曳至工作區最後一個動作下方。

If

標記動作區塊的開頭，該區塊會在符合此陳述式中指定的

選取參數

第一個運算元: {x}

運算子: 等於 (=)

第二個運算元: {x}

❸ **第一個運算元** 按 {x}。

❹ 展開變數 **UserInput**，選按 **.IsEmpty** 屬性。

❺ 按 **選取** 鈕加入。

6. **運算子** 選擇：**不等於 (<>)**。
7. **第二個運算元** 輸入：「1」。
8. 按 **儲存** 鈕。

> **小提示**
>
> **變數 UserInput.IsEmpty 不等於 1？**
>
> 當變數 UserInput 中沒有任何內容時，列 3 UserInput.IsEmpty 為 True (1)。因此設定 If 條件 UserInput.IsEmpty 不等於 True (1)，當符合判斷條件時執行後續流程：P9-11 加入的 **叫用 Web 服務** 動作。

Step 2 加入動作 "Else"

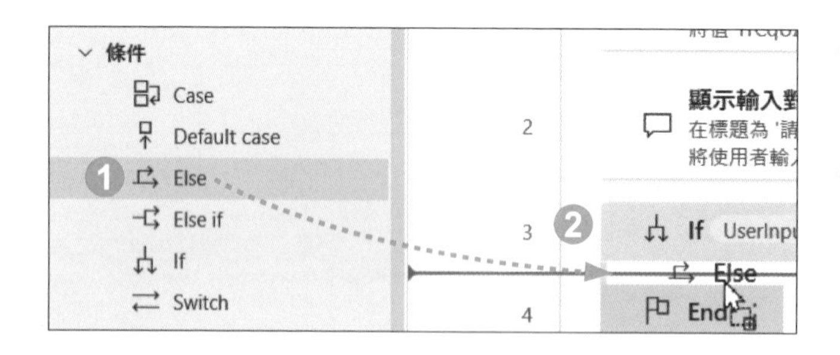

1. **動作** 窗格選按 **條件 \ Else** 動作。
2. 拖曳至工作區 **If** 與 **End** 區塊之間。

Step 3 加入動作 "顯示訊息"，設定內容

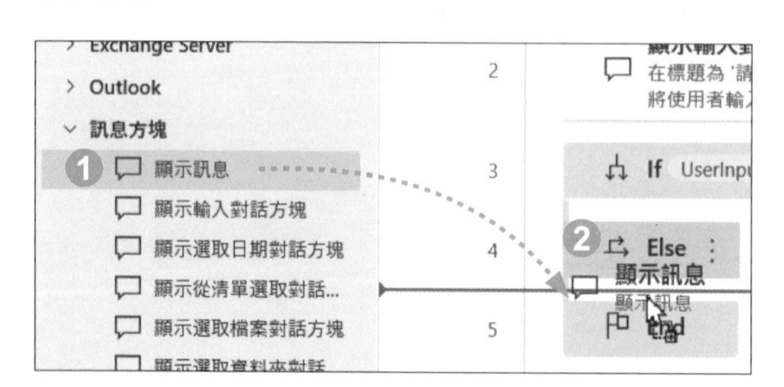

1. **動作** 窗格選按 **訊息方塊 \ 顯示訊息** 動作。
2. 拖曳至工作區 **Else** 與 **End** 區塊之間。

③ 如圖於 **訊息方塊標題** 輸入標題。

④ 如圖於 **要顯示的訊息** 輸入訊息。

⑤ **訊息方塊圖示** 選擇：**問題**，再按 **儲存** 鈕。

將訊息傳至 Line Notify

叫用 Web 服務 動作：呼叫 LINE Notify API 服務，執行將訊息傳送至 LINE 指定群組，並將相關回應值存放於 Power Automate Desktop 指定變數。

Step 1 加入動作 "叫用 Web 服務"

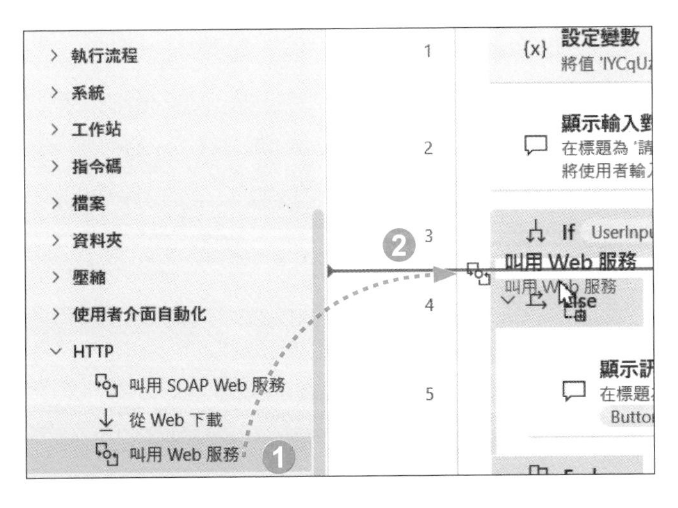

① **動作** 窗格選按 **HTTP \ 叫用 Web 服務** 動作。

② 拖曳至工作區 **If** 與 **Else** 區塊之間。

Step 2 設定參數

開啟 Web 服務，設定與 LINE Notify API 連線時的相關參數，數據以 LINE 官方為主。

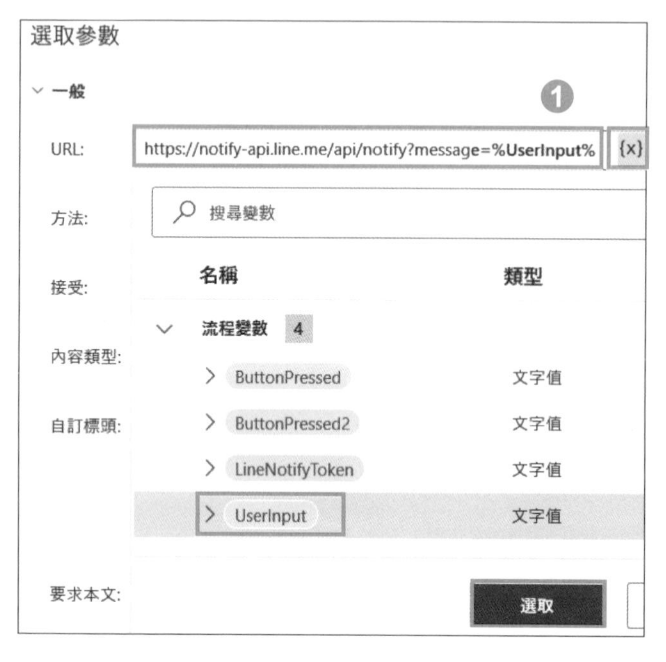

❶ **URL** 輸入：「https://notify-api.line.me/api/notify?message=」，按 {x} \ 變數 **UserInput**，按 **選取** 鈕。

方法: POST
接受: application/xml
內容類型: application/x-www-form-urlencoded
自訂標頭: Authorization: Bearer %LineNotifyToken% {x}
要求本文: 搜尋變數
名稱 類型
流程變數 4
LineNotifyToken 文字值
UserInput 文字值
儲存回應:
進階
變數已產生
選取

❷ **方法** 選擇：**POST**。

❸ **內容類型** 輸入：「application/x-www-form-urlencoded」。

❹ **自訂標頭** 輸入：「Authorization: Bearer 」(最後方需有個空白)，按 {x} \ 變數 **LineNotifyToken**，再按 **選取** 鈕。

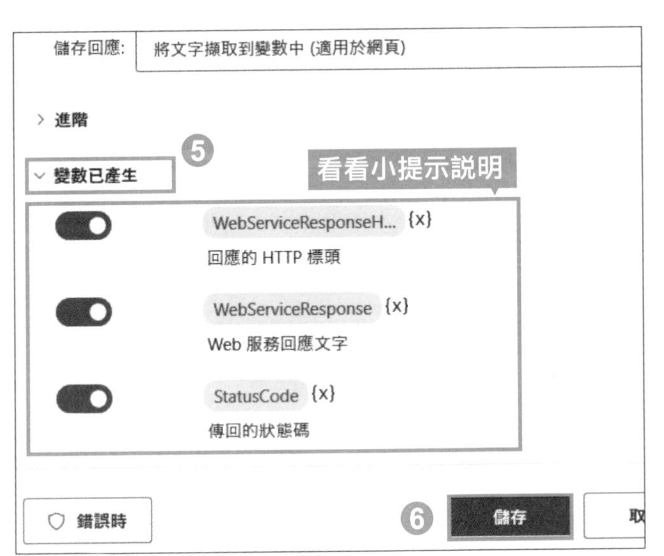

5 選按 **變數已產生** 可查看變數相關說明。

6 按 **儲存** 鈕。

小提示

參數設定內容

叫用 Web 服務 對話方塊中所設定的參數需以官方所釋出的數據為主，更詳細的說明可參考官網：「https://notify-bot.line.me/doc/en/」。

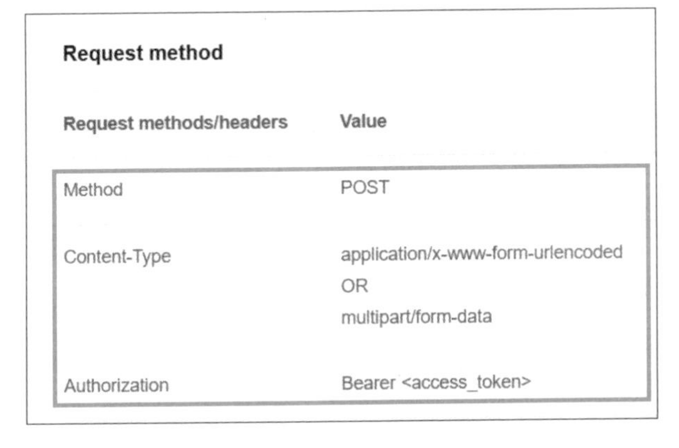

對話方塊中，**URL** 網址後面加上 "?message=" 表示要傳送一組參數，而該參數就是在輸入對話方塊產生的變數 **UserInput**。

小提示

產生變數

叫用 Web 服務 動作，將接收的回應存放於以下三個變數。

變數	資料類型	描述
WebServiceResponseHeaders	文字值	回應的 HTTP 標頭。
WebServiceResponse	文字值	Web 服務回應文字。
StatusCode	數值	傳回的狀態碼。

傳送成功或失敗的訊息

第二層 **If**、**Else** 條件為：當變數 **StatusCode** 取得傳送成功的狀態碼時，會顯示傳送成功的訊息方塊；若非成功的狀態碼，則會顯示錯誤狀態碼及相關標頭與回應文字。

Step 1 加入動作 "If"，判斷網頁回應數值

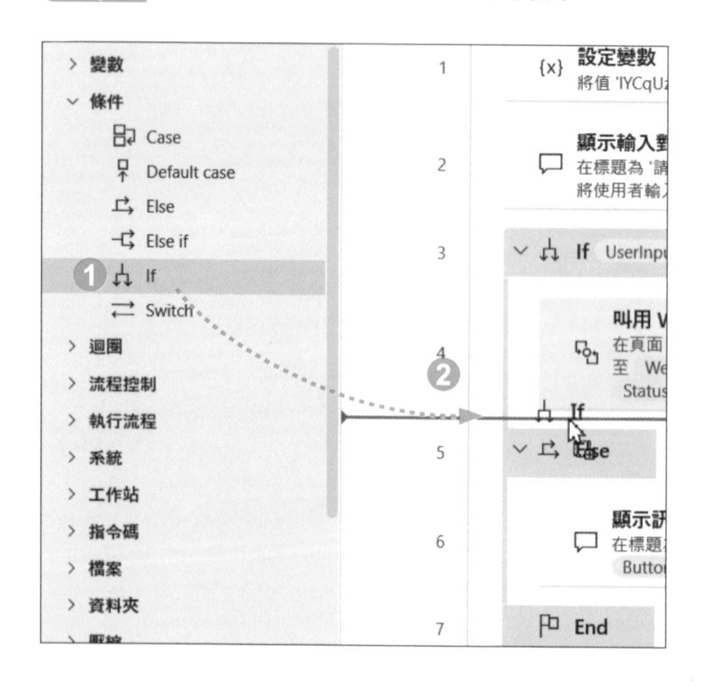

① **動作** 窗格選按 **條件 \ If** 動作。

② 拖曳至工作區 **叫用 Web 服務** 與 **Else** 區塊之間。

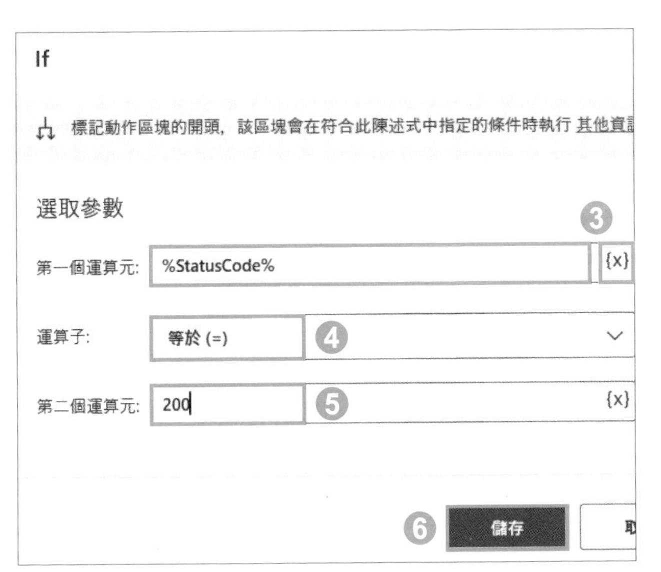

❸ **第一個運算元** 按 {x} \ 變數 **StatusCode**，按 **選取** 鈕。

❹ **運算子** 選擇：**等於 (=)**。

❺ **第二個運算元** 輸入：「200」。

❻ 按 **儲存** 鈕。

小提示

變數 StatusCode 數值

變數 **StatusCode** 是在請求網頁後所取得的回應數值，不同的數值代表不同意思，"200" 為成功、"400" 表示錯誤、"401" 則是該網址無效...等，更詳細的說明可參考官網：「https://notify-bot.line.me/doc/en/」。

Step 2 加入動作 "Else"

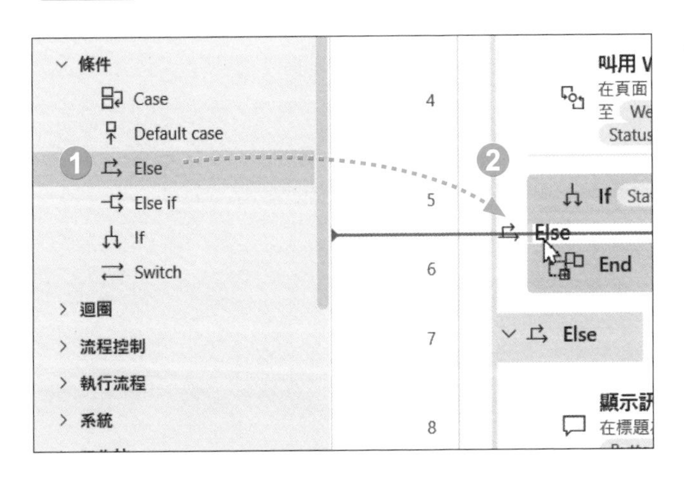

❶ **動作** 窗格選按 **條件** \ **Else** 動作。

❷ 拖曳至工作區第二層 **If** 與 **End** 區塊之間。

Step 3 加入動作 "顯示訊息"，設定傳送成功內容

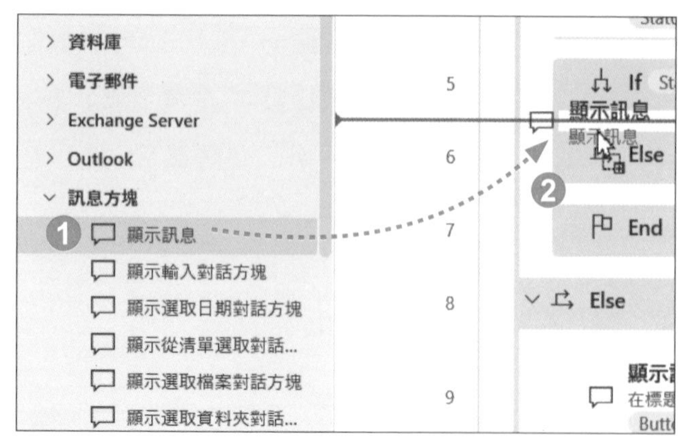

❶ **動作** 窗格選按 **訊息方塊 \ 顯示訊息** 動作。

❷ 拖曳至工作區第二層 **If** 與 **Else** 區塊之間。

選取參數

一般

訊息方塊標題: Line Notify 訊息傳送成功 ❸ {x}

要顯示的訊息: 訊息
%UserInput%
已完成傳送！ {x} ❹

訊息方塊圖示: 資訊 ❺

訊息方塊按鈕: 確定

預設按鈕: 第一個按鈕

訊息方塊一律保持在最上方:

自動關閉訊息方塊:

變數已產生 ButtonPressed3

錯誤時 ❻ 儲存

❸ 如圖於 **訊息方塊標題** 輸入標題。

❹ **要顯示的訊息** 先輸入：「訊息」，按 Enter 鍵換行後，按 {x} \ 變數 **UserInput** 按 **選取** 鈕加入，再按 Enter 鍵換行，輸入：「已完成傳送！」

❺ **訊息方塊圖示** 選擇：**資訊**。

❻ 按 **儲存** 鈕。

Step 4 **加入動作 "顯示訊息"，設定傳送失敗內容**

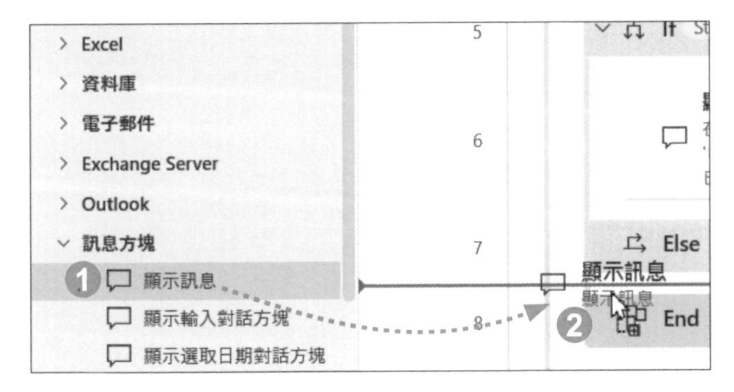

❶ **動作** 窗格選按 **訊息方塊 \ 顯示訊息** 動作。

❷ 拖曳至工作區第二層 **Else** 與 **End** 區塊之間。

選取參數

一般

訊息方塊標題:	Line Notify 訊息傳送失敗 ❸ {x}
要顯示的訊息:	以下為錯誤訊息。 %StatusCode% %WebServiceResponseHeaders% %WebServiceResponse% ❹ {x}
訊息方塊圖示:	問題 ❺
訊息方塊按鈕:	確定
預設按鈕:	第一個按鈕

❻ 儲存 取消

❸ 如圖於 **訊息方塊標題** 輸入標題。

❹ **要顯示的訊息** 輸入：「以下為錯誤訊息。」，按 Enter 鍵換行後，按 {x}，再分別加入如圖變數。

❺ **訊息方塊圖示** 選擇：**問題**。

❻ 按 **儲存** 鈕，最後記得儲存流程。

小提示

關於 "書附檔案" 提供的流程完成結果文字檔

如欲執行附書檔案 <09-01 高效率的 LINE 群發訊息.txt> 流程結果，需將你所發行的權杖貼入流程列 1 **設定變數** 對話方塊中的 **值**，方可正常執行流程。

將 LINE Notify 加入 Line 群組

完成流程設計後，最後只要將 LINE Notify 帳號加入群組就能開始發送訊息。

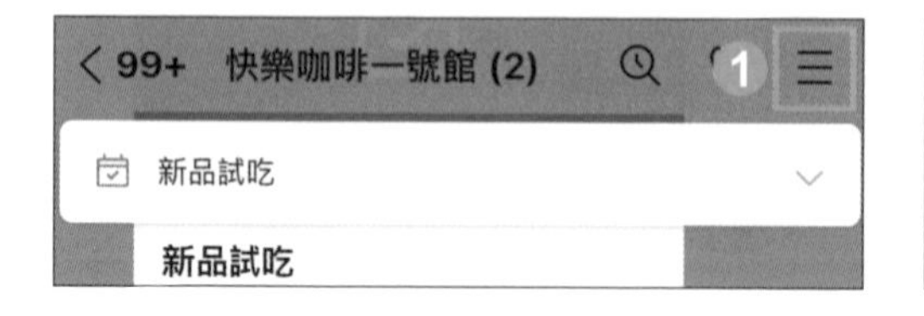

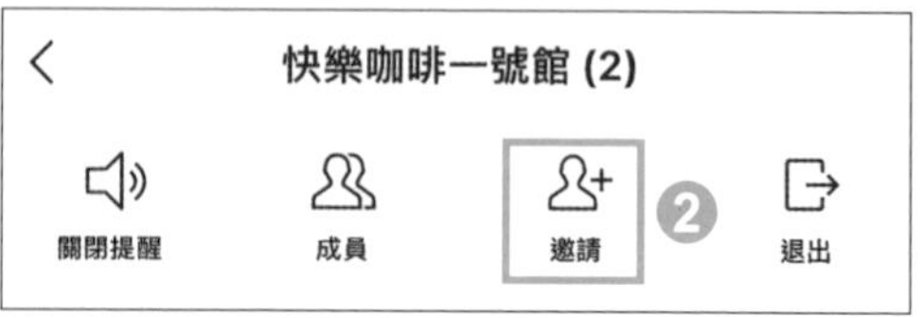

1 進入群組聊天室後，於畫面右上角點選 ☰。

2 點選 邀請。

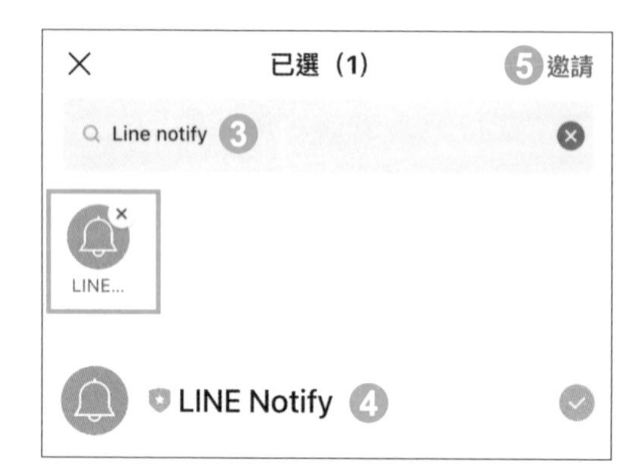

3 搜尋欄位輸入：「Line Notify」。

4 清單中點選 LINE Notify 帳號。

5 最後點選 **邀請**。

小提示

同時在多個群組發送訊息

此流程設計是依所發行權杖來對應群組，如果要在不同的群組發送訊息，則需要複製流程，再發行另一組權杖並貼入流程執行。

執行 PowerAutomate 自動傳送 Line 訊息

在 Power Automate Desktop 執行傳送訊息到 Line 群組的自動化流程。

1 選按工具列的 ▷ 執行流程。

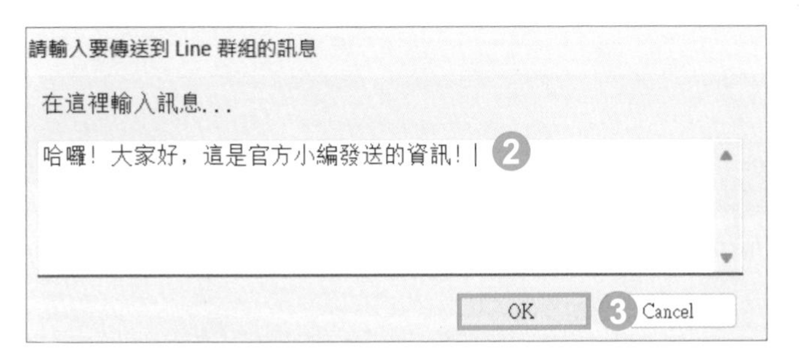

❷ 於對話方塊輸入欲傳送的訊息內容。

❸ 按 **OK** 鈕。

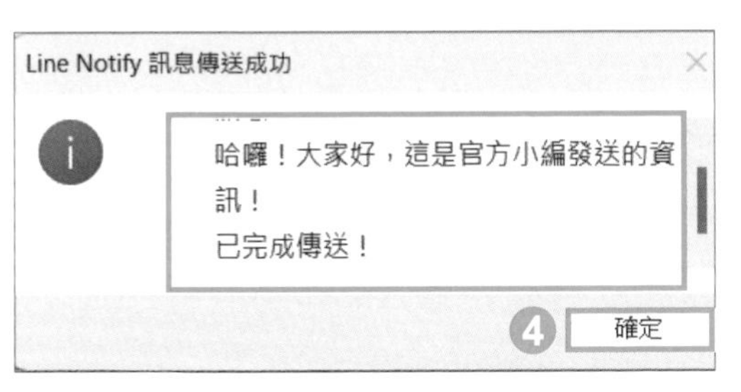

❹ 傳送成功即會顯示訊息對話方塊，按 **確定** 鈕關閉。

❺ 同時也會於 LINE 群組聊天室中收到由 LINE Notify 所發送的訊息。

最後記得儲存流程。

測試傳送失敗或錯誤的狀態

雖然傳送訊息成功，但也要測試在沒有輸入文字訊息或是網址、權杖錯誤的情況下也能正確執行流程，這樣才算是一個完整的自動化流程。

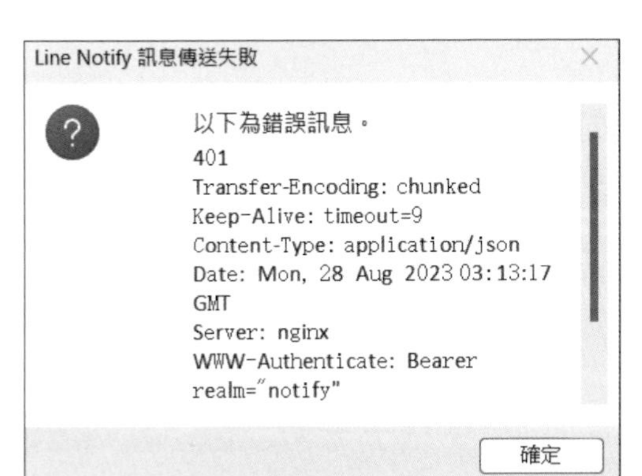

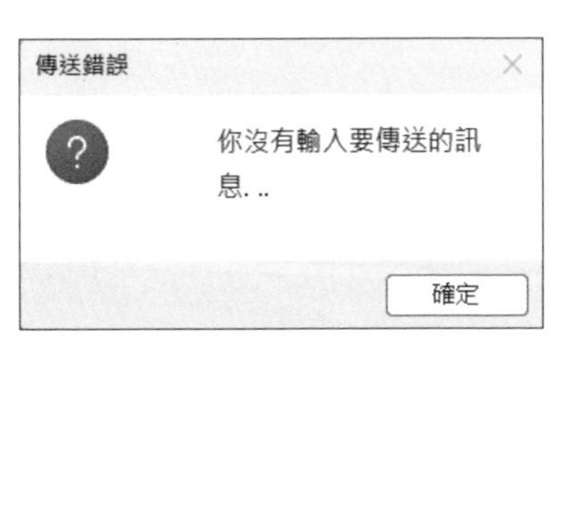

Power Automate 自動化超效率工作術

作　　者：文淵閣工作室 編著 / 鄧君如 總監製
企劃編輯：王建賀
文字編輯：江雅鈴
設計裝幀：張寶莉
發 行 人：廖文良

發 行 所：碁峰資訊股份有限公司
地　　址：台北市南港區三重路 66 號 7 樓之 6
電　　話：(02)2788-2408
傳　　真：(02)8192-4433
網　　站：www.gotop.com.tw
書　　號：ACI037100
版　　次：2023 年 11 月初版
建議售價：NT$480

國家圖書館出版品預行編目資料

Power Automate 自動化超效率工作術 / 文淵閣工作室編著. -- 初版. -- 臺北市：碁峰資訊, 2023.11
面；　公分
ISBN 978-626-324-639-3(平裝)
1.CST：自動化　2.CST：電子資料處理
312.1　　112015857

本書是根據寫作當時的資料撰寫而成，日後若因資料更新導致與書籍內容有所差異，敬請見諒。若是軟、硬體問題，請您直接與軟、硬體廠商聯絡。